全国水利水电类高职高专统编教材

城市水资源规划与管理

主　编　何晓科　陶永霞
副主编　刘愿英　刘红英　王文鑫
主　审　拜存有

黄河水利出版社

内容提要

本书是全国水利水电类高职高专统编教材，是根据全国水利水电高职教研会制定的《城市水资源规划与管理》课程教学大纲编写完成的。

本书在介绍城市水资源规划与管理的基本概念和一般方法的基础上，重点讲述了城市水资源规划与管理的原则、水资源计算和评价的主要方法，以及目前城市水资源管理及可持续利用存在的问题和解决的对策；最后简述了"3S"技术的基本原理及其在水资源规划与管理中的应用状况，并在附录中列举出北京市水资源总体规划方案和南水北调(东线、中线)城市水资源规划方案。

本书为城市水利和水务管理或水务工程专业，以及水利类相关专业高职高专教材，也可作为从事城市水利和水务工程及水资源管理一线技术人员的培训教材和参考书，或作为水文水资源专业人员的入门教材。

图书在版编目(CIP)数据

城市水资源规划与管理/何晓科，陶永霞主编. —郑州：黄河水利出版社，2008.9 (2024.9 重印)
全国水利水电类高职高专统编教材
ISBN 978-7-80734-373-8

Ⅰ.城… Ⅱ.①何… ②陶… Ⅲ.城市用水-水资源管理-高等学校：技术学校-教材 Ⅳ.TU991.31

中国版本图书馆 CIP 数据核字(2008)第 131210 号

组稿编辑：王路平 电话：0371-66022212 E-mail：hhslwlp@126.com

出 版 社：黄河水利出版社
地址：河南省郑州市金水路 11 号 邮政编码：450003
发行单位：黄河水利出版社
发行部电话：0371-66026940、66020550、66028024、66022620(传真)
E-mail：hhslcbs@126.com
承印单位：河南新华印刷集团有限公司
开本：787 mm×1 092 mm 1/16
印张：15.5
字数：360 千字 印数：4 101—4 500
版次：2008 年 9 月第 1 版 印次：2024 年 9 月第 2 次印刷

定价：28.00 元

前　言

本书是根据教育部《关于加强高职高专教育人才培养工作意见》和《面向21世纪教育振兴行动计划》等文件精神，以及由全国水利水电高职教研会拟定的教材编写规划，报水利部批准，由全国水利水电高职教研会组织编写的水利水电类全国统编教材。

本书是根据城市水利和水务管理或水务工程专业高职高专教育的教学计划及"城市水资源规划与管理"课程教学大纲的基本要求，参照水利部发布的《全国水资源综合规划技术大纲》(2002年)等新规范、新标准编写的。

本书力求体现高等职业教育的特色，服务于高职培养技术应用型人才的目标，对基本理论的讲授以必需、够用为度，专业内容以应用为目的，尽量做到语言精练、概念清楚、重点突出。

在内容上突出实践性，在叙述上浅显易懂，重点讲述城市水资源的基本特点、可持续利用问题及解决的对策，并尽量反映城市水资源规划与管理等方面的新技术、新方法的应用新进展和最新的水资源规划与管理的成就，以使学生较为全面地、有针对性地获取水资源规划与管理方面的新知识，突出高职高专教育教学的实用性和针对性。本书为城市水利和水务管理或水务工程专业以及水利类相关专业高职高专学生教材，也可作为从事城市水利和水务工程及水资源管理一线技术人员的培训教材和参考书，或作为水文水资源专业人员的入门教材。

本书编写人员及分工如下：山东水利职业学院何晓科编写第一、九章，杨凌职业技术学院刘红英编写第二、八章，重庆水利电力职业技术学院王文鑫编写第三章，黄河水利职业技术学院陶永霞编写第四、五章，杨凌职业技术学院刘愿英编写第六、七章，本书由何晓科、陶永霞任主编，刘愿英、刘红英、王文鑫任副主编。全书由何晓科修改和统稿。杨凌职业技术学院拜存有担任本书主审。在此表示感谢。

在本书编写过程中，参阅和借鉴了有关教材及科技文献资料，除部分已在本书参考文献中列出，其余未能一一注明，编者在此一并表示感谢。

由于编者水平有限，书中难免存在缺点、错误或不足之处，诚恳希望读者批评指正。

编　者

2008年6月

目　录

第一章　绪　论

学习目标与要求

通过本章的学习，应了解城市水资源的基本特点，理解城市水资源除了具有区域水资源基本特点，还具有城市功能的基本特征，掌握城市水资源可持续开发利用的基本方法和途径。要求在学习这些知识的同时，与当地城市具体情况，尤其是水资源状况密切结合，还应和学过的相关课程结合起来学习。

第一节　城市水资源概念及特点

一、城市水资源概念

城市水资源是指一切可被城市利用的天然淡水资源和可再生利用水，它是城市形成与发展的基础，是城市供水的源泉。具体讲，就是在当前技术条件下可供城市工业、郊区农业和城市居民生活需要的那一部分水。因此，通常理解为可供城市利用的地表水体和地下水体中每年能得到补给而恢复的淡水资源。然而，随着天然淡水资源的匮乏，近年来也将处理后的工业和城市生活污水回用于工业、农业以及作为生活杂用用水，已成为城市水资源不可或缺的组成部分。城市水资源是制约城市发展的重要因素，对城市生产和生活具有重要影响。城市水资源一般要求水质良好、水量充沛，能满足城市当前和进一步发展需要。我国水资源人均占有量少、地区间分布不平衡、天然降水量年际和季节变化均大，致使我国不少城市水资源缺乏，已成为影响城市经济发展和人民生活的突出问题。必须合理利用水资源，发展节水型城市，统筹规划，加强管理，以逐步解决城市水资源短缺问题。

二、城市水资源及水环境特点

（一）城市水资源特点

我国城市水资源的特点是人均占有水资源量小，水资源严重短缺，开发利用强度大，因不合理利用水资源而产生的环境问题突出。北京、天津、石家庄、太原、济南等26个城市的统计资料表明，城市人均水资源量只有全国人均占有水资源量的30%左右。全国现有的600多个城市中有一半以上为缺水城市，其中缺水特别严重的有110多个城市。

城市水资源的突出问题表现在以下几方面：

(1)大量开采利用水资源的同时，会增大生活污水和工业废水的排放，使地表水体和地下水体遭受不同程度的污染。目前，全国80%的河流污染严重，如每年排放至辽河的污染物高达16亿t,造成河水的严重污染。

(2)过量开采地下水导致地下水位逐年下降,水资源逐渐枯竭。我国已出现了56个地下水区域性下降漏斗,总面积达8.7万km^2,致使单井出水量减少,供水成本增加,大批机电井报废,甚至水源地报废。

(3)地下水位的持续下降产生地面沉降、塌陷、地裂缝等环境工程地质问题;在沿海城市,还引发了海水入侵。

(4)过量引用地表水和地下水引起生态环境的恶化,大部分靠近人类活动区的水域,环境受到破坏,生态种群减少甚至消失。一方面为缺水严重的局面,另一方面浪费水的现象十分普遍。仅以北京为例,每年用于洗车的水相当于昆明湖蓄水量的13倍;仅城市生活中浪费的水量一年就要损失上亿立方米。强化节水意识已到了不容忽视的地步。

上述水资源问题已成为制约城市经济发展的主要因素之一,因而城市水资源的合理开发利用和科学管理显得尤为重要。

(二)城市水环境特点

1.城市水环境系统

水作为社会有用的资源必须符合三个条件,即必须有合适的水质、足够的可利用的水量,以及能在合适的时间满足某种特殊用途。

由于人为的因素,城市水环境系统比天然水环境情况显得更为复杂。城市水环境系统由自然循环系统和人工循环利用系统所组成(见图1-1)。在自然循环系统中,水体通过蒸发、降水和地表径流与大气联系起来,另外,城市水体与地下水体通过土壤渗透和地下水补给运动联系起来。城市水资源利用的人工循环利用系统由城市给水系统、排水系统和处理系统组成,在这一系统的运行过程中,除了有部分水量消耗,主要发生的是水质变化过程。因此,城市污水处理系统在水循环中起着决定性作用,对下游水资源的再利用

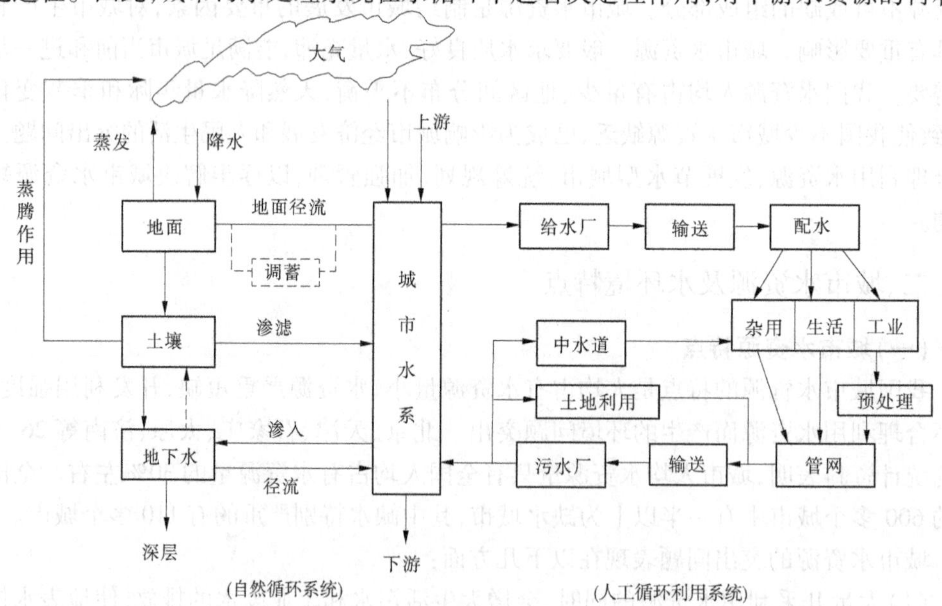

图1-1 城市水环境系统(自然系统循环和人工循环利用系统)组成

有着重大影响。

城市水系是整个流域的一部分,参与整体的水文循环过程。因此,城市水环境系统是个复杂的开放的生态系统,生态链上任何一个环节发生问题都会引起生态失调。例如,在人工循环系统中,许多城市由于缺乏完善的污水处理系统,往往导致城市水体严重污染问题的发生;上游不适当的输入也会引起洪涝灾害,或者造成水污染等。

2. 城市水环境系统的功能

城市水环境系统的功能主要包括:给城市提供水源;城市产品、物流和人流的运输;流域洪水的调节;郊区农业灌溉;旅游观赏和水上娱乐活动;城市小气候的调节;发展渔业和水产;补给地下水;直接提供工业冷却水源;城市地表径流和污水的最终受纳体。城市水环境系统的这些功能是相互联系和促进的,某种功能满足了,则其他功能也可以发挥;反之,有些功能过分利用,则会导致其他功能的丧失。比如作为污水受纳体的功能,在过去对污染物的就地排放,被看做是经济和方便的,但现在看来是以丧失其他功能为代价的,在经济上的代价是巨大的。

上述的大多数功能均以水质为前提。因此,水质控制及其有关的系统是决定城市水资源功能的关键。

城市水环境系统是否能很好地发挥其功能,决定于它的结构和系统的完善程度。目前,有些城市由于水污染而引起环境系统功能的衰退,表明了系统的失调,解决的方法必须从健全系统的结构着手。一个完善的城市水环境系统是通过水资源人工循环利用系统与自然循环系统和流域系统联系成一体的,这样才能使城市获得较高的经济效益和环境效益。人工水循环系统是城市重要的基础设施,它对城市水环境质量起着重要的作用,恢复城市水环境系统的正常功能,应该首先改善人工水循环系统。

人工水循环系统是一种不可缺少的生态组分,它的生态功能从城市生态系统中的流通设施反映出来。城市的流通设施是沟通生产和消费之间联系的网络,没有它就无法进行正常的经济活动,城市规模愈大,生产分工愈细,社会联系愈强,流通设施的要求和社会化程度就愈高。在现代高度发达的城市中,各种形式的流通设施形如蛛网,密布于地面和地下,将城市各种组分有机地联成一体,使城市得以高效率地运行。对于城市人工水循环系统中的上水设施和下水设施的重要性,应给予同等足够的重视,如果只注重上水系统,而忽视下水系统,则往往会因排泄不畅或不当而造成城市的窒息。现代下水设施及其终端处理厂应该增强再生功能,使处理后排放的污水能作为第二水源被开发利用,这样不仅能缓和城市水资源的短缺,而且是社会、经济、环境三种效益达到高度统一的有效途径。

没有受人类活动影响的自然水循环系统一般都处于平衡状态,其结构与功能一致。但是,由于在城市化过程中,自然水环境系统不断地受到干扰,其结构发生改变,从而影响到它原有的功能。

第二节　城市水资源开发利用状况

伴随着城市规模的不断扩张,城市水资源开发利用主要存在着以下三方面的问题。

一、城市水环境污染严重

城市是人类傍水集聚的产物，它固有的先天因素，如集结庞大的人口和各类经济实业，硬化建设大量的不渗水地面等，是造成城市水环境污染的客观原因。人类自身的各种功利化活动是影响城市水环境的主观原因。

（一）人口和经济实业集结首先造成废弃物的排放集中，加剧了城市内外地表水体和地下水体的污染

有资料显示，全世界年污水排放量超过4 000亿m^3，使5.5万亿m^3水体受到污染。在我国，全国工业和生活的废污水日排放量近2 000亿kg，使90%以上的城市地表水域受到比较严重的污染；近75%的主要湖泊污染显著；在接受调查的118座大城市中，97%的城市浅层地下水受到污染，40%的严重污染；超过10 000 km的城市河段，其水丧失了灌溉水的最基本的使用功能。由于城市发展，自上而下的沿岸城市之间的距离越来越小，河道中的废污水根本来不及完成自净的过程，一路藏污纳垢就到了下游城市供水的取水口。在我国近90%的城市在使用别人污染过的水资源，同时自己又在制造和输送废污水到下游的城市。排放集中使水丧失使用功能，使我国许多城市存在水质型缺水问题，包括东部、南方一些水资源丰富的城镇。

（二）人口集结导致水的供需高度集中，加剧了季节性的水资源短缺

据第一次水资源评价的资料，全国淡水资源量的80%集中分布在长江流域及其以南地区，与全国人均大约2 200 m^3占有量值比较，有9个省（市、区）的人均量只有500 m^3左右。在时空分配上，全年降水和径流量总值的60%～80%集中在汛期（5～8月份）的4个月中。降水和径流量在时空分布上剧烈变化的特点，造成水多时容易引发洪涝渍灾，雨水少时供需矛盾更加突出。在此情况下的城市供需的高度集中，无疑将加剧水资源的季节性短缺。

（三）房产和道路等硬化工程的集中，导致了城市在建时期的水土流失和水污染，导致了城区可渗水面积必然减少

大量不合理的硬化工程，则造成行洪过水面积的缩减，增大了城市改造的难度，尤其是伤筋动骨的地下工程的维护改造。可渗水面积的减少，严重影响地下土壤和地下水与外界的交流及自我净化调节，但最直观的是下垫面条件的改变，使降在大面积不渗水地面上的雨水产流快，汇流时间短，形成的洪峰尖瘦，骤然形成的陡涨陡落的洪水，如遇到下水道设计施工不合理或者养护不当而没有出路的话，往往更易造成城区洪涝渍灾。人与水争道，千百年或长期水利建设形成的比较完善的减灾保障系统的毁灭，如原来起储水滞洪作用的河流、湖泊、渠道、池塘等载体被填平或埋管填平后，原有的过水面积大大缩减，又加剧了上述的洪涝渍灾。

（四）水环境污染是世界各地城市最难解决的问题

连美国和西欧等最富有的国家也不例外，这些发达国家甚至会将有毒有害的废弃物运到境外填埋或丢弃。虽然灾害性改变水环境是全球城市的通病，但是，只要认真地找一下那些沿岸城市守着河水没有水喝的原因，分析一下那些将城市排污口建在江河中心或者趁雨洪期间集中排污等行为的动机，看一下各地将渠道、河流等载体简单地放下一根管

子填平就成了的城市下水道，检讨一下那些宁肯重建集水系统的污水处理厂在官本位和小集团利益至上的环境下，我国目前并没有克服世界性的难题，同样也没有建立起对自然生态环境负责任的社会主体。

二、城市水利设施不完善

城市经济的高速发展，提升了城市在流域经济中的地位。而城市水利设施的不完善已成为城市发展的重要制约因素。一是城市防洪标准普遍偏低，与高速发展的城市经济不相适应；二是随着城市规模的不断扩大，工业迅猛发展，人口急剧增加，城市对水资源的需求超过了当地水资源的承载能力，缺水形势相当严峻；三是传统的水资源分割管理体制与高速发展的城市经济不相适应，致使水资源的利用与保护相分离，管水源的不管供水，管供水的不管排水，管排水的不管治污，管治污的不管回用，其结果造成无序开发、粗放使用、排污失控，加剧了城市水资源紧缺和水环境的恶化。

三、水资源管理缺乏经济学观念

水是人类赖以生存的宝贵资源，但它是有限的。水是一种商品，长期以来，水价却背离其使用价值。因此，一方面水资源严重紧缺，另一方面存在水资源浪费现象。水价偏低，必然导致节水观念淡薄，供水效益下降，水产业停滞不前，缺乏自身发展和自我完善、自我提高的能力。任何一种商品，它对社会的贡献体现在它的价格上，即供应和需求达到均衡时的价格。而水资源在供不应求时却还保持低价，这个价格并没有真实反映它应有的价值和贡献力。在计划经济体制下，水价格的扭曲，使人们严重忽视了水资源的紧缺，并导致了恶性循环。

第三节　城市水资源规划与管理的意义

城市是一个以人类生活和生产为中心，由居民和城市环境组成的自然、社会、经济复合生态系统。水资源是城市生态系统的一个重要组成部分，其本身也是一个复杂的大系统。

首先，城市的大气降水、地表水、地下水、污水构成了一个复杂的水循环系统，其间存在量与质的交换；其次，城市水资源的开发利用过程是一个由取水、供水、用水、排水、污水处理回用等环节组成的系统，而城市水资源系统本身又是更大的流域系统的一个子系统。水资源作为人类生存与社会发展的支撑因子，其使用状态以及水资源系统结构和功能的完善又与社会、经济系统有着密不可分的联系。

水资源对城市的形成、发展、演变具有引导和制约作用。城市建设、产业发展、人民生活都离不开水，水资源不仅影响城市的性质、规模，而且还影响城市的结构布局和发展变迁。特别是水资源相对比较贫乏的城市，水更是制约城市发展的基本因素之一。从城市发展史看，世界上大部分城市都是依水而建，水资源作为城市生存的物质支撑构件，其重要性不言而喻。

随着经济发展、人口增加和人们物质文化生活水平的提高，世界各地对水的需求也日益增长，而地球上有限的水资源已成为当今世界各国经济社会发展的严重制约因素。全球淡水资源的短缺是有目共睹的。我国从20世纪70年代初就发生了水资源危机，近年来，随着我国经济的快速发展，水资源短缺的矛盾已经充分暴露出来，许多地方呈现出缺水范围扩大、缺水程度加剧，城市水资源紧张也日渐尖锐，特别是北方一些城市和地区，水资源已成为限制该地区发展的“瓶颈”。

可见，城市的发展离不开水资源，而合理、科学的城市水资源规划与管理是城市可持续发展的重要保证。

第四节　城市水资源可持续发展趋势及对策

水资源是城市生态系统与经济系统的重要支撑因子，然而当前越来越多的城市面临着日益严重的水危机：水资源本身的时空分布不均造成某些地区的“资源型”缺水；城市化进程、人类活动加剧导致水环境恶化而引发的“水质型”缺水；人类活动诱发的全球气候异常变化，促使洪涝与干旱灾害频繁发生，这些都对水资源的利用与城市安全构成了威胁，制约着城市的可持续发展。而现有的城市水资源管理存在的不合理因素也影响着上述问题的有效解决。在可持续发展的背景下，应从系统的角度寻求一条可持续的城市水资源管理途径，以实现城市水资源的可持续利用。

一、国外水资源规划的主要内容

国外大多数国家水资源综合规划都是以流域或水系为单位来制定的，比如英国、法国、美国、日本等。同时，这些国家也编制各种专业规划和专项规划，比如防洪、治涝、灌溉、城镇供水、地下水开发利用、水资源保护、水土保持等规划。国外很多国家的水资源规划也是分层次的。

比如，英国的水资源规划有国家级、流域级、区域级规划，甚至还可以制定各基层地方的水资源规划。其中，国家级水资源总体规划由环境署制定，流域级规划由环境署下设的水务公司负责，区域级规划是在流域规划指导下制定的更为详细的规划，在区域规划下，还可以有基层地方的规划。法国的水资源规划分为流域规划和地方规划。其中，流域规划由流域委员会负责，地方规划则由地方水资源委员会（地方政府）在流域规划的框架之下制定，而且必须与流域规划相协调。美国的水资源规划从层次上可划分为A级（联邦级别）、B级（流域或区域级别）、C级（具体的行动规划）3个层次。A级规划由联邦政府提出；B级规划由地区、流域或跨流域的委员会制定；C级则由具体的工程单位负责。日本的水资源规划分为全国规划和水系规划两个层次。日本的特点是先有水系规划，后有全国规划；水系规划由日本土地·水资源局与政府其他部门以及相关辖区行政长官共同协商制定，全国规划则由国土厅负责。

二、城市水资源管理发展趋势

未来水资源管理发展的趋势是：持续发展、综合管理和经济评价。持续发展的概念在于强调应先查明资源潜力或承受能力，而不是利用后期规划来降低（弥补）不良影响。也就是说，要将水资源合理开发利用提高到人口、经济、资源和环境4个方面协调发展的高度来认识。综合管理是持续发展的手段，是社会、经济发展的一个重要组成部分。综合管理的内涵是很丰富的，它包括水质和水量管理要与经济管理统一，环境管理和自然资源规划与管理要统一于开发规划中；制定水资源的合理价格；研究新的方法来合理使用宝贵的水资源；国际共享水资源；各经济部门间的协作与统一，等等，并最终提出水资源综合管理模式。地下水资源决策研究中还要重视经济评价。水是商品，具有经济价值，必须配以适当的价格政策。在水资源管理和保护中，利用经济手段是合理利用和恢复宝贵水资源行之有效的途径，特别是在缺水地区，要注意对有限的水资源采取不同分配方案时的成本和效益分析。

城市水资源保护与管理的内容非常广泛，所采取的方法和手段主要有技术、经济、法律、行政、教育和政策等6个方面。技术手段的应用提高了水资源管理水平和保护效果，水资源监测、模拟、预测、优化和控制技术的发展，为水资源的调蓄、调度和保护起到了重要作用，为指导城市水资源管理逐步走向科学化奠定了基础。近年来，作为水资源保护和管理重要技术手段的水资源管理模型，也得到迅速发展。

城市水资源管理模型应用的主要目的是：利用优化技术，科学、合理地开采、使用水资源，最大限度地满足城市国民经济和社会发展的需水量，并根据当地水资源环境容量、水资源承载能力，提出合理可行的城市国民经济发展规划调整方案和环境控制、治理措施，使水资源发挥最大的经济效益和环境效益。

城市水资源管理是融自然科学、社会科学、技术科学于一体的综合性学科。因此，城市水资源管理不仅要考虑水资源系统本身的自然属性，还应充分考虑水资源的经济和环境效应，即建立水资源综合管理体系，这是水资源管理进步的必然趋势，也是科学、合理地开发利用水资源，保证社会可持续发展、水资源可持续利用的根本途径。

可持续发展模式强调系统组成结构的合理和系统运转的平衡稳定、持续有序。只有确保在城市这一复合系统中，水资源系统结构稳定、功能完善，水资源量足质优，时空分布合理，社会、经济和环境系统相互协调，才能实现整体功能最优和系统持久发展。

三、城市水资源规划与管理范围

（一）水文水资源系统管理

通过查清与城市有关的水文、水文地质条件，建立水资源模拟模型。它给出了系统输入—输出间的数量关系，通过与模拟模型的耦合，使管理模型能对水资源状态进行控制和约束。

（二）城市供水、用水、节水系统规划与管理

通过分析城市用水结构，挖掘城市节水潜力，根据科技发展水平、节水技术进步研究，制定切实可行的用水定额，结合城市社会发展和国民经济发展规划，预测规划期城市需水量。预测需水量是管理模型的基本要素（主要约束或目标）。

（三）水资源—经济规划与管理

在水资源管理中涉及的经济问题有：水源地及水厂基建投资、供水成本、增加供水的经济效益、建立污水处理厂及节水技术改造工程投资、运行费用和效益、水价、水资源费

用—效益分析等。

（四）水资源—环境规划与管理

环境质量的控制和改善是水资源管理的一项重要任务。对环境问题的定量化研究是一项重要的、难度较大的工作，只有将其定量化，才能使其在水资源管理模型中得以实现。

（五）环境—经济规划与管理

环境—经济规划与管理，即水环境的经济评价，它包括环境破坏所造成的经济损失，如水体污染、环境控制与治理、污水处理费用和效益、土壤改良的费用和效益分析等。

（六）水资源—经济—环境大系统管理

考虑上述几个方面，建立水资源—经济—环境管理模型。该模型的主要特点是多目标和多层次。随着系统论、信息论和控制论的发展，大系统、多目标是水资源管理的必然趋势。

（七）水资源决策研究

运用系统评价方法对一系列备选管理方案进行排序，从中得出最佳方案作为决策方案。

（八）水资源管理信息系统

综合上述水资源各子系统，形成水资源管理信息系统，为实现城市水资源管理的规范化、信息化和智能化提供了必要手段。

四、城市水资源可持续发展对策

（一）改变与自然相对抗的治水思路

洪水是一种自然现象，要完全控制洪水是不可能的。仅靠“水高一尺，堤高一丈”对洪水进行“围堵”的战略，已不能有效保障城市人民生命财产的安全。防洪要从控制洪水向管理洪水转变。人们不能彻底解除洪水灾害，只能尽一切努力减少洪水造成的损失。

高速发展的城市经济，不仅要有完整的防洪工程体系确保城市防洪安全，而且要与现代城市建设相协调。要科学、合理地编制城市防洪规划，绘制城市防御洪水风险图，调整城市产业结构和布局，从试图完全消除洪水灾害转变为承受适度风险。抓好防汛指挥信息化和现代化建设，运用现代信息技术、卫星通信技术等现代化科学手段，准确预报雨情、水情，科学、合理地调度洪水，确保标准内洪水防洪安全，遇超标准洪水有舍有保，把损失减小到最低限度。

（二）城市经济发展必须量水而行

长期以来，人们基于“水资源是无限的”认识，对其开发利用采取“以需定供”的方针。为了发展经济，不断开发水源，不断扩大供水，但仍不能满足日益增长的需求，最终造成河流断流，地下水超采，城市供水陷入困境。实践使我们懂得，必须彻底摒弃“水是取之不尽、用之不竭的”这个传统观念，树立“水是一种有限的、不可替代的、人类生存和社会发展必不可少的战略物资”的观念。把“量水而行”作为指导国民经济发展和结构调整的一项基本原则，城市发展的规模和速度要与水资源承载能力相协调。对水资源实行“需求管理”，约束人类对水资源无限制的需求，对有限的水资源进行合理配置和科学管理，以水资源可持续利用来保障国民经济的可持续发展，要努力建设节水型城市，实行“量水而行”的经济发展战略。城市优化产业结构，必须做到以水定产业，以水定发展规模，严格控制高耗水项目的建设;所有的工业企业都要严格按照规定的行业用水定额和节水指标,实行计划用水,推广节水新工艺,建立回水闭路循环系统,降低水耗,提高水的重复利用率;建立健全节水管理制度。全面实行节约用水“三同时”、“四到位”,强化宏观用水控制和微观定额管理,充分发挥水价经济杠杆作用,促进节约用水。

(三)城市发展不能以牺牲环境为代价

长期沿袭低投入、高消耗、重污染的经济发展模式,加之水污染治理严重滞后,排污超出了水环境的承载能力,致使河流普遍受到严重污染,不少城市守着江河没水喝。水污染不仅严重影响城市经济发展,而且直接危及人民生命安全。城市发展千万不能以牺牲环境为代价,走先污染、后治理的老路。治污要树立新的现代化理念,即用生态的观点重新调整人与自然的关系,建立起人与自然的和谐相处、共同发展的观念。人们在生产和消费活动中,对水资源的消耗和向水体排放的污染物质,都不能超越水资源和水环境的承载能力。所有工业企业都要以实现资源的最大利用率和污染物最小排放量为目标。

我国是个爱水、惜水、护水的有悠久历史的文明古国。只要真正建章立制,规范主体行为,相信我们的决策者们一定能够解决好城市水环境的一系列问题,工程设计、施工的时候一定会尽量多一点长治久安的考虑。完善的城市下水道和污水处理设施,统一排放标准,加强监测公示制度,将水环境保护事业由面控制向点面共同控制的方向推进,把一直困扰城市水环境的难题有效化解。

(四)建立城乡一体化管理体制

现代城市水利建设是一项综合性治理工程,承担防洪除涝、供水排水、治污排污、污水回用、生态保护、景观建设等多项任务,涉及多个部门和多个领域,切块管理,各自为政,必定引起工程建设上的浪费和管理上的混乱。实践证明,靠传统的水资源分割管理体制,无法实现对全社会涉水事务的统一管理,因此必须进行体制改革。

建立城乡一体化管理体制,成立城市水务局,由其对水资源开发、利用、节约、保护和供水、节水、排水、治污、排污、中水回用等进行城乡一体化管理,是现代城市统管水事的最佳模式,它必将全面推进城市水利现代化建设,而现代化的水利也必将更有力地支撑现代城市经济的可持续发展。

(五)用经济学的方法合理配置水资源

水资源的配置效率,用经济学的方法简单地说就是用价格调节,合理的价格就能提高效率。而水价改革并不是个简单的水价调整问题。

首先,必须加强宣传水价改革的必要性与重要性。

其次,水价改革要有法律保障。

再次,进一步加强水资源的统一管理,水价改革要整体推进,相互比价应合理,推行累进加价收费制度和浮动水价制度,从而适应社会主义市场经济需要,促进城市国民经济持续发展。

小　结

城市水资源具有一般水资源的基本特点,但城市水资源也有不同于流域水资源的特点；城市水资源与一般水资源概念及特点具有明显的差别与联系；城市水资源面临着严峻的局面，如何使城市水资源可持续利用，是城市水资源规划与管理的重要任务。

复习思考题

1-1　与流域水资源相比城市水资源有何特点？

1-2　目前我国城市水资源面临的主要问题是什么？

1-3　城市水资源可持续利用的方法和途径有哪些？

1-4　简述城市水资源规划与管理的意义。

第二章　城市水资源开发利用问题及对策

学习目标与要求

城市地区水资源的开发利用有三个显著特征：一是开发强度大，用水量相对集中；二是对供水的保证率和安全性要求高；三是城市废污水对环境的危害大。这些特征都是由城市自身的特点决定的。因此，本章主要介绍城市及城市水利的概况和城市水资源开发利用状况。通过本章学习，使学生对城市水利的一些概念、基本情况和城市水资源的基本知识有初步的了解。

第一节　城市水利状况及城市水利建设

一、城市水利的内涵

城市水利的提出是在新的历史背景下水利发展的内在需求，是城市发展的必然产物。城市水利不仅包括水源的保护、供水与排水系统的建设与管理，也包括城市河道与湖泊的整治、城市污水处理与废水资源的重复利用、城市防洪体系建设与城市环境改善等，不仅需要形成完整配套的工程体系，而且需要将工程措施与非工程措施相结合。城市水利是相对农村水利而言的，是指同城市存在和发展有关的水利问题，它包含的内容主要有以下几个方面。

(一)城市水文

城市的存在与发展可改变城市水文气象规律。城市水文应当深入研究城市“三水”转换规律、水质水量变化规律，科学布置水文测报系统，指导城市建设。

(二)城市防洪

城市发展可改变城市与洪水的关系。城市建设改变了城市河道形态，有些甚至使城市河道功能消失。城市防洪是根据城市的发展规模，研究城市的防洪标准，分析城市洪灾成因，区分洪、涝界限，处理好洪、涝的综合治理，搞好城市防洪规划，提出城市防洪安全的工程措施和非工程措施。

(三)城市排涝

城市洪涝的排水标准，承泄区、滞水区、排水区的划分，排水系统的布局及排水方式，特别是支流较多及丘陵区的城市排水区的划分、滞涝能力的要求，排水系统的布局，“硬化”和“软化”排水方式的研究等至关重要。

(四)城市供水

充足而清洁的水源是城市可持续发展的必要条件。城市供水主要研究以下内容：供水水源的比选，水源保护，水源的供水保证率，输水供水的方式，水量需求，不同用水户对水质的要求，研究“优水优用、劣水劣用”的措施和办法，编制城市供水规划，城市节约用水的措施、政策。

（五）城市水污染防治

城市污水主要是工业污水和生活污水。要调查摸清人口、产业结构、卫生设施、各种污染物的排放总量及分类指标，水环境建设，污水处理能力、污水集中处理率、城市饮用水水质状况，研究减少污水排放量的措施，提出污水处理回用的技术措施和政策，制定水污染防治规划。

（六）城市水土保持

根据城市的地形地貌及开发程度、植被情况等，分析城市水土流失的分布及成因、水土流失的特点和发展趋势，提出水土流失的防御和治理措施，结合生态建设提出城市水保规划，制定法规和政策，建立并完善防治体系。

（七）城市水环境

现代化的城市需要一个良好的环境，而营造良好的环境离不开水，“山无水不秀，城无水不美”，一个城市的水环境容量决定城市特色，水给城市增添无限风光。所以，在城市发展中首先要研究城市水环境容量、蓄水洼地的条件和布局、河流景观或人造水面、污水的处理回用方式、水体连接及流动、水生动植物与观赏设施等。

（八）城郊接合部的水利问题

主要研究城市和乡村接合部各种水工程治理标准、规划布局的过渡和衔接，如何做到按水系流域统一规划、统一治理，不要造成灾情搬家，并为城市将来的发展创造良好的水环境。

（九）城市地下水的开发与利用

主要研究地下水的储量、分布、补给及动态变化规律，地下水的开发利用情况，制定科学的开发利用规划、井点的科学布局、地下水开采计划，探索地下水回灌技术，制定解决地面沉陷和海水入侵的对策及限制或禁止开采地下水的法规、政策。

（十）城市水利的法规体系

根据城市水利的内容、专业和城市的特点建立完善的、科学的城市水法规体系，研究建立高效廉洁的执法队伍。

二、城市水利的基本特点

（一）城市水利面临问题的长期性与复杂性

城市水问题的产生，是自然与社会因素交互作用的结果。每一座城市所处的地理环境不同，城市规模、结构、功能、政治经济地位以及城市发展阶段不同等，决定了各个城市所面临的水问题的明显差异。在城市发展过程中，一方面水资源合理配置、水环境保护治理与水灾害防御控制的要求不断提高；另一方面多数城市由于对具有公益性质的城市水利基础研究不够，投入不足，社会上大量存在的过分追求局部与眼前利益的短期行为等还在使矛盾不断激化。从基本国情出发，我国绝大多数城市尚不具备短期内以高投入克服城市化进程中水危机的实力。因此，城市水利的发展是长期而艰巨的任务，不是抓好几个“形象工程”就可以解决问题的。对既是自然资源，又是环境要素，也是致灾因子的水来说，必须统筹规划、综合治理，将发展与治理密切结合起来，将水资源的合理配置、水灾害防御与水环境治理一起纳入城市发展规划，建立相对稳定的、与城市经济发展按比例同步增长的投入机制，同时加强法制教育，尽力遏制城市发展引起水灾害与水污染风险加重的趋势。

（二）城市水利统筹规划的超前性

城市水问题是发展中的问题。因此，城市水利在规划阶段就必须考虑如何应对城市发展中水问题的演变趋向，如何满足城市未来发展的治水需求。目前国内城市水利规划的一个重要问题是基础研究不够、预测手段不足，规划的依据往往是过去的不完整的资料，使得规划本身的合理性就缺乏保证，难以摆脱“头疼医头、脚疼医脚”的窘境。合理进行城市水利统筹规划的依据必须建立在科学预测的基础之上。近年来，中国水利水电科学研究院开发研制的城市洪涝灾害仿真技术已经先后应用于海口、深圳、广州、上海、天津、沈阳、哈尔滨等城市，并不断发展完善，进入了实用化的阶段。同时，城市水利信息管理与决策支持系统的建设也需要大力加强。

（三）城市水利实施对策的综合性

城市区域综合治水包括两重含义。首先，治水措施的目标是综合性的。城市水源的保护、供排水系统的建设、城市河道湖泊的整治、城市污水处理与废水资源的重复利用、城市防洪体系建设与城市环境改善的结合等，在解决水多、水少、水脏的问题上，总是你中有我，我中有你。单一目标的措施，往往是既不经济，也不合理。其次，治水手段是综合性的。不仅需要形成完整配套的工程体系，而且需要将工程措施与非工程措施相结合。只有综合运用工程、法律、行政、经济、教育、技术等手段，才可能达到城市水利的发展目的。例如随意往城市河道倾倒垃圾的恶习，污染水源、破坏环境、有碍行洪排涝，可是这种现象至今即使在上海这样的大城市中也屡见不鲜。因此，城市水利建设中，工程措施需要研究与投入，管理措施也同样需要研究与投入。

（四）城市水利发展模式的开放性

常言说，“一方水土养一方人”，但是在城市地区，其实需要“八方水土养一方人”。因此，城市水利不能就城市论城市。城市水利规划，必须与流域水利规划相协调，妥善处理好上下游、左右岸、干支流以及城市与乡村的关系。城市水利需要牢牢树立大水利的观念，既要满足城市人口生存与城市经济发展的需要，也要克服掠夺性的资源利用、以邻为壑以及导致区域内生态系统破坏的弊病，创造人与自然相协调的生存环境。同时，城市之间需要加强经验的交流，善于引进新观念、新技术。地方保护主义不利于城市水利的发展。

（五）城市水利的风险特性与加强风险管理的必要性

在城市水利的发展中，建立风险管理机制是解决城市水危机的有效途径。在城市化过程中，我们不可能彻底根治水灾害、充分供应水资源及完全避免水污染，因此在城市发展中，必须承担一定的风险，需要加强水的危机与风险的预测、评估、管理与应急对策等问题的研究；需要建立健全风险管理机制，兼顾局部与整体、眼前与长远的利益，避免人为加重风险；认真做好水危机的应急预案，努力增强风险预测、监测、评价能力，增强分担风险和承担风险的能力等。

三、城市水利规划

城市的发展与江河治理、水资源利用、水环境的保护与建设既互相促进，又互相制约。城市的发展，使人口集中、土地和水资源相对紧张，而生态环境质量对城市现代化极端重要。从我国城市发展中面临的问题来看，要实现城市现代化，就必须处理好城市防洪、排水、供水、污水排放、地下水和城市水土保持、城市河流水系及湖泊洼地的合理开发等问题。

(一)城市水利规划是区域规划

区域规划必须以流域规划为依托。一个大城市或城市群落的面积最大的不超过1 000～2 000 km^2，中国的直辖市所属范围可达1 000 km^2 以上，但除中心城市，大部分仍是农业区，城市范围在一个中等流域区，仍只占一小部分。城市水利从总体上要服从流域规划；而流域规划必须充分考虑流域内城市水利的特点和要求。流域规划与城市水利规划要做到密切结合，避免出现矛盾。

(二)城市防洪的复杂性

由于城市产业集中，因此有较高的防洪要求。而构筑城市防洪体系，受街道和建筑物的限制，比较困难。同时在汛期防汛管理与城市交通交叉，管理受到牵制。水利规划必须充分考虑这一特点，调整江河防洪修大堤、开大河、建大泵站的思路，从城市特点出发，因地制宜提出适应城市的防洪布局。

(三)城市大部分为不透水覆盖

城市中60%以上为不透水或基本不透水的地面，降雨产流率比农业区大得多。由于城市房屋设施和道路绝大部分不能受淹，因此排水系统要求特别完善，汇流快速，流量大，完全不同于农田排水，应充分吸取市政工程的经验。

(四)城市水面率低

原有城市水面率大都很低，一般不到2% ～3%。新市区是在近郊区基础上发展起来的，在建设过程上又不断减少水面，以获得更大的土地效益。城市的地面调蓄能力大大降低，造成暴雨径流量增加，进一步加剧了城市排水的严重性。保留甚至要求扩大城市水面率，是城市水利规划中一项十分重要的论证工作。

(五)城市水域污染严重

城市是污染物的集中排放区，由于排放量集中加上处理不及时，一条江河的城市河段往往都是污染最严重的地方。水利规划中水资源量、质管理与开发利用和水环境的改善都是规划的重点内容。要提出削减污染量的要求，规划各种水利的改善措施。

(六)城市河道是城市的风景线

居高近水是人们理想的居住环境。城市内河道本来就少，而河道又往往集航运、港口、排水、游览于一身。城市水利规划必须将河道规划作为一个重点，营造有序而美化的河道布局，构筑舒适的休闲岸线，改善城市环境面貌。

近几年来，我国许多城市越来越重视城市水系和河岸美化。广州市提出要把珠江广州河段建设得像塞纳河巴黎河段一样美丽。上海黄浦江外滩及浦东防洪工程集防洪、排水、交通、绿化、美化、休闲、观光、娱乐于一体，成为城市防洪工程的创举。2000 年

10月中旬召开的21世纪城市建设与环境成都国际大会,对成都市府南河的治理给予了充分肯定,该项目获得了三项国际大奖。府南河治理工程的成功,包含了城市可持续发展、城市建设与环境、住房与安居等多方面的内涵,有很多创举,是一个成功的范例。安徽芜湖市的多功能城市防洪墙也是一个有益的探索。因此,现代化的城市离不开现代化的水利。

四、城市水利建设

随着我国改革开放的不断深入,城市化急剧发展,城市面貌日新月异,为使城市(城区)性质、规模适应经济发展的要求和适应以环境保护为重点的可持续发展战略,各城市及县城都在对现有城区进行新的规划和建设。水利作为城市基础设施的一个重要方面,它承担着城市防洪、供水、排水、航运、水环境等功能,是城市生态系统和景观系统的重要因素。因此,在城市建设中,对水利建设,特别是水环境综合治理提出了更多、更新的要求。

(一)城市水利建设的必要性和紧迫性

1.加强城市水利建设是城市化发展的新要求

改革开放以来,随着经济社会的快速发展,我国城市化率已从1978年的17.9%提高到2005年的43%。城市取水与排污相对集中,对防洪安全、供水保证率和水环境质量要求高,缺水和水污染造成的经济损失与社会影响大,需要根据城市水问题的特点,结合具体城市的实际,切实加强城市水利工作,因地制宜地解决好城市水利问题。

2.城市化快速发展中显现的各种城市水利问题迫切需要加强城市水利建设

城市缺水已经成为制约我国经济社会可持续发展的重要因素。目前661个建制市中缺水城市占2/3以上,其中110多个城市严重缺水。城市水污染问题日益突出。2005年全国污废水排放总量达717亿t,其中2/3未经处理直接排入水体,造成90%的城市地表水域受到不同程度的污染。城市防洪形势仍然严峻。在639个有防洪任务的城市中,达到国家防洪标准的只有236个,还有63%的城市没有达标。长期以来,由于对城市发展中的城市水问题认识滞后和重视不够,涉水规划与水利建设滞后于城市发展,综合功能提升滞后于规模发展,环境改善滞后于经济增长,出现了很多城市水利问题,迫切需要加强城市水利工作。

3.城市化快速发展时期是健全和完善城市水利基础设施的关键阶段

当前,我国正处在城市化快速发展时期,也是完善城市水利基础设施的关键阶段,迫切需要立足当前,着眼长远,统筹建设各种城市水利基础设施,着力解决城市水问题,更好地发挥城市水利基础设施对城市发展的基础作用和带动效应。

4.流域与区域水利基础设施体系和城市水利工作实践为加强城市水利建设奠定了坚实基础

经过多年不懈努力,以大江大河综合治理和水资源配置工程为重点的流域与区域水利基础设施建设取得显著成效,为城市发展提供了重要的防洪保安和水源供给条件。近年来上海、北京、江苏、浙江、山东、广东等地在城市水利工作中的探索与实践,为城市水利工作提供了成功经验。

（二）城市水利建设的目标

1. 城市水利建设要坚持科学发展观

以体制机制创新为动力，按照以人为本、人水和谐和城乡统筹的理念，坚持防治水污染与防治洪涝灾害并重，水资源开源与节流并重，水系整治与水生态系统保护并重，水环境改善与水文化水景观建设并重，工程措施与非工程措施并重，水利工程建设与管理并重，节流优先、治污为本、统筹城乡、综合治理的指导思想，建设与城市发展相适应的现代城市水利基础设施体系、城市水利管理体系与城市水利服务体系，提高水利社会管理和公共服务能力。

2. 城市水利建设要尊重自然规律和经济规律

要在流域与区域水资源综合规划的指导下合理开发利用水资源，满足城市发展对城市水利基础设施的要求。要使城市发展布局、功能定位、发展规模与防洪保安、水资源、水环境承载能力相适应。缺水城市要适度控制城市规模，禁止发展高耗水产业和建设高耗水景观。地下水超采城市要严格控制地下水开采，防止地面沉降。在城市规划与新城区建设中，要严格执行城市河道控制线和地面标高控制线，防止侵占水域、破坏水系，防止以牺牲水环境和水面积为代价换取城市发展的短期利益。

3. 城市水利建设要坚持统筹协调

按照统筹城乡区域发展的要求，城市防洪、城市供水、城市水环境与水生态建设统筹兼顾，综合治理；城市涉水专业规划要与城市总体规划相协调，城市排水和污水处理设施建设要与水功能区管理相协调；城市水利管理要与市政管理相协调；城市水文化要与城市历史文化底蕴相协调；城市水利设施要与流域和区域水利设施有机结合；城市水利工程要与城市总体风貌相协调。

4. 城市水利建设要突出以人为本

城市水利在提高生产力、促进经济发展的同时，要注重城市水生态系统保护、水环境、水文化、水景观等多种功能的建设，把确保城市水面率、湿地面积率、透水面积率作为城市规划的重要控制指标，主动适应人民群众不断增长的精神需求和建设宜居城市和生态城市的需要。

5. 城市水利建设要坚持创新

通过体制创新，逐步建立权威、高效、协调的水资源统一管理体制；通过机制创新，探索建立多元化、多渠道、多层次的城市水利投融资体系，建立城市水利建设、管理与维护的良性运行模式；通过科技创新，提高城市水利的科技水平，实现城市水利的信息化与现代化。

6. 城市水利建设的总体目标

保障城市防洪安全、供水安全、水生态与水环境安全，推进节水型社会建设，努力实现人水和谐。到2010年，城市防洪标准进一步提高；在流域和区域的统一配置与调度前提下，通过供水工程建设与节水措施，基本满足城市发展的用水需求；加快城市污水处理设施建设，使城市水体质量明显好转，通过水生态系统保护与修复，水环境得以改善。到2020年，全国大中型城市基本达到国家规定的防洪标准，水资源供给能力与城市发展相适应，水功能区水质全面达标，水生态状况和水环境质量明显改善，实现人水和谐、环境优美。

(三)城市水利规划原则

城市水利规划原则要从水利规划、水资源的配置、建设节水型社会和完善体制机制4个层面全面贯彻落实科学发展观,其中规划是贯彻落实科学发展观的第一个层面,也是基础性层面。所以,城市水利规划的编制工作,是城市水利全面贯彻落实科学发展观的基础,成为指导城市水资源永续利用、维持河流健康生命、促进城市水资源可持续发展的基础。

(1)城市水利规划包括城市防洪规划、城市供水水源规划、城市水系整治规划、城市排水规划、城市水景观规划、城市节约用水规划、城市水资源保护规划等。

(2)城市水利规划要根据经济社会发展对城市防洪安全、供水安全、水生态与水环境安全的要求,在流域和区域水资源综合规划、防洪规划的指导下编制,并与国民经济和社会发展规划、土地利用总体规划、城市总体规划和环境保护规划相衔接。要统筹安排城市水资源开发利用、治理控制和节约保护,整治和建设城市水系;科学确定城市水利工程布局及规模;划定水功能区、水利工程规划保留区;提出各类水利工程设计标准等方面的内容。要充分利用流域、区域水利工程体系,提高城市水利的保障能力,使城市水利更好地为城市发展服务。

(3)城市防洪规划要按照《中华人民共和国防洪法》的要求,由城市人民政府组织水行政主管部门、建设行政主管部门和其他有关部门依据流域防洪规划、上一级人民政府区域防洪规划编制,按照国务院规定的审批程序批准后纳入城市总体规划。

(4)对城市国民经济和社会发展规划以及城市总体规划的编制、重大建设项目的布局,应进行科学论证,确保与水资源和水环境条件以及防洪要求相适应。在水资源不足的地区,应对城市规模和建设耗水量大的工业与服务业项目加以限制。

(5)切实加强规划管理,健全科学化、民主化的规划编制程序,相关专业规划要按照规定的程序审批。规划一经批准,必须严格执行。经批准的城市涉水专业规划是城市涉水工程建设的依据。城市范围内各类建设项目必须符合河道、湖泊的规划控制治导线,符合防洪规划确定的地面控制高程,不得随意侵占水域、阻断水系。城市新建小区防洪除涝标准应经当地水行政主管部门审定。

五、城市水利发展的基本思路

现代化的城市要从生态环境的要求,从城市可持续发展的战略高度出发,要全面规划、统筹兼顾、综合开发,妥善处理各项建设与水利的关系。应着重从以下几个方面考虑。

(一)加强城市水利工程建设

1.城市水利工程作为城市的重要基础设施,必须适度超前建设

当前,城市水利基础设施建设严重滞后于城市发展,要采取切实有效措施加快城市水利建设步伐,以城市水利的率先发展更好地支撑和保障城市的健康发展。

2.保障城市供水安全

在制定流域和区域水资源综合规划时,优先考虑和安排城市生活用水,协调好生活、生产经营和生态环境用水。城市供水要协调用水需求,适度超前建设,实现多库串联,水系联网,地表水与地下水联调,优化配置水资源,优先满足城镇饮用水源地的取水。要加强水源地保护,建立和完善水量、水质监测体系,在有条件的地方推行分质供水,建设战略

储备水源和应急备用水源，鼓励开发利用非传统水源，切实保障居民生活饮水安全。

3. 加快城市防洪除涝工程建设

在继续实施既定流域、区域性防洪工程建设的同时，根据国家制定的城市防洪标准和城市防洪规划，加快建设城市防洪除涝工程。

4. 整治和完善城市水系

要把城市水系纳入流域、区域水系中统筹规划，在保证河道功能的前提下进行综合治理，实现城市河湖与流域、区域河湖沟通，增强引排能力，建成"挡得住、排得出、引得进、调得活"的城市水系网络。城区河道要体现城市特点、城市历史、城市文化和以人为本、改善人居环境。强化河湖岸线和堤防（包括海堤）的综合治理，推广堤路结合、堤林结合以及生态型自然护坡和工程性护坡相结合。

5. 加强城市水生态系统保护与修复

要结合城市水系整治，实施雨污分流，清淤保洁，岸线整治，景观营造，环境美化，真正做到河畅、水清、岸绿、景美。逐步建立城市的水资源循环利用体系，大力发展循环用水系统和中水回用系统。

（二）加强城市水利管理

1. 围绕节水型社会建设做好城市水资源管理工作

加强城市规划区取水许可、水资源费征收使用和建设项目水资源论证工作。严格控制并逐步减少地下水开采量，地下水严重超采的城市，严禁新建任何取用地下水的供水设施。在城市公共供水管网覆盖范围内，原则上不再批准新建自备水源。严格执行水功能区纳污总量控制制度，突出饮用水源地和重要引水调水河道的保护。以节水型企业、节水型服务业、节水型社区为载体，切实加强城市节水工作。工业用水重复利用率低于40%的城市，不得新增工业用水量，并限制新建供水工程项目。深化水价改革，形成合理的水价机制，建立科学的水价体系，全面推进节水型社会建设。

2. 建立和完善城市水利工程长效管理机制

城市水利工程的调度运行要按照水行政主管部门批准的方案执行。公益性工程由水行政主管部门管理；经营性水利工程按市场机制运行，接受水行政主管部门行业管理；准公益性工程，要分类指导，区别对待。各类城市水利设施都要落实管理人员、职责、目标和经费。工程维修养护要按照"管养分离"的原则，实行专业化管理、社会化养护。

3. 建设城市水利预警与应急机制

加强城市综合防灾减灾和应急管理能力建设，增强应对城市水旱灾害、水体污染等突发性事件的防范与处置能力，要分别针对江河洪水、山地洪水、台风暴雨、风暴海啸、泥石流、干旱缺水、突发性水污染等灾害，建立预警预报与报告、应急响应制度，制定应对措施，建立应急预案，形成完整的应急机制，保障城市安全。

（三）确立城市水利发展的目标

1. 城市的现代化，必须有与之相适应的城市水利

在制定城市发展规划和地区水利规划中都要充分考虑这个问题。

2. 较好的防洪安全、完善的排涝设施是城市可持续发展的基本保障

在城市发展中要处理好城市建设与河道、湖泊洼地的关系，新城区一定要考虑洪水风

险。城市防洪规划要服从江河整治规划。城市建设一定要尽可能少占蓄水洼地,更不能填河填湖造地,以免降低防洪排涝标准,扩大灾情。

3. 充分而清洁的水源是城市生存和发展的条件

城市供水要解决如下问题:要有充足而清洁的水源;对水源要有可靠的保护措施;研究“优水优用,劣水劣用”,分功能供水问题;制定生活、工业、卫生、环境的节水目标、节水措施和节水政策;实施洪水、雨水、污水资源化。

4. 良好的水环境和河流景观是现代化城市的重要标志

现代化城市要有优良的生态环境,要研究落实城市必要的水环境容量,建设必要的城市水网,建造风景秀丽的河流滨水景观,切不可盲目将河道改成暗河,尽可能实现城市“软化”排水。对过量开采地下水的城市要在禁采的基础上研究科学利用,保持平衡。

5. 运行有效的水管理体制是城市水利现代化的重要条件

现在城市水管理体制混乱,多龙管水,城乡分割,破坏了水利的系统性、流域性、科学性,而且政出多门,互相制约甚至抵消,极不利于城市水利现代化的实现。

6. 完善的法规体系是城市水利现代化的重要保证

一是建立科学完善的城市水法规体系;二是建设一支高效、廉洁、文明的执法队伍,保证各项措施依法进行。

第二节 城市化对水资源的影响

城市化是世界各国发展的共同趋势,而城市缺水也成为全球关注的问题。由于城市化对水资源会产生重大影响(使城市供水不足、影响工业生产和人民日常生活、导致地下水超采、引发一系列环境地质问题等),因而研究城市水资源利用与城市化之间的关系势在必行,这对城市用水健康循环和保证城市可持续发展具有深远的战略意义。

一、城市化的含义

城市是自然资源短缺、生态环境脆弱的区域,其高度密集的人口和发达的社会经济活动导致用水与排水负荷都比较高,如果水污染控制措施跟不上,则城市水环境恶化将难以避免。

城市化是一个涉及全球的经济社会演变过程,也是工业化的必然结果。城市化不仅包括城市人口和城市数量的增加,也包括城市的进一步社会化、现代化和集约化。

城市化意味着基础设施相对完备,居民用水便利,公共市政用水量(如绿地、消防等)也高于小城镇或农村地区。因此,城市化将使人均生活用水量大幅度提高,城市化水平对生活用水的长期增长趋势有极大的影响。

二、我国城市化进程及其若干特点

(一)我国城市化进程

1. 我国城市化四个阶段

设施不足、水源短缺和水环境污染是困扰我国城市社会经济发展的三大问题,但在不同的历史时期有其不同的特点。新中国成立以来,我国城市化水平可大致划分为四个阶段,不同阶段有不同的主导战略。

第一阶段(1949~1957年):社会经济处于战后恢复和随之而来的大发展时期,城市化水平以年均4.8%的增长率快速提高,从而导致的主要水问题是供水设施能力严重不足,无法满足快速增长的用水需求,而城市水源却很丰富。因此,当时的主导战略是"以需定供,大力开源",其目的在于通过加大供水设施的能力建设解决缺水问题。

第二阶段(1958~1978年):社会经济经历了20年漫长曲折的徘徊过程,城市化水平年均递增率下降为0.7%。由于"大跃进运动"的影响,1958年出现用水需求急剧增长的状况,设施型缺水矛盾明显加剧,于是在1959年国家首次正式提出了节水问题。这一时期的主导战略是"开源为主,提倡节水",把节水作为缓解缺水矛盾的辅助战略。

第三阶段(1979~1988年):社会经济处于改革开放的快速发展时期,城市化进程明显加快,城市化水平年均递增率达到3.3%,用水需求明显加大,缺水问题更为突出。缺水的原因从单纯的设施不足逐步扩展到与水源短缺并存,节水工作受到更广泛的重视。1981年节水被提升到与开源并重的地位,这一时期的水战略特点是"开源与节流并重"。节水的目的由单纯"弥补开源不足"逐步向"弥补水源不足"转移。

第四阶段(1989~1999年):国民经济经过调整后进入相对稳定的发展期,城市化进程有所放慢,城市化水平年均递增率降至1.7%,但用水需求仍在持续增加。

2.城市化与水资源

城市化过程是人口向城市高度集中、城市面积持续向周边地区扩张与城市系统功能不断复杂化的过程。在这一过程中,人们的生活方式、社会的运作机制、资产的结构形式、流域的地形地貌、江河的产汇流条件及水域的水质等都在发生着显著变化。继许多城市经历了设施型和资源型缺水后,一些城市又面临着污染型缺水问题。虽然供水设施不足的矛盾近年来有所缓解,但水源短缺和水源污染引起的缺水问题却日益突出,人们越来越感到"开源与节流并重"的战略也存在一定的局限性,因为有的城市已无"源"可开,有些城市虽然有"源"但已被污染。于是,人们又提出了"开源、节流与治污并重的战略"。

这种以人的生存与发展需求为导向,使人与自然之间的平衡不断被打破的现象,具有两重性。一方面,人为营造的城市,随着规模的不断扩大,与原有环境之间产生出大量新的矛盾,并且矛盾越来越复杂,解决矛盾的难度越来越大;另一方面,随着社会经济、技术实力的增强,对自然演化规律认识的深入,以及人类自我约束能力的提高,又为改善城市环境、维护城市的正常发展创造了条件。今后一段时期内城市化进程将呈加速之势。

(二)我国城市化特征

城市化是现代社会发展的产物。我国的城市化进程与世界各国相比,具有独自的特点。

1.滞后性

统计资料表明,1990年,世界城市人口的比重,高收入国家为71%,中等收入国家为60%,低收入国家为38%,而我国为26.4%。因此,我国的城市化水平比较落后。

2.反弹性

20世纪50年代末,我国城市人口比重曾一度达到19.7%,相当于当时中低收入国家水平。60~70年代我国一度强制性将城市人口疏散到农村,将工业企业由沿海迁往内地，城市人口比重最低在1972年，减为17.1%。改革开放以后，人为的压制转为反弹。80年代“返城知青”，90年代“民工潮”，大量农村剩余劳动力涌入城市，内地人口移向沿海，我国城市化进程明显加快。

3. 迅猛性

1949年，我国城市人口只有5 700万人，占总人口比例10.5%；1980年达到19.39%，30年间增长不到10个百分点；进入加速发展期后，1995年达到29.04%，即仅用一半时间增长了约10个百分点。据第五次全国人口调查，2000年我国城镇人口比例已达到36.09%；预计到2020年，城镇人口比例将上升到50%；在2050年前后，我国人口达到16亿人时，城镇人口比例可能达到60%。由于我国人口基数极大且越来越大，因此目前我国城市化的进程比其他所有国家都要迅猛得多。20世纪后50年间，我国城市人口从5 000余万人增长到4亿多人；21世纪前50年间，如果城镇人口比例增加到60%，则城镇人口总数将增加到9亿多人。据报道，目前我国已有1.5亿农民在城里打工，另有1.5亿农民在乡镇企业从事完全非农业的劳动，城市人口的扩张，已有相当庞大的后备军。

我国城市化进程中这些独有的特征，使得当今世界共同关注的“人口”、“资源”、“环境”、“灾害”等问题在我国表现得更为突出。其中，水对人类而言，既是不可替代的自然资源，又是重要的环境要素，也是主要的致灾因子，矛盾激化尤为显著。

三、城市化引起的水危机

城市化是我国走向现代化强国的不可阻挡的大趋向。但是，在城市化过程中，围绕以城市为中心的供水、排水、水环境保护与防洪排涝问题日益突出，水灾害加剧、水资源紧缺、水环境恶化，议论多年的“水的问题”，在某些地区已经孕发为“水的危机”，并呈全面加重的趋向。以下仅以城市型水灾害及其与水资源、水环境的关系为例，加以说明。

（一）城市型水灾害

城市化过程中，城市洪涝的水文特性与成灾机制均发生着显著的变化。例如：①城市人口、资产密度提高，同等淹没情况下，损失增加；②城市面积扩张，新增市区过去为农业用地，防洪排涝标准较低，而洪涝风险较大，以往城外的行洪河道变成了市内的排水渠沟，加重了防洪负担；③城市空间立体开发，一旦洪涝发生，不仅各种地下设施易遭灭顶之灾，高层建筑由于交通、供水、供气、供电等系统的瘫痪，损失亦在所难免；④城市资产类型复杂化，水灾之后，即使洪水退去，诸如计算机网络的破坏等所造成的损失不可估量，恢复更加困难；⑤城市对生命线系统的依赖性及其在经济贸易活动中的中枢作用加强，一旦遭受洪水袭击，损失影响范围远远超出受淹范围，间接损失甚至超过直接损失；⑥城市不透水面积增加，排水系统改善，径流系数加大，使河道洪峰流量成倍增加，洪峰出现时间提前，已有堤防的防洪标准相对降低；⑦由于城市气温高、空气中粉尘大，形成所谓城市雨岛效应，即出现市区暴雨的频率与强度高于周边地区的现象；⑧大规模城市扩张阶段，往往造成水土流失加剧，局部水系紊乱，河道与排水管网淤塞，人为导致城市防洪排涝能力下降；⑨城市防洪排涝的安全保障要求大为提高，而城市防洪排涝工程设计施工管理的难度加大。由于这些变化与城市化的进程之间含有明显的相关关系，因此除非同时增大治水的投入和力度，否则必然出现水灾损失急剧增长的恶性局面。

(二)城市水灾害、水资源与水环境问题之间的影响

对于城市河道、湖泊而言,水太多、太少、太脏,都发生在同一水域中,都威胁同一对象。在人与自然的相互作用下,形成了相互影响的复杂关系。例如:

(1)由于城市河道水质污染严重,恶臭难忍,人们迁怒于河,干脆"活埋"了事,或以此作为与河争地的借口。由此引起城市雨洪调蓄能力下降,加大内涝发生的几率;一旦污水泛滥,对沿河居民危害更大。上海城市化过程中,大量河道正在消失。南汇区7年中填埋河道321条,全长约168 km;新中国成立初杨浦区有大小河流130多条,至今仅存26条。1997年11号台风期间,虽然暴雨未停,由于内河水满为患,泵站被迫停机,使城市低洼地区出现路面集水盈尺甚至内河溃堤的现象。

(2)地表水质恶化加剧水资源短缺,城市水源地建设成为棘手的问题,被迫更多依赖和超采地下水,加速地面沉降,不仅直接造成城市地下管线和建筑物的损毁,而且降低防洪排涝工程系统的能力,加剧水灾风险;沿海地带由于地下水位下降过低,引起大范围的海水内侵,导致更严重的生态环境问题。

(3)洪水可以补充地下水源,增加水库蓄水量,是有利的一面;但是,由于城市需水量大,用水保证率高,许多过去为防洪和农业灌溉而建的水库被迫转为承担城市供水任务,为了预防汛期不来水,汛前往往舍不得腾出防洪库容,使得水库应急泄洪的风险大为增加,不仅削弱防汛的调控能力,甚至加剧水灾损失。

以上情况表明,城市型水问题的出现,在大规模城市化进程中是不可避免的。如果不同步加强城市水利建设,则水的问题必将日趋严重,甚至孕发为水的危机,成为社会可持续发展的严重制约因素。我国人口众多,对生存空间压力大,加之水资源短缺、降水量时空分布不均,是生态环境比较脆弱的国家。同时,我国又是发展中国家,经济与法制基础薄弱,在城市化加速发展时期,容易出现投入不足、治理不力、水的危机不断加重的局面。

城市化是我国从贫穷落后的农业大国走向现代化强国的必然趋向。在城市化进程中,水的危机必将成为我国社会经济可持续发展的重要制约因素。除非在管理体制与治理对策方面有重大的变革,城市的发展将难以避免大的波动与曲折,并将为此而付出沉重的代价甚至是不可挽回的损失。依法治水、计划治水、综合治水、科学治水,以治水带动城市功能、环境、景观的改善,是城市水利发展的必由之路,也是实现城市可持续发展的重要保障。

第三节　城市水资源开发利用现状及存在的问题

一、我国城市水资源利用状况

我国水资源总量为2.81万亿 m^3,居世界第6位,按13亿人口计算,人均水资源仅为2 251 m^3,不及世界人均占有量的1/4,是世界上公认的13个水资源匮乏的国家之一。从城市的状况看,由于人口密集、工业发达,用水需求过度集中,人均拥有的可利用淡水资源量就更加稀少,远远低于全国平均水平。我国水资源的空间分布极不平衡,西北内陆、长江以北、长江以南3个区域水资源量的比例大致为5∶15∶80,长江以南地区大中型以上的城市较少，长江以北地区却较多。这种水资源分布格局与城市分布不相适应，加剧了我国城市水资源短缺的矛盾。

城市用水主要包括城市工业用水、城市农业用水、城镇生活用水和城市生态用水。我国城市工业用水呈逐年增长的趋势。随着国民经济的发展，工业用水量迅速增加，到1999年工业用水量已达到1 159亿m^3，占全国用水总量的20.7%。我国工业取水量一般要占全国水利设施供水量的11%，占城市总取水量的60%~80%。城镇生活用水分为居民生活用水和公共设施用水。随着人民生活水平的不断提高，政府对供水投入的加大和城镇人口的快速增加，城镇生活用水也将迅猛增长。

就我国目前城市水资源状况而言，大致可分为以下四种类型：

第一类，水资源无论在水量和水质方面都能满足城市用水和发展需要。

第二类，水资源量存在明显的时间差异，枯水年、枯水季节水量不能满足需要，但经年调节或多年调节，总体上仍能满足水量要求。

第三类，水源水量严重短缺，难以依靠本区域水资源满足用水要求。

第四类，就水量而言，能满足用水要求，但水源受污染，难以处理达到要求的供水水质。

当然，还可能有其他的类型，例如既存在水量不足，又存在水源的污染等。

对于第一类城市，虽然水资源充沛，不存在缺水问题，但仍应注意节约用水和做好水源的保护，因为水资源应视为整个流域共同利用的财富。其他几种类型城市都存在水资源的开发问题。由于各地、各城市所处地理、环境条件不一样，水资源短缺程度不同，因此水资源开发不可能采用同一模式，必须因地制宜进行综合考虑，必要时必须进行多方案的比较和论证。

二、城市水资源的开发利用过程

从城市发展史来看，各国城市水资源开发利用的过程是有一定规律性的。在一定的技术经济条件下，每个城市都存在着一种极限水资源量，并在一定时期内保持相对稳定。通常，把城市水资源开发利用过程划分为三个阶段。

（一）自由开发阶段

在自由开发阶段其主要特征是：城市用水总量还远远低于城市极限水资源容量。人们解决城市用水量增长问题的主要手段是就近开发新水源；水资源的开发有相当大的盲目性，甚至破坏性；供水成本和水价低廉；大部分水经一次使用后即排放，普遍存在着不合理用水系统和用水浪费现象。我国在20世纪60年代以前，大多数城市水资源开发处于这一阶段。

（二）水资源基本平衡到制约开发阶段

随着城市人口聚集，工业迅速发展，城市用水量急骤增加，开始加紧建设新的供水设施，新水源的开发受到越来越多因素的制约，城市水资源开发进入制约开发阶段，出现了一系列带有规律性的特征：为满足用水迅速增长需求大量抽取地下水，使地下水位开始大幅度下降；新水源的开发受到邻近地区水资源开发的制约，受到农业用水的制约和资金、能源、材料，甚至技术上的制约；往往采用工程浩大和耗费巨资的蓄水、输水，甚至跨流域调水的办法来增加供水量；用水量的增长加大了废水排放量，由于废水处理设施建设跟不上，水体污染加剧，反过来更加剧了城市供水紧张的矛盾；逐渐认识到水是有限的经济资源，要节约用水，减少废水排放量；开始加强水资源调配和开发利用的管理，各种管理法规和管理机构不断完善；重复用水设施和重复用水技术不断发展。在这一阶段，城市供水总量开始向城市极限水资源容量靠近。目前我国很多缺水城市都处于这个阶段。

（三）综合开发利用水资源阶段

当城市供水总量已接近城市极限水资源容量、城市用水量的增长将主要依靠重复用水量的增加时，城市水资源开发进入第三阶段，即合理用水和重复用水开发阶段，这一阶段的主要特征是：由于新水源开发成本越来越高，开发重复用水与开发新水源相比，逐渐显示了越来越明显的优势，各种直接的和间接的重复用水系统迅速发展；各种有关管理法规和管理体系配套发展；各种重复用水的新技术和新设备开发十分活跃；人们已把用过的废水看成是可再生的二次水资源；城市供水总量增长向城市极限水源容量逼近，城市重复用水和城市用水总量近于平行增长，即新增用水量主要靠直接或间接重复用水来解决，我国在21世纪初，一些水资源严重短缺的城市将率先进入这一阶段。

三、我国城市水资源开发利用中存在的问题

（一）水资源供需矛盾日益尖锐

21世纪全国新增的用水量将主要集中在城市地区。未来30年内中国人口的增长是对水资源和水环境最大的挑战，也是对可持续发展最大的挑战。1997年我国的城市化水平是30%，城市人口为3.7亿人，用水总量约630亿 m^3。据预测，到2010年和2030年，城市人口分别为5.5亿人和7.5亿人时，相应的需水量将分别增加到910亿 m^3 和1 220亿 m^3。

（二）水资源短缺与浪费现象并存

城市水资源短缺问题是城市发展到一定阶段的产物。我国城市缺水开始于20世纪70年代末80年代初，随着经济发展和城市化进程的加快，缺水范围在不断扩大，缺水程度日趋严重，城市缺水问题逐渐加剧。据统计，目前全国600多个城市中，400多个城市缺水，其中110多个严重缺水，日缺水量达1 600万 m^3，年缺水量60亿 m^3。由于缺水，据粗略估计，每年给国家造成经济损失为2 000多亿元。

在城市水资源短缺的同时，工业和城市生活用水存在着严重的浪费现象，且用水效率极为低下。由于工艺设备和管理的落后，我国工业用水量远远大于发达国家，我国工业万元产值用水量为100 m^3，是国外先进水平的10倍。我国的主要工业行业用水效率明显低于发达国家，许多工业产品的单位产量需水量远远超过发达国家的用水量，工业节水的潜力很大。城市生活用水同样存在浪费，城市生活用水跑、冒、滴、漏现象十分普遍。多数城市仅供水管网及用水器具跑、冒、滴、漏损失率超过20%。

（三）水资源污染严重，水环境恶化加剧

目前，全国城市污水处理率达到30%，二级处理率为15%，许多城市至今还没有污水处理厂。大量城市污水未经处理直接排入水域，使我国城市水环境质量所面临的形势十分严峻。据统计，全国90%以上的城市水域受到不同程度的污染，水环境普遍恶化，流经

城市的河流水质78%不符合饮用水标准,地下水50%以上受到严重污染,其中水源受污染比较严重的城市有98个。另外,沿海城市的海岸带污染也十分严重,局部地区城市水环境还受到酸雨的威胁。环境污染进一步加剧了水资源的短缺程度,也使一些水资源丰富的城市出现了污染型水资源危机。

(四)城市水资源管理体制尚不完善

我国目前的水资源管理体制是部门分割式的管理,由此造成水务管理中政出多门而又缺乏协调,因而人为地增加了市政管理的难度。没有人对供需平衡负责,难以真正实现节水,无法有效地控制污染,没有建立统一的管理法规,难以定出合理的水价,必然不能产生高效的水资源管理效益。"多龙管水"的水权体制已成为实现水资源管理现代化和水资源优化配置的极大障碍。

城市水资源管理体制的不合理具体表现在以下几方面:人为地将完整工程按部门利益分散化,违背了基本建设程序和规律,导致种种问题;地下水、地表水、城市污水等各类水资源的管理不统一,各种水资源费的征收部门和标准不一致;城市用水水质、水量、供水和防洪管理权属不统一;政府水行业行政执法的部门分散,而且有的企业具有行政执法资格。

四、21世纪我国城市水资源开发利用面临的三大挑战

加速推进城市化是我国实现第三步战略目标的重要战略措施,根据中国工程院《中国可持续发展水资源战略研究》成果,在2050年前后,我国人口达到高峰时,总人口为16亿人左右,届时城市化水平将可能超过60%,也就是说,全国约有10亿人口将在城市工作和生活。与此相关的城市用水需求及污水产出量将大幅度增加,并由此产生许多新的问题,进而使城市的可持续发展面临三大挑战。

一是水资源的供需矛盾将进一步加剧。1997年我国的城市化水平是30%,城市人口为3.7亿人,用水总量约630亿m^3。据预测,到2010年、2030年和2050年,城市化水平将分别达到40%、50%和60%,城市人口分别为5.5亿人、7.5亿人和9.6亿人,相应的需水量将分别增加到910亿m^3、1 220亿m^3和1 540亿m^3左右。换言之,21世纪全国新增的用水量将主要集中在城市地区。这是一个必须引起严重关注并认真加以解决的问题。

当前我国城市供水水源的主要特点是,南方城市的水源比较丰富,且以地表水为主;北方城市的水源相对匮乏,且以地下水为主。就全国城市总体而言,在新老城市及其邻近地区增加开发300亿~400亿m^3的水源来满足2010年、2030年、2050年的用水需求,并不是没有可能;但具体到水源比较短缺的北方,尤其是华北地区,有些城市现状水资源已"入不敷出",仅靠传统方法开发当地的传统资源(地表水和地下水)是根本无法满足该地区城市用水需求的,必须寻找新的策略、新的方法和新的资源。

二是水源水质的保护难度将进一步加大。1997年全国建制市污水排放总量大约为351亿m^3(若加上未统计的建制镇排水量估计有450亿m^3),而集中处理率仅为13.4%。大量未经处理的城市污水直接排放造成城市水环境的严重恶化,近90%的水源水质遭受了不同程度的污染。预计到2010年、2030年和2050年,全国城市的污水排放量将分别增加到640亿m^3、850亿m^3和1 080亿m^3,这对水源保护将带来巨大压力。这种压力主

要是来源于投资不足。据测算，如果要保护城市水源并逐步改善水环境，必须加大污水处理力度，2010年、2030年和2050年城市污水处理率至少要分别达到50%、80%和95%，累计投资至少需要1.2万亿元，否则水源水质将继续恶化，直到完全丧失使用功能。其结果是“雪上加霜”，将进一步加剧水资源的供需矛盾。污染已成为我国城市供水的最大障碍。

三是水供给的安全性问题需引起警觉。与其他供水相比，城市供水对安全性的要求比较高，如对水量要求95%以上保证率，对水质要求符合生活饮用水卫生标准，对水供应要求每天24小时不间断等。根据这些安全标准，地下水以其水量稳定、水质好、水源近和处理工艺简单等优点而成为城市供水的最佳水源被广泛利用。但由于用水需求的不断增加和城乡用水的不合理竞争，许多城市的地下水都处于超采状态，地下水作为城市水源的空间受到了限制，于是人们便把新增的水源转向了地表水。许多城市实施了双水源供水，这对地下水源不足的城市而言，无疑是提高了水量的保证率，但与此同时，也降低了其他方面的供水安全性。一方面，地表水比地下水更容易受到污染，水源水质难以保证；另一方面，地表水源通常离供水点比较远，长距离输送增加了许多不安全因素。尤其是对于那些跨流域的远距离水源，其安全性问题更应引起重视。从这个角度考虑，在做城市供水水源规划时，还是应立足于多用当地水源，而将外调水作为必要的补充或应急水源，并做好调蓄以规避风险，提高城市供水的安全性。

21世纪面临的三大挑战，涉及资源、环境、经济等许多领域的问题，这些问题的形成与发展有其历史的背景，但主要是在发展中产生的。因此，仅靠过去传统的战略，无论是节水辅助战略，还是开源与节流并重或与节流、治污并重战略等都不可能从根本上解决我国城市的水问题，必须解放思想，转变观念，以新的思路构架新的战略。为此，必须将“节流优先，治污为本，多渠道开源”作为城市水资源可持续开发利用的新战略。

五、城市水资源可持续利用的途径

（一）全面厉行节水，建设节水型城市

工业节约用水要以技术进步型节水和结构调整型节水并重。工业用水是城市用水的重要组成部分，工业用水一般占城市用水的80%左右，用水量大而集中，通过循环回用、重复利用，提高工业用水重复利用率是工业节水的重点。随着工业节水的不断发展，未来工业节水的重点将是通过更新生产设备，改造工艺流程，降低工业用水定额，发展低耗水量、高附加值的高技术产业，促进工业取用水量逐步趋于零增长或负增长。

城市生活用水要以节水器具型节水和强化管理型节水并重，要全面推行节水型用水器具，尤其是在公共市政用水和居民生活用水量大的洗涤、冲厕和淋浴方面重点采取节水措施，提高节水效率；加快城市供水管网技术改造，降低跑、冒、滴、漏损失；建议城市水价每年进行不断调整，采用按水量累进计价。

（二）污水处理和再生回用相结合，加快污水资源化进程

按照污水处理和再生回用相结合的原则，加快污水资源化进程，是防止水质继续下降和增加可用水量供给的重要途径。据统计，城市供水量的80%排入城市污水管网中，收集起来再生处理后70%可以安全回用，即城市供水量的一半以上可以变成再生水返回到

城市水质要求较低的用户上，替换出等量自来水，等于相应增加了城市一半供水量。我国城市和工业用水已超过 1 100 亿 m^3，废水排放量约为 600 亿 m^3，即每天进入河道的废水已接近 1.6 亿 m^3。这些污水如加以处理，使污水资源化，既可增加水资源，解决城市缺水问题，又可起到治理污染的作用，提高水资源的利用效率。

（三）大力开发替代水源，解决城市水资源短缺问题

我国缺水城市缺水的原因不同，解决缺水的途径也不尽相同。因此，在加强节水治污的同时，开发水资源也不能忽视。开源不仅要立足于当前水资源，也要重视替代水资源的开发，其中包括海水利用、雨水利用、跨流域调水等多种途径。

（1）沿海城市可以用海水替代淡水用于工业冷却水以及特定行业的生产用水，通过海水淡化间接利用海水资源，有效缓解水资源紧缺局面。

（2）城市还可以采取相应的工程措施，采用雨水渗透和雨水储留技术蓄集雨水，从而把雨水资源化作为防洪和缓解水资源危机的一种措施。雨水利用技术在我国北方一些缺水城市已经开始推广，其他地区可以效仿。

（3）跨流域调水可以缓解水资源空间分布不均，将多水地区的部分水量调往缺水地区，增加区域可利用量，是解决我国北方城市缺水的重要战略对策。我国目前正在实施的南水北调工程，就是将较为丰富的长江流域的水资源调入华北和西北，此工程的实施可以解决北方地区城市水资源短缺问题、缓解南方水害和北方旱灾以及改善北方水生态环境。

（四）调整城市产业结构与布局，重组空间结构发展

经济的快速发展使城市用水量大幅度增长，特别是工业中重工业的发展与产业布局过于集中，使区域用水更为紧张。为保障城市水资源的可持续利用，城市要率先实现信息化带动工业化进程中的节水型产业结构调整，即依据城市的水资源条件调整、优化产业结构，限制高耗水产业的发展，着力培植极低耗水的知识密集型产业和高技术密集型产业，调整工业空间结构和布局，以使有限的水资源发挥最大的经济效益。

对于水资源短缺的城市，应适当限制高耗水工业，但基于国家整体工业化的需要，耗水的重化工业，如北方地区的钢铁、化工、电力等行业仍需要有一定的发展，解决的途径之一是调整空间布局结构，选择新的区位。随着实际收入增加和通信费用下降带来的人口郊区化、高速公路体系发展带来的制造业郊区化、追随消费者以及汽车的普及带来的零售业郊区化和信息高速公路突飞猛进带来的办公就业郊区化的发展，特大城市和大城市用水量大而集中的供水压力将会有所减缓。因此，可以考虑向特大城市和大城市近郊区及远郊区适度转移，或者向区内相对富水区进行必要的调整。

（五）完善法规政策，改革城市水资源管理体制

建立完善的水资源法规政策，加强水资源的统一管理体制，健全水资源的执法监督机制，是水资源可持续利用保障经济可持续发展的必要前提。我国应尽快制定城市水资源管理的有关法律，对城市水资源管理主体、执法主体及其机构设置、职责权限、管理体制与机制等作出规定；特别要对水资源的所有权和调配制度，对水资源的保护和治理以及相应的科技研究开发、推广应用的经费投入制度，对水资源费的征收和管理制度，对水价的确定、征收和管理制度等，作出统筹、具体的明确规定，填补现行水资源法律的空白。

城市水资源管理体制改革是实现城市水资源可持续利用的关键。首先，要建立城市水务统筹管理体制，对水的行政管理部门的职责、任务和权限进行严格分工，形成城市供水、用水、节水和污水处理以及水资源保护集成化管理，保证城市用水的健康、循环和安全；其次，要健全城市水资源管理市场，借助市场的力量和经济的手段，建设以市场为导向的水资源运行机制，制定合理的水价，调节水资源的供需关系；再次，采取措施有条件地实现水权交易，逐步建立水权交易市场体系，使水的利用从低效益的经济领域转向高效益的经济领域，从而有效地提高水资源的利用效率。

小 结

水是人类生存和生活所需要的最主要资源之一，也是城市存在和发展的基本物质条件，世界上大多数城市都是傍水而建，因水而发展和衰亡。城市人口集中、工业集中、用水集中，水资源供不应求，将制约城市的持续发展，随着城市化进程的加快，城市需水量不断增加，出现了供需矛盾，许多城市严重缺水，将影响城市工业产值、财政收入及人们的日常生活；水资源短缺已成为我国城市持续发展所面临的突出问题。本章对我国城市水资源所面临的主要问题作了详细分析，并提出了解决我国城市水资源短缺问题的对策。

复习思考题

2-1 名词解释：城市化；城市水利。

2-2 城市水利有哪些基本特点？

2-3 城市水利的内涵有哪些？

2-4 城市化的特点有哪些？

2-5 城市化引起哪些水资源危机？

2-6 为什么要进行城市水利建设？

2-7 试述我国城市水资源存在的问题和解决措施。

第三章　城市水资源计算与评价

学习目标与要求

本章介绍了城市水资源的构成、特征,城市水资源开发利用现状及其影响评价内容和办法;地表水资源、地下水资源及区域水资源总量的计算方法,介绍水环境概念和指标体系,水质评价的一般方法;结合实例介绍水资源数量评价的基本方法步骤,水质评价的实用方法及其应用实例。学习本章后,要求了解城市水资源的构成状况以及与一般水资源构成相比所具有的特征;熟悉城市水资源开发利用现状评价内容及方法;掌握水资源数量评价的一般步骤和计算内容,熟悉一些比较常用的计算方法,并通过对实例的学习基本掌握水资源数量评价的要点;熟悉水质评价的基本内容,了解其指标并掌握常用的基本评价方法;掌握水环境概念以及评价水环境状况的意义,了解部分水环境指标。

1988 年由联合国教科文组织和世界气象组织共同提出的文件中,给水资源评价的定义是:"水资源评价是指对于水资源的源头、数量范围及其可依赖程度、水的质量等方面的确定,并在其基础上评估水资源利用和控制的可能性。"

目前,人们认同的水资源评价的概念是:水资源评价,一般是针对某一特定区域,在水资源调查的基础上,研究特定区域内的降水、蒸发、径流诸要素的变化规律和转化关系,阐明地表水、地下水资源数量、质量及其时空分布特点,开展需水量调查和可供水量的计算,进行水资源供需分析,寻求水资源可持续利用最优方案,为区域经济、社会发展和国民经济各部门提供服务。

水资源评价是保护和管理水资源的依据。水是人类不可缺少而又有限的自然资源,因此保护好、管理好水资源,才能兴利去害,持久受益。水资源的保护、管理、供需平衡、合理配置、可持续利用,水质免遭污染、水环境良性循环,水资源保护和管理的政策、法规、措施的制定等,其根本依据就是水资源评价成果。

第一节　城市水资源系统概述

一、城市水资源系统的构成

(一)城市水资源系统的概念

广义的水资源系统:地表水资源和地下水资源是人类开发利用的主要对象,也是迄今为止唯一可实施人为控制、水量调度分配和科学管理的水资源形式。所以,在大多数文献中将水资源系统的构成侧重于地表水资源和地下水资源,并且把具有相互联系的这两类水资源视为一个有机整体——水资源系统,进行综合评价、开发利用、联合调度和科学管理。

狭义的城市水资源系统:城市水资源系统是一个巨大而复杂的系统,涉及诸多方面的众多因素,是多个子系统的有机联合。一般人们对于城市水资源系统作狭义的理解,即城市水资源系统由城市水源、城市供水、城市用水和城市排水四个子系统组成。各个子系统之间既互相独立又互相影响、互相依存,密不可分。

(二)城市水资源系统的构成

城市水源按照种类分为地表水、地下水、海水、微咸水、再生水和雨水等。城市水源工程从选定的水源取水,并输往水厂或用户,设施包括水源和取水点、取水构筑物、输水管渠、泵站等。

城市供水系统主要包括净水工程和输配水工程。城市供水系统根据城市布局、地形地质条件、水源情况,以及用户对水量、水质、水压的要求可以有不同的布置形式,如统一给水系统、分质给水系统、分区给水系统、循环和循序给水系统等。

城市用水按照用途分可以分为四大类:工业用水、生活用水、城市农业用水和环境用水。

工业用水分为工业企业生产用水和厂区生活用水。

城市生活用水分为两大类:居民住宅用水和城市公共设施用水。居民住宅用水为居民家庭的日常生活用水,包括居民的饮用、烹调、洗涤、清洁、冲厕、洗澡等用水。公共设施包括机关办公、商业服务业、宾馆饭店、医疗、文化体育、学校等行业用水及绿化、消防、道路浇洒用水。

城市农业用水包括城市所辖市镇农、林、牧、副、渔以及农村居民点的生活用水,特点是面广、量大,一次性消耗而且受气候的影响较大,用水季节性强。此外,城市农业用水还受作物组成和茬口安排的影响较大,保证率低。

环境用水包括河湖环境补水、航运用水、冲淤保港用水、环境冲洗稀释用水等。

城市排水系统收集生活和工业废水、降水,并予以处理后排入水体,主要包括污水管道系统、污水处理厂、污水出口设施等部分。

二、城市水资源系统的特征

城市水资源系统是流域(区域)水资源系统的组成部分,与社会、经济、政治、科技、法律等系统密切相关,相互进行物质、信息、能量的交流,其系统十分复杂,影响因素多。作为综合性的大系统,它具有多目标、多准则性、多层次性、复杂性、边界性、反馈性、动态性、可控性以及决策的不确定性等特点。

城市水资源系统与其他水资源系统相比,具有以下特征。

(一)人工干预强烈

城市水资源系统是人工与自然的叠加系统,在市区以人工系统为主,可人工干预的特征十分明显。社会制度、经济发展、科技水平、人口规模等均对水资源系统发生作用,同时也接受来自水资源系统的反馈,互相影响。

(二)边界较明确

城市是一个行政区域,有明确的边界线,城市水资源系统的边界虽然不一定与行政边界一致,但也比较容易分辨。这不仅是指其外部边界,还包括其内部各子系统的边界,因为基本是人造工程,所以也易于识别。

(三)强调安全性

城市水资源系统对安全性的要求比较高,为保证城市经济和生活的安定,对水量要求95%以上保证率,对水供应要求每天24小时不间断等;为保证市民的健康,对水质要求符合生活饮用水卫生标准;对水压也有一定的要求,以保证管网水流、建筑物给水和消防用水。

(四)动态规律性

随着城市的发展,取水、用水、水处理、排水均将不断发生变化,特别在水质、水量的动态变化较有规律性,如城市用水量随经济发展而增长,随城市的定型和工业逐步让出在城市经济中的主导地位而保持平稳或开始下降;城市用水量时程规律明显,一般而言,夏季比冬季多,白天比夜间多,大的城市用水量变化比较均匀,时变化系数小。这些可以用统计分析的方法对城市用水及其影响因素进行研究。

(五)以城市污水处理厂为核心的排水系统

拥有以污水处理厂为核心的排水系统是城市水资源系统的主要特征之一,在环境保护意识日趋高涨的现代化城市,除了各工业企业自备的污水处理系统,为了处理大量的工业和生活污水,集中污水处理厂必不可少。

第二节 城市水资源开发利用现状及其影响评价

水资源开发利用现状及其影响评价是对过去水利建设成就与经验的总结,是对如何合理进行水资源的综合开发利用和保护规划的基础性前期工作,其目的是增强流域或区域水资源规划时的全局观念和宏观指导思想,是水资源评价工作中的重要组成部分。

水资源开发利用现状分析包括两方面的内容:一是现状水资源开发分析;二是现状水资源利用分析。现状水资源开发分析,是分析现状水平年情况下,水源工程在流域开发中的作用,包括社会经济及供水基础设施现状、供用水量的现状、现状水资源开发利用程度等内容。这一工作需要调查分析水利工程的建设发展过程、使用情况和存在的问题;分析其供水能力、供水对象和工程之间的相互影响。现状水资源利用分析,是分析现状水平年情况下,流域用水结构、用水部门的发展过程和目前的用水效率、节水潜力、今后的发展变化趋势及水资源开发利用对环境的影响评价。

研究城市水资源开发利用现状是评价城市水资源合理利用的程度,找出存在的问题,有针对性地采取管理措施,促进合理用水、节约用水。因此,认真调查研究合理的水资源开发利用现状,是水务部门的重要工作。只有在充分了解供用水现状、水资源开发现状以及存在问题的基础上,才能制定出与水资源有关的各项规划。

一、城市社会经济及供水基础设施现状调查

社会经济及供水基础设施现状调查内容包括除水以外的主要自然资源开发利用和社

会经济发展状况分析、供水基础设施情况分析。主要自然资源(除水以外)是指可利用的土地、矿产、草场、林区等,分析它们的现状分布、数量、开发利用状况、程度及存在的主要问题。社会发展着重分析人口分布变化、城镇及乡村发展情况。经济发展分工农业和城乡两方面,着重分析产业布局及发展状况,分析各行业产值、产量。供水基础设施应分类分析它们的现状情况、主要作用及存在的主要问题。

(一)社会经济现状调查

收集统计与用水密切关联的社会经济指标,如城市人口、国内生产总值(GDP)、工农业产值、城市所辖村镇耕地面积、灌溉面积、粮食产量、农村居民人口、牲畜头数等,是分析现状用水水平和预测未来需水的基础。

(二)供水基础设施现状调查

供水基础设施现状调查内容包括调查统计现状年地表水源、地下水源和其他水源的数量(见图3-1)及其供水能力,分类分析它们的现状情况、主要作用及存在的主要问题。供水能力是指现状条件下相应供水保证率的可供水量,与来水状况、工程条件、需水特性和运行调度方式有关。

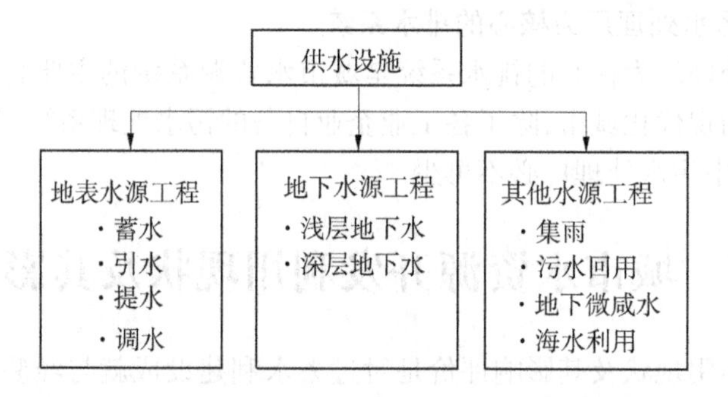

图3-1 供水设施组成

1.供水基础设施现状

以现状水平年为基准年,分别调查统计各种水源供水工程的数量和供水能力,以反映供水基础设施的现状情况。

(1)地表水源工程。地表水源工程分蓄水、引水、提水和调水工程。蓄水工程指大、中、小型水库和塘坝,塘坝指蓄水量小于10万m^3的蓄水工程;引水工程指从河道、湖泊等地表水体自流引水的工程;提水工程指利用扬水泵站从河道、湖泊等地表水体提水的工程;调水工程指跨水资源一级区之间或独立流域之间的调水工程。为避免重复计算,蓄水工程不包括专为引水、提水工程修建的调节水库;引水工程不包括从蓄水、引水工程中提水的工程;提水工程不包括从蓄水、引水工程中提水的工程;蓄、引、提工程中均不包括调水工程的配套工程。蓄、引、提工程按大、中、小型工程规模分别统计,工程规模按表3-1所示标准划分。

(2)地下水源工程。地下水源工程指利用地下水的水井工程,按浅层地下水和深层承压水分别统计。浅层地下水指与当地降水、地表水体有直接补排关系的潜水和与潜水有紧密水力联系的弱承压水。

表 3-1　蓄、引、提工程规模划分标准

工程类型	指标	工程规模		
		大	中	小
水库工程	库容(亿 m^3)	≥1.0	0.1 ~ 1.0	0.001 ~ 0.1
引、提水工程	取水能力(m^3/s)	≥30	10 ~ 30	<10

(3)其他水源工程。其他水源工程包括集雨工程、污水处理回用工程、地下微咸水和海水利用等供水工程。集雨工程指用人工收集储存屋顶、场院、道路等场所产生径流的微型蓄水工程,包括水窖、水柜等;污水处理回用工程指城市污水集中处理厂处理后的污水回用设施;海水利用包括海水直接利用和海水淡化,海水直接利用指直接利用海水作为工业冷却水及城市环卫用水等。

2. 供水基础设施存在问题

重点分析供水基础设施的配套情况、工程完好率,以及工程老化、失修、报废等情况。如水利设施因设计使用年限已到而报废,水库的泥沙淤积引起的供水能力降低,甚至完全报废,尤其是在水土流失严重的地区。

二、城市供用水现状调查

选择具备资料条件的最近一年作为现状年,调查内容包括各种水利工程的供水量,以及各用水行业的用水量。

(一)供水现状调查

掌握城市供水现状,是制定今后各项供水工程的基本依据。城市供水现状主要应当掌握以下内容:现状各类供水工程数量、供水能力。对供水水源结构、地表水和地下水的开发利用水平进行分析。

供水现状调查包括供水数量和供水质量的调查。

1. 供水量现状调查

供水量指各种水源工程为用户提供的包括输水损失在内的毛供水量。供水量调查应分区按不同水源和工程分别统计。按取水水源分为地表水源供水量、地下水源供水量和其他水源供水量三种类型统计。工程类别有蓄、引、提、机电井等四类工程,分别统计、分析各种供水占总供水的百分比,以及年供水和组成的调整变化趋势。

地表水源供水量按蓄、引、提、调四种形式统计。以实测引水量或提水量作为统计依据,无实测水量资料时可根据灌溉面积、工业产值、实际毛取水定额等资料进行估算。

地下水源供水量指水井工程的开采量,按浅层淡水、深层承压水和微咸水分别统计。浅层淡水指矿化度不大于 2 g/L 的潜水和弱承压水,微咸水是指矿化度为 2 ~ 3 g/L 的浅层水。

城市地下水源供水量包括自来水厂的开采量和工矿企业自备井的开采量。缺乏计量资料的农灌井开采量,可根据配套机电井数和调查确定的单井出水量(或单井灌溉面积、单井耗电量等资料)估算开采量,但应进行平衡分析校验。

其他水源供水量包括污水处理回用、集雨工程、海水淡化的供水量。

2. 供水水质调查分析

供水水量评价计算仅仅是供水现状调查的一方面，还应该对供水的水质进行评价。原则上，地表水供水水质按《地面水环境质量标准》（GB 3838—2002）评价，地下水水质按《地下水质量标准》（GB/T 14848—93）评价。

根据地表水取水口、地下水开采井的水质监测资料及其供水量，分析统计供给生活、工业、农业不同水质类别的供水量。

（二）用水现状调查

水资源的开发利用经历了以需定供、供需平衡和以供定需三个阶段，一些地区水资源问题已经成为当地国民经济持续稳定发展和影响社会安定团结的重要因素。进行城乡水务一体化管理，对水资源进行行之有效的管理，必须全面了解、掌握本市的用水状况。

用水现状调查内容包括河道内用水和河道外用水。

河道内用水是指为维护生态环境和水力发电、航运等生产活动，要求河流、水库、湖泊保持一定的流量和水位所需的水量。其特点如下：①主要利用河水的势能和生态功能，基本上不消耗水量或污染水质，属于非耗损性清洁用水；②河道内用水是综合性的，可以"一水多用"，在满足一种主要用水要求的同时，还可兼顾其他用水要求。

河道外用水是指采用取水、输水工程措施，从河流、湖泊、水库和地下水层将水引至用水地区，满足城乡生产和生活所需的水量。在用水过程中，大部分水量被消耗掉而不能返回原水体中，而且排出一部分废污水，导致河湖水量减少、地下水位下降和水质恶化，所以又称耗损性用水。

1. 河道内用水现状

河道内用水指水力发电、航运、冲沙、防凌和维持生态环境等方面的用水，又分为生产用水和生态环境用水两类，前者指水力发电、渔业和航运用水等，后者包括冲沙、防凌、冲淤保港、稀释净化、保护河湖湿地等用水以及维持生态环境所需的最小流量和入海水量。我国南方水系水资源丰富，开发利用率不高，河道用水矛盾尚不突出，但有的河流问题已经显现，应重点研究。北方水资源紧缺，许多河道断流，且已丧失河道基本功能，对于这些河流和河段除进行河道内用水调查分析，同时要研究恢复部分河道功能的需水量。

同一河道内的各项用水可以重复利用，应确定重点河段的主要用水项，分析各主要用水项的月水量分配过程，取外包线作为该河段的河道内各项用水综合要求，并分析近年河道内用水的发展变化情况。在收集已有的河道内用水调查研究成果的基础上，确定重点研究河段，结合必要的野外调查工作，分析确定主要河流及其控制节点的河道内用水量。

2. 河道外用水现状

河道外用水应分区按农业、工业、生活、环境四大类用水户分别统计各年用水总量、用水定额和人均用水量。用水量是指分配用户的包括输水损失在内的毛用水量。

农业用水包括城郊农田灌溉和林牧渔业用水。农田灌溉是用水大户，应考虑灌溉定额的差别按水田、水浇地（旱田）和菜田分别统计。林牧渔业用水按林果地灌溉（含果树、苗圃、经济林等）、草场灌溉（含人工草场和饲料基地等）和鱼塘补水分别统计。

工业用水量按取用新鲜水量计,不包括企业内部的重复利用水量。各工业行业的万元产值用水量差别很大,而各年统计年鉴中对工业产值的统计口径不断变化,应将工业划分为火(核)电工业和一般工业进行用水量统计,并将城镇工业用水单列。在调查统计中,对于有用水计量设备的工矿企业,以实测水量作为统计依据,没有计量资料的可根据产值和实际毛用水定额估算用水量。

生活用水按城镇生活用水和农村生活用水分别统计,应与城镇人口和农村人口相对应。城镇生活用水由居民用水、公共用水(含服务业、商饮业、货运邮电业及建筑业等用水)组成。农村生活用水除居民生活用水,还包括牲畜用水在内。在此基础上,还需要考虑流动人口、第三产业发展对于城市生活用水的影响。

环境用水含绿化用水与河湖补水等。

未经处理的污水和海水直接利用量需另行统计并要求单列,但不计入总用水量中。

结合过去的水资源利用评价资料,分析用水总量、农业用水量、工业用水量、生活用水量及用水组成的变化趋势。

(三)现状水资源开发利用程度分析

水资源开发利用程度与城市的技术经济发展情况相适应。一个城市或区域水资源利用程度的高低,一方面可反映所在区域内工农业生产的发展规模和人民生活水平,以及为满足生产生活需水要求而对水资源的控制与利用能力;另一方面可以反映水资源开发利用的潜力。水资源开发利用程度分析,除分析总的水资源开发利用程度,还需要对地表水资源和地下水资源的利用程度分别进行分析,以作为水资源规划中考虑地表水与地下水开发利用的比例等问题的依据。

地表水资源开发程度指地表水源供水量占地表水资源量的百分比。为了真实反映评价流域内自产地表水的控制利用情况,在供水量计算中要消除跨流域调水的影响,调出水量应计入本流域总供水量中,调入水量则应扣除。平原区浅层地下水开发利用程度指浅层地下水开采量占地下水资源量的百分比。可表示如下:

$$\beta = \frac{W}{W_T} \times 100\% \tag{3-1}$$

$$\beta_s = \frac{W_s}{W_0} \times 100\% \tag{3-2}$$

$$\beta_g = \frac{W_g}{G_0} \times 100\% \tag{3-3}$$

式中 β、β_s、β_g——水资源开发率、地表水资源开发率及地下水资源开采率(%);

W、W_s、W_g——自产水资源可供水量(或实际供水量)、自产地表水可供水量(或实际地表水供水量)及地下水开采量,m^3;

W_T、W_0、G_0——多年平均自产水资源总量、地表水资源量及地下水资源量,m^3。

按照国际惯例,水资源可持续开发利用程度一般为40%左右。然而,目前我国北方地区及内陆河流域都已超过了此标准。海河流域的水资源开发利用程度已达96%,甘肃省河西地区石羊河流域水资源开发利用程度已高达154%(含重复利用)。高强度的水资源开发利用导致了这些地区水资源供需严重失衡,生态环境严重恶化。

三、现状供用水效率分析

(一)耗水量与耗水率分析

根据典型调查资料或分区水量平衡法,分析各项供用水的消耗系数和回归系数,估算耗水量、排污量和灌溉回归量,对供用水有效利用率作出评价。可以对水资源的形成(产水)、利用与耗散(耗用)、转化与排放整个过程进行分析与评价,为供需水预测与开发利用规划奠定基础。

用水消耗量(简称耗水量)是指毛用水量在输水、用水过程中,通过蒸腾蒸发、土壤吸收、产品带走、居民和牲畜饮用等多种途径消耗掉而不能回归到地表水体或地下含水层的水量。

耗水率是指耗水量占取用水量的百分比。

1. 农田耗水量

农田耗水量包括作物蒸腾、棵间蒸散发、渠系水面蒸发和浸润损失等水量,一般可通过灌区水量平衡分析方法推求。对于资料条件差的地区,可用单位面积的实灌次数乘以次灌水净定额近似作为耗水量。水田和水浇地的渠灌与井灌的耗水率差别较大,应分别计算耗水量。

2. 工业与生活耗水量

工业耗水量包括输水损失和生产过程中的蒸发损失量、产品带走的水量、厂区生活耗水量等。一般情况可用工业用水量减去废污水排放量求得。废污水排放量可以在工业区排污口直接测定,也可根据工厂水平衡测试资料推求。直流式冷却火电厂的耗水率较小,应单列计算。

生活耗水量包括输水损失以及居民家庭和公共用水消耗的水量。城镇生活耗水量的计算方法与工业耗水量基本相同,即由用水量减去污水排放量求得。农村住宅一般没有给排水设施,用水定额低,耗水率较高(可近似认为农村生活用水量基本是耗水量);对于有给排水设施的农村,应采用典型调查确定耗水率的办法估算耗水量。

3. 其他耗水量

其他用户耗水量,可根据实际情况和资料条件采用不同方法估算。如果树、苗圃、草场的耗水量可根据实灌面积和净灌溉定额估算;城市水域和鱼塘补水可根据水面面积和水面蒸发损失量(水面蒸发量与降水量之差)估算耗水量。

(二)现状用水水平分析

1. 现状用水定额及用水效率指标分析

在用水调查统计的基础上,计算城市农业用水指标、工业用水指标、生活用水指标以及综合用水指标,以评价用水效率。

农业用水指标包括净灌溉定额、综合毛灌溉定额、灌溉水利用系数等。工业用水指标包括水的重复利用率、万元产值用水量、单位产品用水量。生活用水指标包括城镇生活和农村生活用水指标,城镇生活用水指标用“人均日用水量”表示,农村生活用水指标分别按农村居民“人均日用水量”和牲畜“标准头日用水量”计算。

用水定额是衡量各部门、各行业用水与节水水平的重要依据。在水资源开发利用情况调查评价的基础上,补充分析各部门的综合用水定额和分行业(作物)的用水定额。综合用水定额可采用需水预测的计算成果,按计算分区分析计算,包括城镇生活、工业(分火(核)电工业、高用水工业和一般工业)、建筑业、商饮业、服务业、种植业灌溉(分为水田、水浇地)、林牧渔业(分为林果地灌溉、草场灌溉、牲畜养殖和渔业)。

通过现状各城市、各部门、各行业用水调查和典型调查,分析计算不同类型城市、不同行业、不同作物的灌溉定额。城镇生活用水按城市规模和发展水平分为特大城市、大城市、中等城市、小城市、县城及集镇5级,分析计算各类型城市生活用水定额和城市供水管网漏失率;工业分火(核)电、冶金、石化、纺织、造纸及其他一般工业等,分析计算各行业用水定额和重复利用率;第三产业分为商饮业和服务业,分析计算各行业的用水定额;农业灌溉按不同作物(水稻、小麦、玉米、棉花、蔬菜、油料等)分析计算净灌溉定额。

2. 现状用水水平和节水水平分析

(1)现状用水水平分析,是在现状用水情况调查的基础上,根据各项用水定额及用水效率指标的分析计算,进行不同时期、不同地区间的比较,特别是与国内外先进水平的比较,与有关部门制定的用水标准的比较,找出与先进标准的差距和现状用水与节水中存在的主要问题及其原因。用水水平的分析可按省级行政区分区进行。各项用水定额是现状用水水平分析最主要的指标,用水效率指标采用城市管网漏失率、工业用水重复利用率、农业灌溉水利用系数、人均用水量、万元GDP用水量等。有条件的地区还可进行城市节水器具普及率、工业用水弹性系数(工业用水增长率与工业产值增长率的比值)、农业水分生产效率(单位灌溉水量的作物产量)等指标的分析。

(2)现状节水水平分析,是通过对现状用水水平的分析和节水情况的调查(包括节水灌溉面积发展、工艺设备改造更新、节水器具普及程度、用水管理、节水管理能力建设、节水政策法规建设、节水宣传教育、新技术推广应用等),分析工业用水重复利用率、城市管网漏失率、农业灌溉水利用系数、水分生产效率、节水灌溉面积比率(节水灌溉面积与有效灌溉面积的比值)等指标来反映节水的程度与水平。

四、现状城市水资源供需状况分析

(一)缺水量

通过对现状城市水资源供需平衡分析,确定现状城市缺水量以及其缺水程度,从而为下一步的应对措施提供准确信息。

(二)缺水类型

城市缺水类型按以下三种类型划分:

(1)资源型缺水。缺水城市所在的水资源分区出现地下水超采、入海水量不足、河道断流等因缺水造成的水生态系统问题时,可以认为是资源型缺水。

(2)水质型缺水。因水源受到污染使得供水水质低于工业、生活等用水标准而导致缺水的,为水质型缺水。

(3)工程型缺水。资源型和水质型之外的缺水为工程型缺水,即水源充足、水质良好,但由于缺乏工程造成的缺水。

（三）缺水影响

分析由于缺水给城市、生产、生态系统，甚至社会稳定、文明建设等各方面造成的影响。

五、现状供用水存在的问题

通过对水资源利用现状分析，就可以发现现状水资源利用中存在的问题，可使水资源规划对症施治，达到合理利用水资源的目的，是水资源规划中"问题识别"的重要内容。常见的水资源开发利用中存在的问题有：原规划方案是否满足需水要求；水的有效利用率高低；地下水是否超采；供水结构、用水结构是否合理；是否产生水环境问题；水资源保护措施是否得力等。

六、水资源开发利用对环境的影响评价

（一）水资源开发利用对环境的主要影响

水资源开发利用的目的是减灾兴利，改善水环境，使之向有利于人类社会长远利益的方向发展。但是人们在治理开发利用水资源的过程中，由于对水资源客观规律的认识还不够全面，或对于人与水的关系、水和其他自然现象之间的关系还认识不足，因而所采取的各种工程的、非工程的措施，虽然按照人们预期的效果会在改善自然环境、生态环境和社会环境各方面起到很大的正面作用，但同时也会带来一些负面作用。如因水资源的分配不当，造成效益搬家或灾害转让，以及局部生态恶化的现象；挡水建筑物溃决造成人为灾害事故，工程拦蓄河水致使河道、水库淤积，水库及渠道周边的次生盐碱化及涝渍等；因工农业及生活用水增加而导致废污水排放量的增加，引起水体污染；地下水超采带来的地面沉降、海水入侵等灾害。水资源开发利用环境影响评价的目的是全面了解所采取的工程措施的正、负两方面的作用，并预先采取措施进行防护，使水资源的综合治理与开发能更多地发挥其经济的、环境的和社会的效益，力求减小其可能的负面作用。

水资源开发利用引起的水环境问题主要有：水体污染，河道退化与断流，湖泊、水库萎缩，次生盐碱化和沼泽化，地面沉降、岩溶塌陷，海水入侵、咸水入侵，沙漠化等。

（二）水资源开发利用对环境的影响评价内容

水环境问题评价的内容包括：分析水环境问题的性质及其成因；调查统计水环境问题的形成过程、空间分布特征和已造成的正面和负面影响；分析水环境问题的发展趋势；提出防治、改善措施。

河道退化和湖泊、水库萎缩的水环境问题评价内容包括河床变化和湖泊、水库蓄水量及水面面积减少的定量指标；河道断流的水环境问题评价内容应包括河道断流发生的地段及起讫时间。

次生盐碱化和沼泽化的水环境问题评价内容包括面积、地下水埋深、地下水水质、土壤质地和土壤含盐量的定量指标。

地面沉降的水环境问题评价内容应包括：开采含水层及其顶部弱透水层的岩性组成、厚度；年地下水开采量、开采模数，地下水埋深，地下水位年下降速率；地下水位降落漏斗面积、漏斗中心地下水位及年下降速率；地面沉降量及年地面沉降速率。

海水入侵和咸水入侵的水环境问题评价内容应包括:开采含水层岩性组成、厚度、层位;开采量及地下水位;水化学特征,包括地下水矿化度或氯离子含量。

沙漠化的水环境问题评价内容应包括地下水埋深及植物生长、生态系统的变化。

第三节　城市水资源数量评价

城市水资源的数量评价,一般是针对城市某一特定区域而进行的,它是在充分收集整理气象、水文资料的基础上,研究城市区域内降水、蒸发、径流等要素的时空变化规律以及区域地表水、土壤水、地下水的互相转化关系,计算地表水资源、地下水资源以及总水资源的数量,分析其质量以及时空变化规律,为城市水资源的开发规划提供科学依据。

本节的任务是推求城市内某一分区的水资源量,主要包括基本资料的收集和审查、地表水资源量的评价、地下水资源量的评价、水资源总量的计算等内容。

一、数量评价的基本原则

由于水资源固有的自然和社会特性,其数量评价不仅在计算方法上与其他的自然资源不同,而且分析论证的内容也更加全面。为了客观、准确地评价水资源的数量,评价必须遵循以下基本原则。

(一)在水质评价的基础上进行水量评价

一般情况下,应先进行水质评价,再做水量评价,即要充分了解地表水、地下水化学组分及其时空变化规律,将可利用的水作为水量评价的对象。对不符合水质标准的水,应考虑经济技术条件,允许采用人工处理改善水质后计入水量,否则,不计入水量评价。

(二)按流域和地下水系统进行评价

1.地表水资源量按照流域进行评价

地表水是按流域分布的,流域出口的水量是上游各级河流汇集的总水量。因此,水量的评价应按完整的地表水流域来进行。

地表水资源评价一般要根据水系或不同级别流域嵌套的特点进行分区计算。由于计算区是人为划分的,各区之间存在着水量流入、流出的关系,出于地表水资源整体性考虑,评价时应充分重视河流的分支性、流域嵌套的结构特点,既要防止将水量分解、人为固化在小区的做法,又要避免上、下游水量的重复计算。

2.地下水资源量按照地下水系统进行评价

地下水资源是按一定的地下水系统分布埋藏的,系统内部的水是一有机整体,具有密切的水力联系和水化学组分迁移与聚集的完整性。正确认识地下水系统的结构以及系统与外界的联系,是评价地下水资源的基础。在区域地下水水量评价时,要注意与外围地区的水量联系,避免出现水量固化在计算区和水量重复计算的问题。

(三)根据“三水”转化的规律进行评价

在水文循环过程中,大气降水、地表水、地下水是相互联系、相互转化的统一体。一方面,地表水、地下水接受降水的补给并通过蒸散作用将水分释放到大气中;另一方面,地表水与地下水也不断进行着水量交换。从某种意义上说,地表水资源和地下水资源都是

“三水”转化的中间产物。

在实际工作中，地表水资源量评价和地下水资源量评价往往是分开进行的，某些水量的重复计算总是难免的。要根据“三水”转化的规律，对各系统间的水量耦合关系进行分析，在大体确定地表水资源量和地下水资源量的同时，通盘考虑两者的重复计算量，决定取舍，以保证总水资源量上的整合。

（四）以动态、发展的观点进行评价

1. 以动态的观点指导水资源的评价工作

随着科学技术水平的提高，人类控制、开发水资源的能力也会越来越强，一些现在无法开发、利用的水都有可能成为今后水资源评价的新对象，如海水淡化，冰川水、深层地下水的开发，生态用水的评价与保护等。这就要求评价工作不断跟上水资源理论的发展。即使是常规的地表水、地下水的资源评价，也会因理论的发展不断修正原有的概念和思维方式，涌现出新的评价方法和手段。必须随着人们对水资源认识程度的不断深入，以发展变化的观点指导水资源的评价工作。

2. 以动态的观点认识水资源系统，及时了解水资源条件的变化

准确预测未来各种自然因素和人为因素的变化对地表水、地下水的影响，仍有较大难度。一方面，地表水和地下水的资源评价往往是根据现有的水文资料或勘探、试验等野外调查成果进行的，人们对自然背景现状的了解仍是有限的；另一方面，由于人类生产和生活方式不断改变，超前预测人类未来的行为在客观上是难以办到的。尽管目前有许多方法可用于预测，但都有一定的局限性。因此，必须按照发展变化的观点认识水资源系统，及时掌握水资源条件变化的有关信息。根据动态变化，定期进行水资源评价工作。

二、地表水资源数量评价

地表水资源是指既有经济价值又有长期补给保证的重力地表水，即当地地表产水量，它是河川径流量的一部分。因此可以通过对河川径流的分析来计算地表水资源量。河川径流量即水文站能测到的当地产水量，它包括地表产水量和部分地下产水量，是水资源总量的主体，也是研究区域水资源时空变化规律的基本依据。有的国家就将河川径流量视为水资源总量。在多年平均情况下，河川年径流量是区域年降水量扣除区域年总蒸发量后的产水量，因此河川径流量的分析计算必然涉及降水量和蒸发量。在无实测径流资料的地区，降水量和蒸发量是间接估算水资源的依据。

在天然情况下，一个区域的水资源总补给量为大气降水量；总排泄量为总径流量与总蒸散发量之和。总补给量与总排泄量之差则为蓄水变量，其水量平衡方程可表示为：

$$P = R + E \pm \Delta V \tag{3-4}$$

式中 P——一定时段内区域降水量；

R——一定时段内区域总径流量；

E——一定时段内区域总蒸散发量；

ΔV——一定时段内区域总蓄水变量。

以上各项均以水深 mm 计。

在多年平均情况下，区域蓄水变量可忽略不计，则水量平衡方程可写成：

$$P = R + E \tag{3-5}$$

式(3-5)说明,水资源数量(总径流量)直接与降水量、总蒸散发量的大小有密切关系,而水资源的时空分布特点,尚可通过降水、蒸发等水量平衡要素的时空分布来反映,因此水资源估算与评价的主要内容就是对水量平衡的各个要素进行定量分析,研究它们的时程变化和地区分布。

地表水资源数量评价应包括下列内容:

(1)单站径流资料统计分析。

(2)主要河流(一般指流域面积大于5 000 km^2 的大河)年径流量计算。

(3)分区地表水资源数量计算。

(4)地表水资源时空分布特征分析。

(5)入海、出境、入境水量计算。

(6)地表水资源可利用量估算。

(7)人类活动对河川径流的影响分析。

(一)降水量

根据水资源评价工作的要求,降水量的分析与计算,通常要确定区域年降水量的特征值,研究年降水量的地区分布、年内分配和年际变化等规律,为水资源供需分析提供区域不同频率代表年的年降水量。

降水量分析计算应包括下列内容:

(1)计算各分区及全评价区同步期的年降水量系列、统计参数和不同频率的年降水量。

(2)以同步期均值和年降水量变差系数 C_v 点据为主,不足时辅之以较短系列的均值和 C_v 点据,绘制同步期平均年降水量和 C_v 等值线图,分析降水的地区分布特征。

(3)选取各分区月、年资料齐全且系列较长的代表站,分析计算多年平均连续最大4个月降水量占全年降水量的百分率及其发生月份,并统计不同频率典型年的降水月分配。

(4)选择长系列测站,分析年降水量的年际变化,包括丰枯周期、连枯连丰、变差系数、极值比等。

(5)根据需要,选择一定数量的有代表性测站的同步资料,分析各流域或地区之间的年降水量丰枯遭遇情况,并可用少数长系列测站资料进行补充分析。

1.绘制多年平均年降水量以及年降水量变差系数等值线图

1)分析代表站的选择

测站和资料选用应符合下列要求:

(1)选用的雨量观测站,其资料质量较好、系列较长、面上分布较均匀。在降水量变化梯度大的地区,选用的站要适当加密,同时应满足分区计算的要求。

(2)采用的降水资料应为经过整编和审查的成果。

(3)计算分区降水量和分析其空间分布特征,应采用同步资料系列;而分析降水的时间变化规律,应采用尽可能长的资料系列。

(4)资料系列长度的选定,既要考虑评价区大多数测站的观测年数,避免过多地插补延长,又要兼顾系列的代表性和一致性,并做到降水系列与径流系列同步。

(5)选定的资料系列如有缺测和不足的年、月降水量,应根据具体情况采用多种方法插补延长,经合理性分析后确定采用值。

例如,在我国东部平原地区,降水量梯度较小,着重按分布不均匀作为选站的原则。在山区,设站年限一般较短,可以按照实际情况降低要求,在个别地区,只有几年观测资料,即使系列很短,也极其宝贵,需用来作勾绘多年平均年降水量等值线的参考。分析代表站选定后,需要尽可能多地收集分析代表站的降水量资料。有了充分的资料,才能保证全面、客观地分析降水量的统计规律以及统计参数等值线图的合理可靠。

2)年降水量统计参数的分析计算

年降水量需要分析计算的统计参数有多年平均年降水量 $\overline{P}$、年降水量变差系数 C_v、年降水量偏态系数 C_s。我国普遍采用的确定统计参数的方法是图解适线法,采用的理论频率曲线是P-Ⅲ型曲线。

3)降水量参数($\overline{P}$,C_v)等值线图的绘制

将分析计算的各站年降水量统计参数 $\overline{P}$ 和 C_v 值,分别标注在带有地形等高线的工作底图的站址处。根据各站实测资料系列长短、可靠程度等因素,将分析代表站划分为主要站、一般站和参考站,绘制等值线图要以主要站数据作为控制。

绘图前,要了解本地区的降水成因、水汽来源、不同类型降水的盛行风向,本地区地形特点及其对成雨条件的影响等。还要求收集以往的分析成果为等值线图提供依据。

绘制等值线图时,按照"以主要站为控制,一般站为依据,参考站做参考"的原则绘制等值线。绘制时要重视数据但不拘泥于个别点据;要充分考虑气候和下垫面条件,参考以往成果。同时需要注意地形、高程、坡向对降水量的影响,一般来说,随着高程的增加,降水量逐渐增大,但达到某一高程后不再加大,有时反而随高程的增加而减少。因此,应该根据山区不同高程、不同位置的雨量站实测降水量资料,建立降水量与高程的相关图,或沿某一地势剖面的降水量分布图,分析降水量随高程的变化。通常,山区降水量等值线与大尺度地形走向一致,要避免出现降水量等值线横穿山脉的不合理现象。

年降水量变差系数 C_v 值,一般在地区分布上变化不大,但由于可作依据的长系列实测资料的站点不多,多数站点经插补展延后系列参差不齐,算出的 C_v 值仅可供参考,且 C_v 值是由适线最佳而确定的,有一定的变化幅度。对突出点据,要分析代表性,以及是否包括丰、枯年的资料,并要与邻近站资料进行对比协调。

4)等值线图合理性分析

对绘制的多年平均降水量以及年降水量变差系数等值线图进行合理性分析,主要从以下几个方面进行:

(1)检查绘制的等值线图是否符合自然地理因素对降水量影响的一般规律:靠近水汽来源的地区年降水量大于背离水汽来源的地区;山区降水量大于平原区;迎风坡降水量大于背风坡;高山背后的平原、谷地的降水量一般较小;降水量大的地区 C_v 值相对较小。

(2)与邻近地区等值线对比检查是否衔接;与以往绘制的相应等值线对比检查是否存在大的差异。

(3)与陆面蒸发量、年径流深等值线图对比检查是否符合水量平衡原理。

如发现问题需要及早对等值线图按照水量平衡等原则进行修正。

2. 研究年降水量的年际变化,推求区域不同频率代表年的年降水量

1)区域多年平均降水量系列分析计算

根据区域内实测降水量资料情况,区域多年平均及不同频率年降水量的计算方法主要有直接计算法和等值线图法两种。

当区域内雨量站实测年降水量资料充分时,可用区域实测的年降水量资料系列直接计算,计算步骤为:根据区域内各雨量站实测年降水量,用算术平均法或面积加权平均法,逐年算出区域的平均年降水量,得到历年区域年降水量系列;对区域年降水量系列进行频率计算,即可求得区域多年平均年降水量以及不同频率的区域年降水量。

对实测降水量资料短缺的较小区域,可用降水量等值线图间接计算,其计算方法为:在转绘、加密的多年平均年降水量等值线图上划出本区域范围,量算等值线之间的面积,采用面积加权法求得本区域多年平均年降水量:

$$\overline{P}_f = \sum_{i=1}^{n} \frac{\overline{P}_i + \overline{P}_{i-1}}{2} \frac{f_i}{F} \tag{3-6}$$

式中 $\overline{P}_f$——区域多年平均年降水量,mm;

$\overline{P}_i$、$\overline{P}_{i-1}$——年降水量等值线图上相邻两等值线的年降水量,mm;

f_i——$\overline{P}_i$ 和 $\overline{P}_{i-1}$ 相邻两等值线之间的面积,km^2;

F——区域总面积,km^2。

2)区域不同频率的年降水量计算

当区域面积不大的时候,区域年降水量的变差系数 C_v 可按区域形心在 C_v 值图上查得或取地区综合的 C_v 值。C_s/C_v 值可以取为固定值,查"P－Ⅲ型理论频率曲线模比系数 K_P 值表"得不同频率的 K_P 值,进而计算出不同频率的年降水量。

当区域面积较大时,上述方法的计算会具有较大的误差。因为区域面积加大会使得区域平均年降水量的年际变化均匀,即使得变差系数随区域面积加大而减小,因此需要尽量采用区域年降水系列直接进行频率计算。

3)研究年降水量的年内变化,推求其多年平均及不同频率代表年的年内分配过程

降水量的年内分配可以采用降水量百分率以及其出现的月份分区图来表示。选择资料质量好、实测系列较长且分布比较均匀的测站,分析计算多年平均连续最大4个月降水量占多年平均年降水量的百分率以及出现时间,绘制连续最大4个月降水量占年降水量百分率等值线以及其出现月份分区图。在上述分析的基础上,按降水的类型等特性划分小区,在每个小区中选择代表站,按实测年降水量与某一频率的年降水量相近的原则选择典型年,分析不同典型年年降水的月分配过程。除此之外,尚可以关键供水期降水量推求其年内分配。

(二)蒸发量

蒸发量是水量平衡要素之一,它是特定地区水量支出的主要项目,是反映当地蒸发能力的指标。在城市水资源调查评价工作中要研究的内容包括水面蒸发、陆面蒸发和干旱指数三个方面。

1. 水面蒸发

水面蒸发是反映陆面蒸发能力的一个指标,其分析计算对于探讨研究陆面蒸发量时

空变化规律,对水量平衡要素分析以及水资源总量的计算都具有重要作用。水面蒸发能力实际与当地降水形成的产流状况,以及地表水资源利用过程中的"三水"转化所产生的消耗量等息息相关。水面蒸发量主要受气压、气温、湿度、风力、辐射等气象因素的综合影响,在不同纬度、不同地形条件下所产生的水面蒸发能力也不同。

在水资源评价工作中,对水面蒸发计算的要求是:研究水面蒸发器折算系数,计算水面蒸发量,绘制多年平均年水面蒸发量等值线图。我国确定水面蒸发量的主要方法是通过蒸发器观测,再折算为自然水面蒸发量。

1)水面蒸发器折算系数

水面蒸发器折算系数是指天然大水面蒸发量与某种型号水面蒸发器同期实测蒸发量的比值。

国内水文气象站网主要使用三种类型的水面蒸发器,即ϕ 20 型、ϕ 80(套盆)型和 E601 型。其中 E601 型蒸发器(由蒸发筒、水圈、溢流筒和测针组成)与大水体水面蒸发值之间的折算系数为 0.9 ~ 0.99,在缺乏足够大水体水面蒸发资料的情况下,可用 E601 蒸发器的蒸发量代用。

水面蒸发器的口径、水深、材料、安装方式、颜色等,都对蒸发量的测试结果有很大的影响。除标准蒸发器,每种蒸发器必须有自己的折算系数。经折算后的蒸发量才与自然水体的蒸发量相接近。所以,折算系数是每种蒸发器的一个重要参数。国内外围绕蒸发器折算系数的确定已做了大量的研究工作。我国部分蒸发实验站的水面蒸发折算系数可查阅有关资料。其中 E601 型折算系数最大,其次是ϕ 80 型(套盆),ϕ 20 型的折算系数最小,见表 3-2。

表 3-2 ϕ20 型、ϕ80 型年蒸发量折算成 E601 年蒸发量的折算系数

省、自治区、直辖市	ϕ20 型折算系数	ϕ80 型折算系数	省、自治区、直辖市	ϕ20 型折算系数	ϕ80 型折算系数
北京	0.59 ~ 0.62		河南	0.62	0.83 ~ 0.84
天津	0.59 ~ 0.62		湖北	0.58 ~ 0.66	0.76 ~ 1.00
河北	0.59 ~ 0.62		湖南	0.61 ~ 0.69	
山西	0.59 ~ 0.62		广东	0.76	
内蒙古	0.59 ~ 0.62		广西	0.74	
辽宁	0.54 ~ 0.64		四川	0.60 ~ 0.75	0.73 ~ 0.86
吉林	0.56 ~ 0.58		贵州	0.63 ~ 0.70	0.95 ~ 1.00
黑龙江	0.53 ~ 0.64		云南	0.60 ~ 0.80	0.72 ~ 0.83
上海	0.79		西藏	0.61 ~ 0.67	
江苏		0.78 ~ 0.99	陕西	0.62 ~ 0.66	0.81 ~ 0.85
浙江		0.94 ~ 1.03	甘肃	0.63 ~ 0.65	0.81 ~ 1.00
安徽		0.72 ~ 0.99	青海	0.64 ~ 0.65	
福建	0.78		宁夏	0.63	
江西	0.66 ~ 0.74		新疆	0.61	

水面蒸发折算系数的时空变化，主要取决于影响天然水体蒸发量和蒸发器蒸发量的各种物理因素——辐射、水温、水汽压、风速、冷热平流、储热量等的时空差异。其变化特征如下。

(1)折算系数随白昼、夜间、晴、雨等不同情况而变化。月折算系数的年际变化幅度显著大于季和年的折算系数的变化幅度。

(2)折算系数的年内变化一般秋季高于春季；在南方，部分地区春季又低于冬季。

(3)折算系数的地区分布一般由东南沿海向内陆递减。

(4)我国北方冬季(冰期)水面蒸发量一般采用直径 20 cm 蒸发器(ϕ20 型)进行观测，冰期水面蒸发折算系数一般为 0.50～0.65；初冰和解冻月份，折算系数略大于全封冻的月份。

2)多年平均年水面蒸发量等值线图的绘制

(1)选取资料质量较好、面上分布均匀且观测年数较长的蒸发站作为统计分析的依据，选取的测站应尽量与降水选用站相同。

(2)不同型号蒸发器观测的水面蒸发量，应统一换算为 E601 型蒸发器的蒸发量。

(3)计算单站同步期年平均水面蒸发量，绘制等值线图，并分析年内分配、年际变化及地区分布特征。

(4)合理性分析：分析气温、湿度、风速和日照等气候因素及地形等下垫面因素对水面蒸发量的影响。一般情况下，水面蒸发量随着高程的增加而减小；平原地区蒸发量一般要大于山区；水土流失严重、植被稀疏的干旱高温地区蒸发量要大于植被良好、湿度较大的地区。对于个别数据过于突出的站点，还要分析蒸发器的制作安装是否合乎规范，局部是否有其他特殊的因素造成突出影响等。

2. 流域蒸散发

流域蒸散发是流域水面蒸发、土壤蒸发与植物散发的综合。在流域内，除河流、湖泊纯属水面蒸发外，一般耕地、草原、森林区的蒸散发与土壤含水量有关。当土壤水分充分供应时，流域蒸散发将达到最大值，称为最大可能蒸散量或潜在总蒸发量。

潜在总蒸发不受土壤含水量的影响，但决定于下垫面的条件，如植被覆盖、土地管理情况及气象因素如温度、湿度和风速等。

确定流域蒸散发有两条途径：一是调查流域内水体、耕地、荒地及森林等所占面积及其蒸散发量，然后加以综合而得；另一途径是将流域作为一个整体，进行分析研究。前一途径有积分法，后一途径有土壤水分样本法、水量平衡法、空气动力学法及经验公式法等。

(1)积分法。将流域内水体面积、荒地面积、每种作物的面积及天然植被面积乘以相应的蒸散发量，然后汇总除以流域总面积，即得流域总蒸发量，如下式所示：

$$E_b = \frac{\sum_{i=1}^{n} A_i E_i}{A} \tag{3-7}$$

式中　E_b——全流域或全区域一定时段平均蒸散发量；

A_i——流域各个部分面积；

E_i——相应部分面积的蒸散发量；

A——流域总面积。

A_i 与 E_i 值随时间而变化，但面积 A_i 随时间变化比较缓，可视为常数。

流域水体面积一般包括河流与湖泊。湖水流动缓慢，成层现象比较显著，即夏季表面水温大于底部水温，冬季则相反。河水流速较大，成层现象不如湖水显著。因此，在夏季河面蒸发小于湖面，而冬季则相反。此外，河流水源的不同也有一定影响，冰川源使水温降低，地下水源可使水温升高。但由于流水的水面蒸发研究尚少，故一般仍采用静水的水面蒸发资料。

由于分别确定流域各部的蒸散发量比较困难，因此除了小流域，较少采用此种方法。

（2）土壤水分样本法。这一方法适用于区域较小、土质比较均匀、地下水位埋深不影响植物根系土壤水分变化的灌溉地区。定期分层采取土样，测定其含水量，根据时段内土壤剖面含水量的消耗来计算该区域的总蒸发量。

取样时，要在有代表性的地区取够土样，以期达到所需精度，土样需代表根系所占整个深度。取样处的面积要大，以避免边界影响，取样地点须离植物的外面一行有一定距离，免除平流热量的影响。

（3）水量平衡法。这一方法将流域蒸散发量作为流域水量平衡方程的剩余项，所有其他各项的观测误差与计算误差，最终归于蒸散发项。水量平衡法最常用于计算大河流域的平均蒸散发，如下式：

$$E_b = P_x - Q_y \tag{3-8}$$

式中 E_b——流域蒸散发量；

P_x——流域平均降水量；

Q_y——流域平均径流深。

（4）空气动力学法。可用计算水面蒸发相同的公式计算流域蒸散发，但须考虑平流与温度层结构的影响。排除平流的影响，应在平地植被均匀处测量水汽压与风速的垂直梯度。

（5）经验公式法。确定实际蒸散发的经验公式法颇多，在此不作介绍。

3. 干旱指数

干旱指数是气象学中用来反映气候干湿程度的指标，以年蒸发能力 E_0 和年降水量 P 的比值 γ 来表示。

干旱指数 $\gamma > 1.0$，说明年蒸发能力大于年降水量，表明该地区的气候偏于干旱，γ 值越大，干旱程度就越严重；干旱指数 $\gamma < 1.0$，说明年蒸发能力小于年降水量，表明该地区气候偏于湿润，γ 越小，气候越湿润。

因此，干旱指数的地区分布和降水量、径流深分带有着密切的关系，一般可用相对应的表格反映，见表3-3。

西北内陆广阔的大沙漠地带是我国干旱指数的高值区。包括内蒙古高原西北部、河西走廊、柴达木盆地、塔里木盆地、准噶尔盆地等。其中吐鲁番盆地的托克逊站，干旱指数高达318.9。华北平原、松辽平原一带干旱指数为1～3。内蒙古东部、黄土高原西北部干旱指数为3～10。

表 3-3　干旱指数、年降水量、径流深分带对照表

降水分带	年降水量(mm)	干旱指数 γ	径流深(mm)	径流分带
十分湿润带	>1 600	0.5	>1 000	丰水带
湿润带	800 ~ 1 600	0.5 ~ 1.0	300 ~ 1 000	多水带
过渡带	400 ~ 800	1.0 ~ 3.0	50 ~ 300	过渡带
干旱带	200 ~ 400	3.0 ~ 7.0	10 ~ 50	少水带
十分干旱带	<200	>7.0	<10	干涸带

(三)河川径流量

1. 河川正常年径流量的基本概念

河川正常年径流量是指无限长的年径流算术平均值,以 R_0 表示。

事实上无限长的观测是不可能的,只能根据有限的资料,用推算多年期间年径流量的算术平均值 R_m 来代表正常年径流量,它表示河流断面多年可泄出的平均水量,是比较稳定的数值。

$$R_0 \approx R_m = \frac{R_1 + R_2 + \cdots + R_n}{n} = \frac{1}{n}\sum_{i=1}^{n} R_i \tag{3-9}$$

式中　n——实测资料的年数;

$R_1, R_2, \cdots, R_n$——每年实测年径流量,m^3。

从上式可看出,一定观测时期年径流的算术平均值与其实际的正常年径流量之间有一个差数,用 θ_n 表示,即

$$R_0 = R_m \pm \theta_n \tag{3-10}$$

式中,θ_n 就是算术平均数的误差,它与径流资料的观测年数 n 及大的水文周期变化有关。河流的正常年径流量在水文、水利及农业水资源计算中是一个重要的特征值,它具体反映了河流可利用的水资源数量。主要河流年径流量计算,选择河流出口控制站的长系列径流量资料,分别计算长系列和同步系列的平均值及不同频率的年径流量。

2. 正常年径流量的计算

(1)径流资料的统计处理。①查清水文站以上控制区内水土保持、水资源开发利用及农作物耕作方式等各项人类活动状况。②综合分析人类活动对当地河川径流量及其时程分配的影响程度,对当地实测河川径流量及其时程分配作出修正。

(2)有长期实测资料情况下正常年径流量计算。所谓有长期实测资料,就是指系列足够长,并包括有丰、中、枯水的典型年观测资料(20 年以上),由它计算的多年平均值基本趋于稳定(可直接用式(3-9)计算)。

(3)有短期实测资料情况下的正常年径流量计算。短期实测资料是指仅有 20 年以下的实测资料,代表性较差,如果直接根据这些资料进行计算,求得的结果可能有较大的误差。在这种情况下,为了提高精度,保证计算结果的可靠性,必须设法展延系列资料,目前常用的是相关法。

相关法就是通过分析研究变量与参变量之间的相关关系,利用参变量与较长实测资

料来延长研究变量较短的资料,使其具有与参变量同长度的资料。

在水资源分析中,通常利用径流量或降水量作参证资料来展延设计站的年、月径流系列。

利用径流资料插补展延系列:就是在本流域上下游、干支流域或相邻流域上,选取具有系列实测年径流量的测站作为参证站,经过分析后,如果证明它们之间同步的年径流量具有相关性,则可用两者相关图,或相关方程来插补展延研究站的径流系列。

利用降雨资料插补展延系列:如果在该地区或附近有较长的降水观测资料,通过分析,若它们之间具有相关性,则可用来展延径流资料。

一般来说,在我国南方湿润地区,由于降水多,降水与径流关系密切,相关性较好;而在北方干旱、半干旱地区,由于降水大部分耗于蒸发,相关性较差或不相关。

3. 缺乏实测径流资料情况下正常径流量的计算

在这种情况下,一般要通过间接途径来推求。目前常用的方法是水文等值线图法(如年正常径流深度等值线图、正常径流模数等值线图)、经验公式法、水量均衡法和水文比拟法等,这里不详细讲。

4. 河川径流的变化

通常把河川径流在年际之间的变化特征和年内分配规律,称为径流情势。

1)河川径流的年际变化

(1)河川径流变化的准周期性。河川径流的年径流量的大小在各年都不相同,在丰水年径流量大,而在枯水年则径流量小,这种丰水年和枯水年往往连续几年组成循环交替出现,其交替周期是不固定的,它在一定幅度内变化,故称为准周期性。

(2)河川年径流量的随机变化。河川年径流量的变化是一个随机过程,河川年径流的变化幅度及其可利用的规模,可用年径流量的变差系数 C_v 来表示。变差系数 C_v 表示随机变量对其均值的相对离散程度,用系列的标准差与其均值的比值表示。均值是以频数作权重所得的平均数。

$$C_v = \left[\sum_{i=1}^{n} (K_i - 1)^2 / (n - 1) \right]^{1/2} \tag{3-11}$$

式中 $K_i = R_i / R_m$;

n——系列年数;

R_i——第 i 年河川的年径流量,m^3;

R_m——年径流平均值,m^3。

C_v 反映着随机变量在总体范围内的相对离散程度,某流域年径流量的 C_v 大,说明该流域年径流量的年际变化大,在丰水年来水特别多,不能充分利用;而在枯水年又来水特别少,供水不足。在一定频率情况下,C_v 值越大,天然径流中可利用的部分就越小。

从我国情况看,C_v 分布有如下特点:南方 C_v 小于北方;沿海地区 C_v 小于内陆地区;降水多的地区 C_v 小于降水少的地区;流域面积大的地区 C_v 小于流域面积小的地区。

2)河川径流的年内变化

河流的天然径流量在年内的变化过程称为径流的年内分配,径流量的年内变化情势往往与农业需水要求矛盾,必要时要进行人工调节,如建水库、塘、坝、闸等。

河川径流的年内变化通常用年径流量过程线来表示，在分析河川径流的年内变化时一般不使用日历年度，而是使用水文年度，所谓水文年度是指从这一年丰水期开始（即开始较大的地表水补给），到下一年丰水期开始为止（春季）之间一年长时期，就我国来说，东北地区以4月1日作为水文年开始；长江以南是以3月1日作为水文年开始。

在我国的一个水文年内，根据水文动态，可分为4个阶段：

（1）春季桃汛或平水、枯水：北方河流由于冰雪融解，河水位上涨，水量增加形成桃汛，其中像东北以及北疆阿尔泰山区，春季水量一般占全年水量的20%～30%；南方河流由于雨季开始，径流迅速增加，可占全年水量的40%左右；而在华北、西北地区春旱严重，河流大多处在缺水时期。

（2）夏季洪水：夏季是我国河川径流量最丰富的季节，由于受东南季风和西南季风的影响，先后普遍降雨，雨量集中，多暴雨，各河流量过程线相应陡涨形成夏季洪水，是决定河流年径流量的重要时期，也是河流洪水灾害最多的时期。

（3）秋季平水：秋季是我国河川径流普遍减退的季节，也是夏季洪水过渡到冬季枯水之间的平水期，它和春季平水不同之点在于流量缓慢减少，而春季一般是逐渐增加的。对于全国大部分地区，河流的秋季径流总量一般占全年径流总量的20%～30%，但像海南岛等局部地区，可达50%左右。

（4）冬季枯水：冬季是我国大部分河川径流量枯竭的季节，此时河水主要是靠地下水补给。在干旱和半干旱地区的小河，由于河床切割不深，得不到充足的地下水补给而发生断流现象，北方河流在气候寒冷和受冻结影响，冬季径流量大部分不及全年的5%。

（四）分区地表水资源数量计算应注意的问题

（1）针对不同情况，采用不同方法计算分区年径流量系列；当区内河流有水文站控制时，根据控制站天然年径流量系列，按面积比修正为该地区年径流系列；在没有测站控制的地区，可利用水文模型或自然地理特征相似地区的降雨径流关系，由降水系列推求径流系列；还可通过逐年绘制年径流深等值线图，从图上量算分区年径流量系列，经合理性分析后采用。

（2）应在求得年径流系列的基础上进行分区地表水资源数量的计算。

（3）入海、出境、入境水量计算应选取河流入海口或评价区边界附近的水文站，根据实测径流资料采用不同方法换算为入海断面或出、入境断面的逐年水量，并分析其年际变化趋势。

（4）地表水资源时空分布特征分析应符合下列要求：①选择集水面积为300～5 000 km^2 的水文站（在测站稀少地区可适当放宽要求），根据还原后的天然年径流系列，绘制同步期平均年径流深等值线图，以此反映地表水资源的地区分布特征。②按不同类型自然地理区选取受人类活动影响较小的代表站，分析天然径流量的年内分配情况。③选择具有长系列年径流资料的大河控制站和区域代表站，分析天然径流的多年变化。

（5）地表水资源可利用量估算应符合下列要求：①地表水资源可利用量是指在经济合理、技术可能及满足河道内用水并顾及下游用水的前提下，通过蓄、引、提等地表水工程措施可能控制利用的河道外一次性最大水量（不包括回归水的重复利用）。②某一分区的地表水资源可利用量，不应大于当地河川径流量与入境水量之和再扣除相邻地区分水协议规定的出境水量。

三、地下水资源数量评价

地下水资源在我国水资源中占有举足轻重的地位,由于其分布广、水质好、不易被污染、调蓄能力强、供水保证程度高,正被越来越广泛地开发利用。尤其在中国北方、干旱半干旱地区的许多地区和城市,地下水成为重要的甚至唯一的水源。据计算,我国可更新地下淡水资源总量为8 700亿 m^3,占我国水资源总量的31%,其中地下淡水可开采资源为2 900亿 m^3。

从目前的供水情况看,全国地下水的利用量占全国水资源利用总量的16%,其中地下水开发利用程度最高的是华北地区,其地下水供水量占全区总用水量的52%。预计在21世纪,我国淡水资源供需矛盾突出的地区仍是华北、西北、辽中南地区及部分沿海城市。

地下水资源数量评价内容应包括补给量、排泄量、可开采量的计算和时空分布特征分析,以及人类活动对地下水资源的影响分析。

地下水资源计算的基本方法主要有:基于水量平衡原理的方法——水量平衡法;基于数理统计原理的方法——相关分析法;基于实际试验的方法——开采试验法;基于地下水动力学原理的方法——解析法和数值法。

区域水资源评价常用的方法为水量平衡法。

水量平衡法是根据水量平衡原理,建立水量平衡方程来进行地下水资源评价的方法。在较大范围内进行区域性地下水资源评价时,往往因水文地质条件及其他影响因素的复杂性,用其他方法评价都比较困难,采用水量平衡法具有概念清楚、方法简单、适应性强等优点。对于一个平衡区(或水文地质单元)的含水层组来说,地下水在补给和消耗的动平衡发展过程中,任一时段补给量和消耗量之差,永远等于该时段内单元含水层储存水量的变化量,这就是水量平衡原理。根据多年平均的水量平衡方程,便可建立开采条件下的水平衡方程:

$$地下水资源量=总补给量=总排泄量$$

山丘区以总排泄量估算总补给量,代表地下水资源量;平原区以总补给量代表地下水资源量。

(一)地下水资源评价的原则

1.“三水”综合考虑的原则

大气降水、地表水与地下水(土壤水)之间相互联系、相互转化,构成水资源循环转化系统。地下水人工开采以后,这种转化关系明显加强。如地下水的人工开采改变了大气降水的入渗条件,开采使埋深增加,相应地增加了大气降水入渗量,使大气水更多地转化为地下水,减少了地表径流。因此,进行地下水资源评价时,必须“三水”综合考虑。充分利用评价区内部的水量,合理夺取区外水量,一方面开采地下水时要尽量使更多的大气降水、地表水转化成地下水,增加地下水资源的补给量;另一方面又要考虑到大气降水、地表水转化成地下水后,会减少当地地表水资源,不能使其他用水部门经济上受到损失。在干旱、半干旱地区,大气降水、地表水相对贫乏,地下水补给来源少,“三水”统一规划、统一管理对地下水资源的持续开发利用显得尤为重要。

2. 以丰补欠、调节平衡的原则

地下水，尤其是浅层地下水的补给主要来自降水入渗，因此地下水的补给量不仅有季节性变化，而且还有年际变化。在地下水资源评价中必须选择恰当的补给量来评价可开采量。在实践中，常选用年或多年平均补给量作为评价标准。要充分利用地下水的调蓄作用，允许在枯水年份借用储存量，以满足用水部门对地下水的需求，同时腾出储水空间待丰水年得以补给恢复，从而达到多年平衡，即"以丰补欠、调节平衡"。这一原则对于以间歇开采为特征的农业灌溉用水来说更具有重要性。

3. 水质、水量统一的原则

地下水作为资源，必须符合一定的水质标准及水量要求。若水质不符合要求，即使水量再多也没有使用价值；相反，若水质符合要求，但水量却很少，同样也没有开采价值。因此，在地下水资源评价中必须水质、水量同时考虑。

(二)山丘区地下水资源量的计算

目前，直接计算山丘区地下水补给量的资料尚不充分，故可以根据水均衡法的原理，用地下水的排泄量近似作为补给量。计算公式为：

$$\overline{W}_{g山} = \overline{R}_{g山} + \overline{U}_{潜} + \overline{U}_{侧山} + \overline{U}_{泉} + \overline{E}_{g山} + \overline{g}_{山} \tag{3-12}$$

式中 $\overline{W}_{g山}$——山丘区地下水的总排泄量；

$\overline{R}_{g山}$——河川基流量；

$\overline{U}_{潜}$——河川潜流量；

$\overline{U}_{侧山}$——山前侧向流出量；

$\overline{U}_{泉}$——未计入河川径流的山前泉水出露量；

$\overline{E}_{g山}$——山间盆地潜水蒸发量；

$\overline{g}_{山}$——浅层地下水开采的净消耗量。

式中各项均为多年平均值，计量单位均为 m^3。上式各项排泄量中，以河川基流量为主要部分，也是分析计算的主要内容。对于我国南方降水量较大的山丘区，其他各项排泄量相对较小，一般可以忽略不计。

1. 河川基流量的计算

1)基本资料的获得与处理

河川基流量为地下水对河道的排泄量。山丘区河流坡度陡，河床切割较深，水文站实测的逐日平均流量过程线既包括来自地表的地表径流，又包括来自地下水的河川基流。因此，河川基流量可以通过对实测流量过程的分割方法近似求得。具体方法有直线分割法、加里宁分割法等。本节仅介绍直线分割法。

直线分割法又可分为平割法和斜割法两种。

(1)平割法又称枯季最小流量法，将枯水无降雨时期的某一特征最小流量作为河川基流量，水平直线分割日流量过程线。直线上部分为地表径流量，直线以下是河川基流量。枯水无降雨时期的某一特征最小流量又有最小日平均流量、最小月平均流量和3个月最小平均流量3种选择。经有关单位的分析研究认为，在我国南方润湿地区，以枯季最小月平均流量作为地下水较好(即该时段河川径流量均为地下水的流出量);而在我国北方则以 3 个月最小流量作为地下水为妥,亦有用最小 5 个月和最小 8 个月的平均流量来分割的,如图 3-2 所示。

(2)直线斜割法,这是一种应用十分广泛的方法,即做出洪水过程线的起涨点与地表径流的终止点的连线,直线以下则为河川基流量,如图 3-3 所示。直线斜割法的关键在于确定退水拐点,常用的方法有:

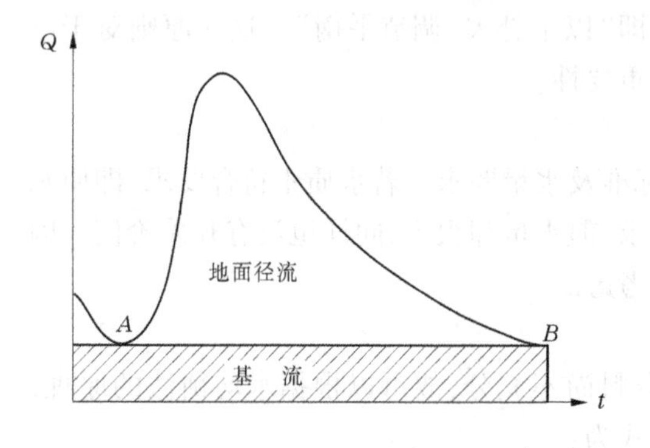

图 3-2 平行直线分割基流

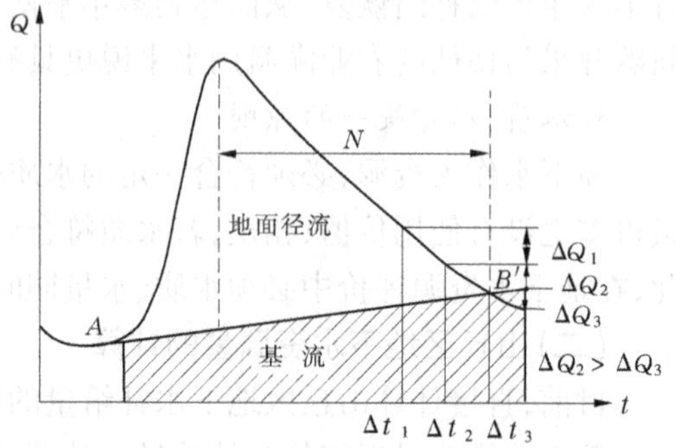

图 3-3 直线斜割法分割基流

①综合退水曲线法。在历年日平均流量过程线上,选择峰后无雨、退水较均匀的退水段过程线若干条。将各条退水段过程线用相同的坐标比例绘出,在水平方向上移动,使其尾部重合,绘出外包线,即为综合退水曲线,将其绘制在透明纸上,再在欲分割的流量过程线上水平移动,使其与实测流量过程线退水段尾部相重合,两条曲线的分叉处即为退水拐点。

②消退流量比值法。退水流量的消退规律可以写成如下退水曲线方程:

$$Q_t = Q_0 e^{-\beta t} \tag{3-13}$$

式中 Q_t——退水开始 t 日后的流量,m^3;

Q_0——退水开始 t_0 时的流量,m^3;

e——自然对数的底;

β——消退系数;

t——退水开始后的时间,d。

取时段 $\Delta t = t_{i+1} - t_i = 1$ d,对应的时段始末流量的比值为:

$$\frac{Q_t}{Q_0} = e^{-\beta} = 常数 \tag{3-14}$$

因此,可以自退水开始,逐时段计算时段始末的流量比值,其值由小变大,并逐渐趋于稳定,即为退水段拐点。

③消退系数比较法。对式(3-14)左右均取对数,即可将曲线转化为直线。因此,可将退水曲线日流量过程线点绘在半对数纸上,由于地表径流消退快,β 值大;地下径流消退缓慢,β 值小。绘在半对数纸上的退水过程线呈现出两段坡度不同的直线,其转折点即为要求的退水拐点。

④经验关系法。在我国南方湿润地区,流量过程线多呈复式峰,很难用上述方法分析

确定退水曲线和退水转折点,因此可以采用一些经验公式来予以控制。

在北方地区,由于河流封冻期较长,10 月份以后降水很少,河川径流基本由地下水补给,其变化较为稳定。因此,稳定封冻期的河川基流量,可以近似用实测河川径流量来代替。

在冬季降水量较小的情况下,凌汛水量主要是冬春季被拦蓄在河槽里的地下径流因气温升高而急剧释放形成的,故可将凌汛水量近似作为河川基流量。

2)多年平均以及不同频率河川径流量的计算

(1)长系列法。点绘历年日流量过程线,分割基流,求得隔年河川基流量,其算术平均值即为所需多年平均年河川基流量。

(2)典型年法。点绘丰、平、枯典型年的日流量过程线,分割基流,求得各典型年河川基流量,并计算多年平均河川基流量。

(3)代表年径流量与河川基流相关法。选择 8 ~ 10 年代表性年份,分割基流,求得各代表年的年河川基流量,与同年年径流量点绘相关图,根据逐年年径流量,查相关图得未分割基流年份的年河川基流量,并计算其多年平均年河川基流量。

根据历年的年河川基流量,用频率计算方法求得不同频率的年河川基流量。

3)区域河川基流量的计算

(1)模数分区法。

①分别计算区域内各代表站的多年平均河川基流模数。

$$M_{基} = \frac{W_{基}}{f} \tag{3-15}$$

式中 $M_{基}$——代表站多年平均年河川基流模数,m^3/km^2;

$W_{基}$——代表站多年平均年河川基流量,m^3;

f——代表站流域面积,km^2。

②按区域植被、岩性以及地质构造等分布特征将区域划分为若干均衡计算单元,每个均衡计算区包括一个或者几个分割基流的代表站。

③计算各个均衡区的平均基流模数,可用各区代表站基流模数按代表面积加权平均求得。

$$\overline{M} = \frac{1}{\sum_{i=1}^{n} f_i} \sum_{i=1}^{n} M_{基i} f_i \tag{3-16}$$

式中 $\overline{M}$——均衡计算区平均基流模数,m^3/km^2;

f_i——均衡计算区各站代表面积,km^2;

$M_{基i}$——均衡计算区各站基流模数,m^3/km^2。

④计算区域河川基流量。计算公式为:

$$\overline{R}_g = \sum_{i=1}^{n} M_i F_i \tag{3-17}$$

式中 $\overline{R}_g$——区域河川基流量,m^3;

$\overline{M}_i$——一个均衡计算区平均基流模数,m^3/km^2;

F_i——一个均衡计算区的面积，km^2。

(2)等值线法。在水文地质条件比较单一的区域，可以使用等值线法计算区域河川基流量。其步骤如下：①将各个代表站的多年平均年河川基流深点绘在地形图上各站流域面积形心处；②参照地形、地貌和水文地质图勾绘出多年平均年基流深等值线图；③用面积加权平均法计算区域多年平均年河川基流量。

2. 其他排泄量的计算

1)河川潜流量

流经河床松散沉积物中未被水文站测得的径流量称为河床潜流量，一般按达西公式计算：

$$\overline{U}_{潜} = KIAt \tag{3-18}$$

式中 $\overline{U}_{潜}$——河川潜流量，m^3；

K——渗透系数，m/d；

I——水力坡度，一般用河底坡降代替；

A——垂直于地下水流向的河床潜流过水断面面积，m^2；

t——潜流历时，d。

若河床松散沉积物很薄，则可忽略此项。

2)山前侧向流出量

经由山丘区和平原区地下界面的流出水量，称为山前侧向流出量。可由达西公式分段计算，然后进行累加求得。如山丘区与平原区交界处水力坡降较小，则山前侧向流出量可以忽略不计。

3)山前泉水出露量

在地下水丰富的山丘区，尤其是岩溶区，地下水常以泉水的形式在山前排泄出来，未包括在河川径流量中，通常根据分析调查求得。

4)山间盆地的潜水蒸发量

在本节的平原区潜水蒸发量计算方法中将详细介绍。

5)浅层地下水的实际开采的净消耗量

计算公式如下：

$$\overline{g}_{山} = \overline{Q}_{农}(1-\beta_{农}) + \overline{Q}_{工}(1-\beta_{工}) \tag{3-19}$$

式中 $\overline{g}_{山}$——浅层地下水开采的净消耗量，m^3；

$\overline{Q}_{农}$、$\overline{Q}_{工}$——用于农田灌溉、工业以及城市生活的浅层地下水实际开采量，m^3；

$\beta_{农}$、$\beta_{工}$——井灌回归系数、工业及城市用水回归系数。

(三)平原区地下水资源量的计算

一般平原区地下水以及气象等资料较山区丰富，因此可以直接计算各项补给量作为地下水资源量，有条件的地区，可以同时计算总排泄量进行校核。地下水开发程度较高的平原区，一般尚需计算可开采量，以便为水资源供需分析提供依据。

1. 以补给量估算

平原区补给量是指天然或者人工开采条件下，由大气降水以及地表水体渗入、山前侧向径流及人工补给等流入含水层的水量。计算公式为：

$$\overline{W}_{g平} = \overline{U}_P + \overline{U}_s + \overline{U}_{侧山} = \overline{U}_P + \overline{U}_{侧山} + \overline{U}_{越补} + \overline{U}_{河渗} + \overline{U}_{渠渗} + \overline{U}_{渠灌} + \overline{U}_{库渗} + \overline{U}_{人工} \tag{3-20}$$

式中　$\overline{W}_{g平}$——平原区地下水补给量；

$\overline{U}_P$——降水入渗补给量；

$\overline{U}_s$——地表水体对地下水的入渗补给量；

$\overline{U}_{侧山}$——山前侧向流入补给量；

$\overline{U}_{越补}$——越流补给量；

$\overline{U}_{河渗}$——河道渗漏补给量；

$\overline{U}_{渠渗}$——渠系渗漏补给量；

$\overline{U}_{渠灌}$——渠灌田间入渗补给量；

$\overline{U}_{库渗}$——水库、湖泊等蓄水渗漏补给量；

$\overline{U}_{人工}$——人工回灌补给量。

式中各项为多年平均值，单位均为 m^3。

1）降水入渗补给量

降水入渗补给量是指降水入渗到包气带后在重力作用下渗透给潜水的水量，是浅层地下水重要的补给来源，可根据降水入渗系数进行估算。计算公式如下：

$$\overline{U}_P = \overline{\alpha}\,\overline{P}F \tag{3-21}$$

式中　$\overline{U}_P$——降水入渗补给量，m^3；

α——年降水入渗补给系数；

$\overline{P}$——年降水量，mm；

F——计算区面积，km^2。

所谓降水入渗系数，即在同一面积上降水入渗量占降水量的百分数，与地下水埋深、包气带岩性、降水量大小等有关。在有比较充足的地下水动态观测资料情况下，α 值可用下式计算：

$$\overline{\alpha} = \frac{\mu \sum h_i}{P} \tag{3-22}$$

式中　$\overline{\alpha}$——年降水入渗补给系数；

μ——给水度；

$\sum h_i$——年内各次降水入渗补给形成的地下水位升幅之和，mm；

P——年降水量，mm。

给水度是表征潜水含水层给水能力和储蓄水量能力的一个指标，在数值上等于单位面积的潜水含水层柱体，当潜水位下降一个单位时，在重力作用下自由排出的水量体积和相应的潜水含水层体积的比值。

给水度不仅和包气带的岩性有关，而且随排水时间、潜水埋深、水位变化幅度及水质的变化而变化。各种岩性给水度经验值见表3-4。

2）河道渗漏补给量

河流对于地下水的补给，主要取决于河水位与地下水位的相对关系。河道水位一旦高于地下水位,即可发生补给地下水的现象。补给量的大小及持续时间,除了与河床的透水性能、河床的周界有关,主要决定于江河水位高低以及高水位持续时间的长短。

江河对地下水的补给与降水入渗补给还存在明显的不同点:前者的补给局限于河槽边界,呈线状补给,补给面比较窄;而降水补给呈面状,在一次降水期间普遍而均匀,但雨停后,降水补给亦很快停止,所以时间上断断续续;江河的补给,只要河水位高于两岸地下水位,就可持续进行。

表3-4 各种岩性给水度经验值

岩性	给水度	岩性	给水度
黏土	0.02~0.035	细砂	0.08~0.11
亚黏土	0.03~0.045	中细砂	0.085~0.12
亚砂土	0.035~0.06	中砂	0.09~0.13
黄土状亚黏土	0.02~0.05	中粗砂	0.10~0.15
黄土状亚砂土	0.03~0.06	粗砂	0.11~0.15
粉砂	0.06~0.08	黏土胶结的砂岩	0.02~0.03
粉细砂	0.07~0.10	裂隙灰岩	0.008~0.10

河道渗漏补给量可以通过水文分析法直接确定,也可以通过地下水动力学法来计算。

(1)水文分析法。此法适用于河道附近缺乏地下水观测资料及河段上、下游有水文站的河段。利用上下游水文站实测径流资料估算河道渗漏补给量。

$$\overline{U}_{河渗} = (\overline{R}_{上} - \overline{R}_{下})(1 - \lambda)\frac{L}{L'} \tag{3-23}$$

式中 $\overline{U}_{河渗}$——河道渗漏补给量,m^3;

$\overline{R}_{上}$、$\overline{R}_{下}$——上、下游水文站实测年径流量,m^3;

L'——上、下游水文站之间的距离,km;

L——计算河段长度,km;

λ——上、下游水文站间水面及两岸浸润带蒸发量之和与$(\overline{R}_{上} - \overline{R}_{下})$之比值,由观测、试验资料确定。

(2)地下水动力学法。当河段两岸有钻孔资料时,可沿岸切割渗流剖面,根据河水位与钻孔地下水位确定水力坡度,利用达西公式估算河道渗漏补给量。

3)渠系渗漏补给量

灌溉渠系水位一般高于地下水位,各级渠道在输水过程中渗漏补给给地下的水量,称为渠系渗漏补给量。常用补给系数法来计算,公式为:

$$U_{渠渗} = m\overline{W}_{渠首} \tag{3-24}$$

式中 $\overline{U}_{渠渗}$——渠系渗漏补给量,m^3;

$\overline{W}_{渠首}$——渠首引水量,当缺乏实测资料时,可由毛灌溉定额乘以灌溉面积得出,

m^3；

m——渠系渗漏补给系数，$m = \gamma(1-\eta)$，η 为渠系有效利用系数，γ 为修正系数，可查表3-5。

表3-5　不同渠床衬砌、岩性和地下水埋深情况下的 m 值

分区	衬砌情况	渠床下岩性	地下水埋深（m）	渠系渗漏补给系数
长江以南地区和内陆河流域农业灌溉区	未衬砌或部分衬砌	亚黏土、亚砂土	<4	0.22～0.60
			>4	0.19～0.50
	衬砌		<4	0.18～0.45
			>4	0.17～0.45
半干旱半湿润地区	未衬砌	亚黏土	<4	0.16～0.45
		亚砂土		0.144
		亚黏、亚砂土互层		0.18～0.30
	部分衬砌	亚黏土		0.09～0.14
			>4	0.09～0.135
		亚砂土	<4	0.12～0.17
			>4	0.10～0.17
		亚黏、亚砂土互层		0.09～0.17
	衬砌	亚黏土	<4	0.04～0.112
		亚砂土		0.10～0.16

4）渠灌田间渗漏补给量的计算

渠灌田间渗漏补给量可分为次灌溉入渗补给量和规定时段灌溉入渗补给量。常用的有次、年或多年平均的灌溉入渗补给量，次灌溉入渗补给量是计算年与多年平均值的基础。常采用田间灌溉试验法、田块水量均衡法和田间地中渗透仪测定法求得。

灌溉进入田间后，经过包气带渗漏补给地下水的水量称为渠灌田间渗漏补给量，计算公式为：

$$\overline{U}_{渠灌} = \beta_{渠}\ \overline{W}_{渠田} \tag{3-25}$$

式中　$\overline{U}_{渠灌}$——渠灌田间渗漏补给量，m^3；

$\beta_{渠}$——渠灌田间入渗系数，可查表3-6；

$\overline{W}_{渠田}$——渠灌进入田间的水量，可由渠首引水量乘以渠系有效利用系数得出，m^3。

5）水库等蓄水体渗漏补给量

估算方法有渗漏剖面法和出入库水量平衡法。主要介绍后者，其计算公式如下：

$$\overline{U}_{库渗} = P_{库} + \overline{W}_{入} - E_0 - \overline{W}_{出} \tag{3-26}$$

式中　$\overline{U}_{库渗}$——水库渗漏补给量，m^3；

$P_{库}$——水库水面上的降水量，m^3；

$\overline{W}_{入}$——入库水量，m^3；

$\overline{E}_0$——水库水面蒸发量，可以使用 E601 型蒸发器观测值代替，m^3；

$\overline{W}_{出}$——出库水量，m^3。

表 3-6　不同岩性、地下水埋深、灌水定额的渠灌田间入渗补给系数 $\beta_{渠}$ 值

地下水埋深（m）	灌水定额（m^3/hm^2）	岩性		
		亚黏土	亚砂土	粉细砂
<1	600～1 050	0.10～0.17	0.10～0.20	
	1 050～1 500	0.10～0.20	0.15～0.25	0.20～0.35
	>1 500	0.10～0.25	0.20～0.30	0.25～0.40
1～3	600～1 050	0.05～0.10	0.05～0.15	
	1 050～1 500	0.05～0.15	0.05～0.20	0.05～0.25
	>1 500	0.10～0.20	0.10～0.25	0.10～0.30
3～5	600～1 050	0.05	0.05	0.05～0.10
	1 050～1 500	0.05～0.10	0.05～0.10	0.05～0.20
	> 1500	0.05～0.15	0.10～0.20	0.05～0.20

6）山前侧向流入补给量

与山丘区山前侧向流出量估算方法一致。

7）越流补给量和人工回灌补给量

一般情况下，因该两项补给量的数量相对较小，资料难以取得，可忽略不计。

2. 以排泄量估算

平原区地下水的排泄量主要包括潜水蒸发量、河道排泄量、侧向流出量、越流排泄量、地下水实际开采量等，公式如下：

$$\overline{W}_{g平} = \overline{E}_g + \overline{R}_{g平} + \overline{U}_{越排} + \overline{U}_{侧平} + \overline{g}_{平} \tag{3-27}$$

式中各项均为多年平均值，符号意义同前。

1）潜水蒸发量

浅层地下水，在毛细管作用下，通过包气带岩土向上运动造成的蒸发量（包括棵间蒸发量和被植物根系吸收造成的叶面蒸散发量两部分）。

（1）采用潜水蒸发系数法可按下式计算：

$$E_g = cE_0F \tag{3-28}$$

式中　F——计算区面积；

c——潜水蒸发系数，是潜水蒸发量与水面蒸发量的比值。

c 主要受潜水埋深、包气带岩性、气候以及植被等因素的影响。具体确定方法与用动态资料确定给水度的方法一致，也可以移用同类地区潜水蒸发系数经验值，但是必须进行充分的论证。

(2)经验公式法,计算公式如下:

$$E_g = E_0\left(1 - \frac{\Delta}{\Delta_0}\right)^n \tag{3-29}$$

根据各地实际地下水动态资料分析测算出各参数值,由 E601 型蒸发器实测水面蒸发量 E_0 和时段平均地下水埋深 Δ,估算时段潜水蒸发量。上述公式物理含义清楚,结构合理,国内外采用较普遍。关键问题是公式中的幂指数 n 值具有任意性,极限埋深 Δ_0 在缺少资料地区确定比较困难。

(3)由均衡试验场地中渗透仪实测潜水蒸发资料计算。此方法影响精度的因素很多,代表性论证困难,因此使用不多。

2)河道排泄量

当河道水位低于两岸地下水位时,地下水向河道排泄的水量称为河道排泄量。平原区地下水河道排泄量相当于河川基流量,如河段上下游有水文站实测径流资料,可分别绘制上下游平水年日流量过程线,分割基流,求出上下游站的河川基流量之差,即可作为两站间平原区的地下水河道排泄量。

3)侧向流出量

当区外地下水位低于区内地下水位时,通过区域周边流出的地下水量称为侧向流出量,与山丘区山前侧向流出量的计算方法一致。

4)越流排泄量

越流排泄量是指浅层地下水越层排入深层地下水的水量,计算同前,并且因量少,可忽略不计。

5)地下水实际开采量

其计算方法与山丘区相同。

(四)地下水可开采量

地下水可开采量指在经济合理的开采条件下,并在开采过程中不致发生水质恶化等不良现象的情况下,在开采期内有保证的地下水水量,也称为地下水的开采资源。在一般情况下,以多年平均补给量作为有保证的可开采量。可开采量除上述天然补给量,还包括在一定开采条件下,由于地下水位下降而新增加的一部分补给量。因此,在一定有利条件下,可开采资源略大于天然资源。

1.可开采系数法

地下水可开采量与地下水总补给量之比称为可开采系数,表示为 ρ。对浅层地下水有一定开发利用水平,并积累有较长系列的开采量调查统计数据及地下水动态资料的地区,通过对多年平均年实际开采量、水位动态特征、现状条件下总补给量的综合分析,确定出合理的可开采系数,则多年平均可开采量等于可开采系数与多年平均条件下地下水总补给量的乘积。可开采系数可以根据多年浅层地下水实际开采量及水位动态的变化与总补给量三者之间的关系综合分析,结合各地区的水文地质条件合理确定。

2.实际开采量调查法

在浅层地下水开发程度较高、开采量调查资料比较准确、潜水埋深大而潜水蒸发量小的地区,当平水年年初、年末的浅层地下水位基本相等时,则将年浅层地下水的实际开采量近似地作为浅层地下水多年平均年可开采量。

四、水资源总量的计算

水资源总量，指评价区内当地降水形成的地表和地下的产水量，即地表径流量与降水入渗补给量之和。其基本表达式为：

$$\overline{W} = \overline{R} + \overline{W}_g - \overline{W}_{重} \tag{3-30}$$

式中 $\overline{W}$——区域多年平均水资源总量，m^3；

$\overline{R}$——区域多年河川径流量，m^3；

$\overline{W}_g$——区域多年平均地下水补给量，m^3；

$\overline{W}_{重}$——区域多年平均河川径流量与多年平均地下水补给量之间的重复计算量，m^3。

各种类型区的水量转化关系不同，资料条件差异较大，各地可以根据具体情况将上述基本表达式进行变通，利用地表水和地下水资源量评价的有关成果，计算分区水资源总量。技术要求如下。

（一）山丘区水资源总量计算

山丘区重复计算水量为山丘区河川径流量与地下水总排泄量之间的河川基流量。将重复计算量代入水量平衡公式可以得到山丘区区域多年平均水资源总量为：

$$\overline{W}_{山} = \overline{R}_{g山} + \overline{U}_{潜} + \overline{U}_{侧山} + \overline{U}_{泉} + \overline{E}_{g山} + \overline{g}_{山} \tag{3-31}$$

式中 $\overline{W}_{山}$——山丘区多年平均年水资源总量，m^3；

其他符号意义同前。

南方山丘区地下水主要以河川基流形式排泄，其他排泄量很小，可以将河川径流量近似作为水资源总量。

（二）北方平原区水资源总量计算

已知分区河川径流量、降水入渗补给量和平原河道排泄量，用下式计算分区水资源总量：

$$\overline{W}_{平} = \overline{R}_{平} + \overline{U}_P + \overline{U}_{越流} - \overline{R}_{g山} \tag{3-32}$$

式中 $\overline{W}_{平}$——北方平原区区域多年平均水资源总量，m^3；

$\overline{R}_{平}$——平原区多年平均年河川径流量，m^3；

其他符号意义同前。

在浅层地下水开采强度较大的平原区，地下水位一般低于河道水位或河底高程，水资源总量为河川径流量与降水入渗补给量之和。

（三）南方平原区水资源总量计算

该类地区的水田、水面面积大，浅层地下水开采程度低，与北方平原区相比，地表水与地下水之间的转化关系有很大差别。例如，水稻泡田期和生长期一般没有潜水蒸发，降水和灌溉的入渗补给量基本上排入河道，与河川径流重复，而且难以分割。因此，宜采用河川径流量加不重复量的办法计算水资源总量。

$$W = R + Q_{不重复} \tag{3-33}$$

$$Q_{不重复} \approx (E_{旱} + Q_{采耗})(U_{P旱}/Q_{旱总补}) \tag{3-34}$$

式中 $Q_{不重复}$——地下水资源与地表水资源的不重复量,m^3;

$E_{旱}$——旱地和水田旱作期的潜水蒸发量,m^3;

$Q_{采耗}$——浅层地下水开采净消耗量,m^3;

$U_{P旱}$——旱地和水田旱作期的降水入渗补给量,m^3;

$Q_{旱总补}$——旱地和水田旱作期的总补给量,即降水与灌溉入渗补给量之和,m^3。

第四节　水资源质量评价

水资源的质量问题是研究、开发水资源的中心内容之一。水的质量是指水体中所含物理成分、化学成分、生物成分的总和。

水的质量决定着水的用途和水的利用价值,从供水的角度来讲,要求水资源既要有充足的水量,又要具备符合要求的水质。若水量充足、水质优良,满足用水要求,则可直接作为供水水源;若有充足的水量,但水质不好,则不能用做供水水源;若水质一般,则需经处理后方可作为供水水源,水处理成本的大小取决于水质。如果水量不足而水质尚好,则只能用做小型供水水源或分散供水水源。本节重点讨论水资源质量评价的有关内容。

水资源质量评价是根据用水的要求和水的物理、化学、生物性质,评定水资源的质量。质量不符合标准的水,不但失去资源的价值,而且会酿成公害,影响经济发展,危害人体健康。为保障生活和生产的安全用水,必须及时掌握水质变化情况;了解污染物质来源、污染过程、污染的程度、污染物质的分布规律,找出影响水质的原因,预测水体水质的发展趋势,采取必要的水源保护和防治的措施。

一、水环境概念和指标体系

天然水质是自然界水循环过程中各种自然因素综合作用的结果。因此,天然水的成分与其形成过程中的各种物理化学条件紧密相关。大气降水的水质主要与当地气象条件和降水淋溶的大气颗粒物的化学物理成分有关;地表水的水质则与流经地区的岩土类型、植被条件有关;地下水的水质主要取决于含水介质的岩性与补给、径流和排泄条件相联系的水化学环境。

一般来说,天然水中含有溶解的气体、离子、原生质及悬浮固体等成分。

若按存在状态可将水中的物质组分分为三类,即悬浮物、溶解物质和胶体物质。悬浮物是由大于分子尺寸的颗粒组成,靠浮力和黏滞力悬浮于水中;溶解物质是由分子或离子组成,被水的分子结构所支撑;胶体物质则介于悬浮物质与溶解物质之间。但水中物质的颗粒大小还不能全面反映水的综合特性,必须建立相应的水质指标,才能对水质进行具体衡量。天然水通常根据水的物理特性、化学组分、生化指标等进行质量的分类。

(一)水质量指标

水质量指标是表示水中物质的种类、成分和数量的综合指标,是判断水质的具体衡量标准。水质量指标繁多,但可分为物理的、化学的和生物学的等几大类。

1. 水的物理指标

水的物理指标一般包括色、臭、味、透明度、水温等。

2. 水的化学指标

水的化学指标通常有矿化度、硬度、酸碱度以及各种常量离子的组合。

3. 水的环境化学指标

化学需氧量(COD):指水体中进行氧化过程所消耗的氧量,以毫克/升(mg/L)表示。

生化需氧量(BOD):指水体中微生物分解有机化合物过程中所消耗的溶解氧量。

4. 水的化学组分指标

目前,水化学分类的方案有多种,最常见的是舒卡列夫分类、阿廖金分类、苏林分类等。例如舒卡列夫分类是根据地下水中6种主要离子(K^+合并于Na^+中)及矿化度划分的(见表3-7),分类简明易懂,在我国广泛应用。

表3-7　舒卡列夫分类

超过25%毫克当量的离子	HCO_3^-	$HCO_3^-+SO_4^{2-}$	$HCO_3^-+SO_4^{2-}+Cl^-$	$HCO_3^-+Cl^-$	SO_4^{2-}	$SO_4^{2-}+Cl^-$	Cl^-
Ca^{2+}	1	8	15	22	29	36	43
$Ca^{2+}+Mg^{2+}$	2	9	16	23	30	37	44
Mg^{2+}	3	10	17	24	31	38	45
Na^++Ca^{2+}	4	11	18	25	32	39	46
$Na^++Ca^{2+}+Mg^{2+}$	5	12	19	26	33	40	47
Na^++Mg^{2+}	6	13	20	27	34	41	48
Na^+	7	14	21	28	35	42	49

(二)水质评价方法

水质评价是按照评价目标,选择相应的水质参数(指标)、水质标准和计算方法,对水质的利用价值及水的处理要求做出的评定。

中国使用的水质评价方法大致分为污染指数法和分级评价法两大类。污染指数法,主要用各种污染物的相对值,进行数学上的归纳统计得出一个比较简便的值,以表征水的污染程度。这种方法比较简便,但对有些参数如电导率、细菌群数等不适用。分级评价法,把评价参数的区域代表值,用同一分级标准进行对比、分级,从而确定水质的优劣。这种方法比较直观、明确,适用范围广,能反映水域污染的真实情况,但不能反映污染物质进入水体后的迁移、转化、加成等许多复杂的作用。因此,还需要通过污染机制的研究改进水质评价的方法。

二、饮用水水质评价

(一)饮用水水质评价标准

饮用水水质评价标准见表3-8。

(二)饮用水水质评价的一般步骤

(1)按照规定进行取样、检测分析,分析项目应不少于生活饮用水水质标准中所列的项目。

表 3-8　饮用水水质评价标准

项目		标准
感官性状和一般化学指标	色	色度不超过 15 度，并不能呈现其他异色
	浑浊度	不超过 3 度，特殊情况不超过 5 度
	臭和味	不得有异臭、异味
	肉眼可见物	不得含有
	pH 值	6.5～8.5
	总硬度（以碳酸钙计，mg/L）	450
	铁（mg/L）	0.3
	锰（mg/L）	0.1
	铜（mg/L）	1.0
	锌（mg/L）	1.0
	挥发酚类（mg/L）	0.002
	阴离子合成洗涤剂（mg/L）	0.3
	硫酸盐（mg/L）	250
	氯化物（mg/L）	250
	溶解性总固体（mg/L）	1 000
毒理学指标	氟化物（mg/L）	1.0
	氰化物（mg/L）	0.05
	砷（mg/L）	0.05
	硒（mg/L）	0.01
	汞（mg/L）	0.001
	镉（mg/L）	0.01
	铬（六价）（mg/L）	0.05
	铅（mg/L）	0.05
	银（mg/L）	0.05
	硝酸盐（以氮计）（mg/L）	20
	氯仿（μg/L）	60
	四氯化碳（μg/L）	3
	苯并（α）芘（μg/L）	0.01
	滴滴涕（μg/L）	1
	六六六（μg/L）	5
细菌学指标	细菌总数（个/mL）	100
	总大肠菌群（个/L）	3
	游离余氯	在与水接触 30 min 后应不低于 0.3 mg/L，集中式给水除出厂水应符合上述要求，管网末梢水不应低于 0.05 mg/L
放射性指标	总 α 放射性（Bq/L）	0.1
	总 β 放射性（Bq/L）	1

(2)对分析结果和采用的分析方法进行全面的复查。

(3)根据复查后的结果依据《生活饮用水卫生标准》(GB 5749—85)中规定的指标逐项进行对比评价,当全部项目符合标准要求时,才能作为生活饮用水。

(三)饮用水水质评价

物理性状:饮用水的物理性质应当是无色、无味、无臭,不含可见物及清凉可口(7~11 ℃),这在生活饮用水水质标准中已有明确规定。

普通盐类:水中溶解的普通盐类主要指水中的一些常见离子成分,如 Cl^-、SO_4^{2-}、HCO_3^-、Ca^{2+}、Mg^{2+}、Na^+、K^+、Fe^{2+}、Mn^{2+}、I^-、Sr^{2+}、Be^{2+}。它们多数是天然矿物,其含量在水中变化很大。它们的含量过高时会损及水的物理性质,使水过于咸或苦,以致不能饮用;过低时,人体吸取不到所需的某些矿物质,也会产生一些不良的影响。

有害物质:天然水中超量的有害元素的形成有两种原因,一种属于区域水文地质环境因素;另一种是人类的污染因素。前者在有些硫化金属矿体附近,地下水常含有超量的有害金属离子;后者例如工农业生产过程中产生的废水、废液、废渣是有害元素的主要来源之一,对水源的危害极大,应予以充分注意。

细菌:采用细菌指标对水质进行评价,即应用大肠杆菌在水中存在的数量来判断水中的污染程度。大肠杆菌本身并不是有毒的病菌,但是大肠杆菌多与其他杂菌共生,通常随着人畜粪便以及动物尸体的腐烂一起进入水中,饮用水卫生标准规定,每升水中总大肠菌群不能多于3个。在37 ℃情况下培养24 h,1 mL水中细菌总数不能超过100个。

(四)锅炉用水及某些工业用水的水质评价

1. 锅炉用水的水质评价

在绝大多数的工矿企业及铁路运输中,都需要使用各种类型的锅炉,如蒸汽机车、各种工业锅炉、电站锅炉以及采暖锅炉等。在各种工业用水中,锅炉用水是基本组成部分,因此不论各种工业用水的具体要求如何,首先必须对锅炉用水进行全面评价。在高温、高压的条件下,水在锅炉中可以发生各种不良的化学反应,主要有成垢作用、腐蚀作用和成泡作用等。这些作用对锅炉的正常使用会带来非常有害的影响,而这些作用的发生与水质有关。对锅炉用水进行水质评价时,应从这三方面进行全面评价。

(1)成垢作用。在高温高压的蒸汽锅炉中,水中所存在的 Al^{3+}、Fe^{3+} 等离子相互作用下,会产生能附着在锅炉内壁的化合物如 Al_2O_3、Fe_2O_3 等,即锅垢,会阻碍热传导,消耗燃料,降低锅炉的效率,还会使得炉壁受热不均发生局部金属烧蚀,甚至引发锅炉爆炸。

(2)成泡作用。当水煮沸时在水面产生大量的泡沫即为成泡作用,会造成锅炉中发生不均匀的蒸汽冲程及水位急剧跳动,锅炉不能正常运转。产生这种作用的原因是水温升高后,易溶的钾、钠盐类在水面上产生薄膜。因此,通常以钾、钠含量计算成泡作用。

(3)腐蚀作用。由于氢置换铁的作用,溶解于水中的气体成分如氧、硫化氢、二氧化碳等的腐蚀,以及锰盐、有机质、脂肪油类作为接触剂加强腐蚀作用的进行,会造成锅炉的腐蚀作用。其危害较大,不但减少锅炉的使用寿命,还有可能发生爆炸事故。

具体评价方法见表3-9。

2. 其他工业用水水质评价

不同的工业部门,都有一定的用水水质要求,其中纺织、造纸和食品等工业对水质的要求更为严格。水质硬度过高，对于使用肥料、染料、酸、碱的生产过程的工艺，都不太适宜。硬水妨碍纺织着色，使纤维变脆、皮革不坚固、糖类不结晶。水中存在过量的铁、锰盐类能使纸张、淀粉及糖类出现色斑，影响产品质量。对食品工业用水必须符合饮用水的标准，并考虑影响产品质量的其他成分。由于工业企业的种类繁多，目前也只能根据各部门的要求与经验，提出某些试行的规定，现将纺织等 13 种工业用水要求列出，如表 3-10 所示。

表 3-9　一般锅炉用水水质评价指标

成垢作用				起泡作用		腐蚀作用	
按锅垢总量 H_0(mg/L)		按硬垢系数 K_a		按起泡系数 F		按腐蚀系数 K_k	
指标	水质类型	指标	水质类型	指标	水质类型	指标	水质类型
<125	锅垢很少的水	<0.25	具有软沉淀物的水	<60	不起泡的水	>0	腐蚀性水
125~250	锅垢少的水	0.25~0.5	具有中等沉淀物的水	60~200	半起泡的水	<0，但 $K_k+0.0503[Ca^{2+}]>0$	半腐蚀性水
250~500	锅垢多的水	>0.5	具有硬沉淀物的水	>200	起泡的水	<0，但 $K_k+0.0503[Ca^{2+}]<0$	非腐蚀性水
>500	锅垢很多的水						

表 3-10　13 种工业的用水水质要求

工业用水		浑浊度（度）	色度（度）	总硬度（度）	总碱度（度）	pH 值	总含盐量(mg/L)	铁(mg/L)	锰(mg/L)	硅酸盐(mg/L)	氯化物(mg/L)	COD_{Mn}(mg/L)
制糖		5	10	5	100	6~7	—	0.1	—	—	20	10
造纸	高级纸	5	5	3	50	7	100	0.05~0.1	0.05	20	75	10
	一般纸	25	15	5	100	7	200	0.2	0.1	50	75	20
	粗纸	50	30	10	200	6.5~7	500	0.3	0.1	100	200	—
纺织		5	20	2	200	—	400	0.25	0.25	—	100	—
染色		5	5~20	1	100	6.5~7.5	150	0.1	0.1	15~20	4~8	10
洗毛		—	70	2	—	6.5~7.5	150	1.0	1.0	—	—	1
鞣革		20	10~100	3~7.5	200	6~8	—	0.1~0.2	0.1~0.2	—	10	—
人造纤维		0	15	2	—	7~7.5	—	0.2	—	—	—	6
粘液丝		5	5	0.5	50	6.5~7.5	100	0.05	0.03	25	5	5
透明胶片		2	2	3	—	6~8	100	0.07	—	25	10	—
合成橡胶		2	—	1	—	6.5~7.5	10	0.05	—	—	20	—
聚氯乙烯		3	—	2	—	7	150	0.3	—	—	10	—
合成染料		0.5	0	3	—	7~7.5	150	0.05	—	—	25	—
洗涤剂		0.6	20	5	—	6.5~8.6	150	0.3	—	—	50	—

(五)灌溉用水的水质评价

农作物能够正常生长所需要的灌溉用水必须具备适宜的水温和有益的盐类及有机物质。

1. 水质标准

农田灌溉用水水质标准见表3-11。

表3-11 农田灌溉用水水质标准(GB 5084—92) (单位:mg/L)

序号	分类项目	作物		
		水作	旱作	蔬菜
1	生化需氧量(BOD_5) ≤	80	150	80
2	化学需氧量(COD_{Cr}) ≤	200	300	150
3	悬浮物 ≤	150	200	100
4	阴离子表面活性剂(LAS) ≤	5.0	8.0	5.0
5	凯氏氮 ≤	12	30	30
6	总磷(以P计) ≤	5.0	10	10
7	水温(℃) ≤	35		
8	pH值 ≤	5.5~8.5		
9	全盐量 ≤	1 000(非盐碱土地区),2 000(盐碱土地区),视条件还可适当放宽		
10	氯化物 ≤	250		
11	硫化物 ≤	1.0		
12	总汞 ≤	0.001		
13	总镉 ≤	0.005		
14	总砷 ≤	0.05	0.1	0.05
15	铬(六价) ≤	0.1		
16	总铅 ≤	0.1		
17	总铜 ≤	1.0		
18	总锌 ≤	2.0		
19	总硒 ≤	0.02		
20	氟化物 ≤	2.0(高氟区),3.0(一般地区)		
21	氰化物 ≤	0.5		
22	石油类 ≤	5.0	10	1.0
23	挥发酚 ≤	1.0		
24	苯 ≤	2.5		
25	三氯乙醛 ≤	1.0	0.5	0.5
26	丙烯醛 ≤	0.5		
27	硼 ≤	1.0(对硼敏感作物,如马铃薯、笋瓜、洋葱、柑橘等) 2.0(对硼耐受性较强的作物,如小麦、玉米、青椒、小白菜、葱等) 3.0(对硼耐受性强的作物,如水稻、萝卜、油菜、甘蓝等)		
28	大肠菌群数(个/L) ≤	1 000		
29	蛔虫卵数(个/L) ≤	2		

2. 评价方法

依据不同情况，国内外曾有过各种对灌溉水的评价方法，仅将几种典型方法摘要如下，以资参考。

（1）按钠吸附比值（A 评价方法），公式如下：

$$A = \frac{c(Na^+)}{\sqrt{\frac{c(Ca^{2+}) + c(Mg^{2+})}{2}}} \tag{3-35}$$

式中 $c(Ca^{2+})$、$c(Mg^{2+})$、$c(Na^+)$——Ca^{2+}、Mg^{2+}、Na^+每克毫升当量数。

当 $A>20$ 时，为有害的水；$20 \geqslant A \geqslant 15$ 时，为有害边缘的水；$A<8$ 时，为安全的水。

（2）按灌溉系数 K_a 评价。灌溉系数是根据钠离子与氯离子、硫酸根的相对含量采用不同经验公式计算的方法，它反映了水中的钠盐值，但忽略了全盐的作用。灌溉系数 K_a 的计算公式可查阅相关手册。

当灌溉系数 $K_a>18$ 时，为完全适用的水；$K_a=6\sim18$ 时，为适用的水；$K_a=1.2\sim5.9$ 时，为不太适用的水；$K_a<1.2$ 时，为不能用的水。

（3）水质标准法。所谓水质标准法，即依据我国现行的《农田灌溉用水水质标准》（GB 5084—92）进行农业灌溉用水水质评价的方法。

农田灌溉用水质量的评价，除了遵照现行标准（GB5084—92），还必须考虑温度的下限、盐分的类型、有机物类型、灌溉方式等问题。

三、水环境质量评价

（一）水环境质量标准与方法

我国根据国内水体的分布与水质特性，制定了适用于江河、湖泊、水库等地面水体的《地面水环境质量标准》（GHZB 1—1999）和适合于地下水环境质量的《地下水质量分类指标》（GB/T 14848—93）。标准的颁布与实施为水体环境质量的正确评价奠定了基础。

水环境质量评价的关键是选择或构建正确的评价方法，以及评价模型中所涉及的关键参数序列。利用评价模型与参数对水体的环境质量做出有效评判，确定其水环境质量状况和应用价值，从而为防治水体污染及合理开发、利用、保护水资源提供科学依据。

水环境质量评价方法有多种，可分为标准对比分析法、水质指数法、水质标准级别法、模糊数学法等几类。这里只介绍标准对比分析法。

标准对比分析法主要是根据水环境质量标准与实际水质结果进行对比，对区域水环境进行分类分区，从而确定水环境质量分布概况的一种方法。

（二）地表水环境质量评价

1. 评价因子的选择

1）地表水评价因子的种类

（1）感官性因子包括颜色、臭和味、透明度、浑浊度、悬浮物、总固体等。感官性因子是水质量的直观指标，是初步判断水质及污染程度的依据。

（2）氧平衡因子主要有溶解氧（DO）、化学需氧量（COD）、生化需氧量（BOD）、有机碳总量（UC）、氧总消耗量（TOD）。氧平衡因子是表征水体有机物污染的指标，它不仅能指示水质状况，而且能预示水质可能变化的趋势。

(3)营养盐类因子主要指硝酸盐、氨盐、磷酸盐等。它们是判断水体污染及污染类型、水体氧化还原条件、水体富营养化程度的重要指标。

(4)毒物因子如酚、氰、汞、铬、砷、镉、铅、有机氯等。它们在水中的存在，对人体危害和潜在危害极大。

(5)微生物因子主要指细菌、大肠杆菌等。它们是导致人体消化系统传染病发生的主要根源。

2)根据污染物的化学性质对评价因子的分类

(1)无机物：硝酸盐氮、氨态氮、磷酸盐、氯化物、总固体等。

(2)有机物：BOD、COD、酚、氰、碳氯仿提出物(CCE)、洗涤剂等。

(3)重金属：汞、铬、砷、镉、铅等。

3)一般水质评价应包括的因子

水质评价一般应包括如下因子：水温、电导率、pH 值、COD、BOD_5、DO、悬浮物、酚、氰、汞、砷、铬、大肠杆菌等。

在实际评价工作中，根据各水域的实际情况和污染物的差别，评价因子可以增加或减少。

2. 地表水环境质量的分类标准

为保护地表水环境，控制水污染，我国依据地表水水域、使用目的和保护目标将其划分为五类(见表 3-12)，各类适用于不同水域。

表 3-12 地表水环境质量标准(GB 3838—88) (单位:mg/L)

序号	参数	分类				
		Ⅰ类	Ⅱ类	Ⅲ类	Ⅳ类	Ⅴ类
	基本要求	所有水体均不应有非自然原因所导致的下述物质： a. 凡能沉淀而形成令人厌恶的沉积物； b. 漂浮物，诸如碎片、浮渣、油类和其他的一些引起感官不快的物质； c. 产生令人厌恶的色、臭、味或浑浊的物质； d. 对人类、动物或植物有损坏、毒性或不良生理反应的物质； e. 易滋生令人厌恶的水生生物				
1	水温	人为造成的环境水温变化应限制在： 夏季周平均最大温升≤1 ℃；冬季周平均最大温降≤2 ℃				
2	pH 值	6.5～8.5				6～9
3	硫酸盐(以 SO_4^{2-} 计) ≤	250 以下	250	250	250	250
4	氯化物(以 Cl^- 计) ≤	250 以下	250	250	250	250
5	溶解性铁 ≤	0.3 以下	0.3	0.5	0.5	1.0
6	总锰 ≤	0.1 以下	0.1	0.1	0.5	1.0

续表 3-12

序号	参数		分类				
			Ⅰ类	Ⅱ类	Ⅲ类	Ⅳ类	Ⅴ类
7	总铜	≤	0.01 以下	1.0(渔 0.01)	1.0(渔 0.01)	1.0	1.0
8	总锌	≤	0.05	1.0(渔 0.1)	1.0(渔 0.1)	2.0	2.0
9	硝酸盐(以氮计)	≤	10 以下	10	20	20	25
10	亚硝酸盐(以氮计)	≤	0.06	0.1	0.15	1.0	1.0
11	非离子氨	≤	0.02	0.02	0.02	0.2	0.2
12	凯式氮	≤	0.5	0.5	1	2	3
13	总磷(以 P 计)	≤	0.02	0.1(湖、库 0.025)	0.1(湖、库 0.05)	0.2	0.2
14	高锰酸钾指数	≤	2	4	6	8	10
15	溶解氧	≤	饱和率 90%	6	5	3	2
16	化学需氧量(COD_{Cr})	≤	15 以下	15 以下	15	20	25
17	生化需氧量(BOD_5)	≤	3 以下	3	4	6	10
18	氟化物(以 F^- 计)	≤	1.0 以下	1.0	1.0	1.5	1.5
19	硒(四价)	≤	0.01 以下	0.01	0.01	0.02	0.02
20	总砷	≤	0.05	0.05	0.05	0.1	0.1
21	总汞	≤	0.000 05	0.000 05	0.000 1	0.001	0.001
22	总镉	≤	0.001	0.005	0.005	0.005	0.01
23	铬(六价)	≤	0.01	0.05	0.05	0.05	0.1
24	总铅	≤	0.01	0.05	0.05	0.05	0.1
25	总氰化物	≤	0.005	0.05(渔 0.005)	0.2(渔 0.005)	0.2	0.2
26	挥发酚	≤	0.002	0.002	0.005	0.01	0.1
27	石油类(石油醚萃取)	≤	0.05	0.05	0.05	0.5	1.0
28	阴离子表面活性剂	≤	0.2 以下	0.2	0.2	0.3	0.3
29	总大肠菌群(个/L)	≤			10 000		
30	苯并(α)芘(μg/L)	≤	0.002 5	0.002 5	0.002 5		

(三)地下水环境质量评价

1.地下水环境质量的分类标准

依据我国地下水水质现状、人体健康基准值及地下水质量保护目标,并参照生活饮用水、工业、农业用水水质要求，地下水环境质量评价将地下水质量划分为五类(见表3-13)，各类分别适用于不同用途。

表3-13 地下水质分类指标(GB/T 14848—93)

序号	项目	类别				
		Ⅰ类	Ⅱ类	Ⅲ类	Ⅳ类	Ⅴ类
1	色(度)	≤5	≤5	≤15	≤25	>25
2	臭和味	无	无	无	无	有
3	浑浊度(度)	≤3	≤3	≤3	≤10	>10
4	肉眼可见物	无	无	无	无	有
5	pH值	6.5~8.5			5.5~6.5,8.5~9	<5.5,>9
6	总硬度(以$CaCO_3$计)(mg/L)	≤150	≤300	≤450	≤550	>550
7	溶解性总固体(mg/L)	≤300	≤500	≤1 000	≤2 000	>2 000
8	硫酸盐(mg/L)	≤50	≤150	≤250	≤350	>350
9	氯化物(mg/L)	≤50	≤150	≤250	≤350	>350
10	铁(Fe)(mg/L)	≤0.1	≤0.2	≤0.3	≤1.5	>1.5
11	锰(Mn)(mg/L)	≤0.05	≤0.05	≤0.1	≤1.0	>1.0
12	铜(Cu)(mg/L)	≤0.01	≤0.05	≤1.0	≤1.5	>1.5
13	锌(Zn)(mg/L)	≤0.05	≤0.5	≤1.0	≤5.0	>5.0
14	钼(Mo)(mg/L)	≤0.001	≤0.01	≤0.1	≤0.5	>0.5
15	钴(Co)(mg/L)	≤0.005	≤0.05	≤0.05	≤1.0	>1.0
16	挥发性酚(以苯酚计)(mg/L)	≤0.001	≤0.001	≤0.002	≤0.01	>0.01
17	阴离子合成洗涤剂(mg/L)	不得检出	≤0.1	≤0.3	≤0.3	>0.3
18	高锰酸盐指数(mg/L)	≤1.0	≤2.0	≤3.0	≤10	>10
19	硝酸盐(以氮计)(mg/L)	≤2.0	≤5.0	≤20	≤30	>30
20	亚硝酸盐(以氮计)(mg/L)	≤0.001	≤0.01	≤0.02	≤0.1	>0.1
21	氨氮(mg/L)	≤0.02	≤0.02	≤0.2	≤0.5	>0.5
22	氟化物(mg/L)	≤1.0	≤1.0	≤1.0	≤2.0	>2.0
23	碘化物(mg/L)	≤0.1	≤0.1	≤0.2	≤1.0	>1.0
24	氰化物(mg/L)	≤0.001	≤0.01	≤0.05	≤0.1	>0.1
25	汞(Hg)(mg/L)	≤0.000 05	≤0.000 5	≤0.001	≤0.001	>0.1
26	砷(As)(mg/L)	≤0.005	≤0.01	≤0.05	≤0.05	>0.05
27	硒(Se)(mg/L)	≤0.01	≤0.01	≤0.01	≤0.1	>0.1
28	镉(Cd)(mg/L)	≤0.000 1	≤0.001	≤0.01	≤0.01	>0.01

续表 3-13

序号	项目	类别				
		Ⅰ类	Ⅱ类	Ⅲ类	Ⅳ类	Ⅴ类
29	铬(Cr)(六价)(mg/L)	≤0.005	≤0.01	≤0.05	≤0.1	>0.1
30	铅(Pb)(mg/L)	≤0.005	≤0.01	≤0.05	≤0.1	>0.1
31	铍(Be)(mg/L)	≤0.000 02	≤0.000 1	≤0.000 2	≤0.001	>0.001
32	钡(Ba)(mg/L)	≤0.01	≤0.1	≤1.0	≤4.0	>4.0
33	镍(Ni)(mg/L)	≤0.005	≤0.05	≤0.05	≤0.1	>0.1
34	滴滴涕(μg/L)	不得检出	≤0.005	≤1.0	≤1.0	>1.0
35	六六六(μg/L)	≤0.005	≤0.05	≤5.0	≤5.0	>5.0
36	总大肠菌群(个/L)	≤3.0	≤3.0	≤3.0	≤100	>100
37	细菌总数(个/mL)	≤100	≤100	≤100	≤1 000	>1 000
38	总 α 放射性(Bq/L)	≤0.1	≤0.1	≤0.1	>0.1	>0.1
39	总 β 放射性(Bq/L)	≤0.1	≤1.0	≤1.0	>1.0	>1.0

2.地下水环境质量分类的判别

地下水环境质量评价以地下水水质调查分析资料或水质监测资料为基础,可分为单项组分评价和综合评价。

第五节　水资源评价基本程序

水资源评价基本程序分四步。第一步,资料收集与分析;第二步,研究区水资源分区;第三步,水资源基础评价;第四步,水资源利用评价。其中水资源基础评价和水资源利用评价前几节已详细介绍,以下重点介绍资料收集和水资源分区。

一、基本资料的收集、整理与分析

(一)资料的收集

区域水资源评价需要收集的基本资料主要有:

(1)评价区及邻近区域水文循环资料。水资源评价所需的水文循环资料包括:水流的时空变化资料、各种水文循环要素资料,如降水、蒸发、空气湿度、径流、河流、湖泊、冰雪、土壤水、地下水中水的物理、化学和生物学特征值。水文气象资料是水资源评价的基本资料。水文资料应能反映研究区水资源的天然分布特点,包括径流量资料,河流水位、流量、洪水、含沙量及水化学、地下水位等资料。气象资料反映流域气候变化的一般规律和特征,包括降水、气温、蒸发、风速、霜冻、冰冻和日照等资料。其系列年限应基本符合有关专业规范的要求。收集时应注意水量与水质资料并重。

(2)研究区的自然地理资料。自然地理资料是指与水资源间接相关的、与水文气象资料一起用来估计水资源特征值的资料。主要是与地形、地质(包括地貌)、土壤、土地利用和土地被覆等有关的资料。除了土地利用、土地被覆数据的时变特性密切影响径流和有关水文循环要素的时变特性,上述自然地理资料可以看成不随时间而变化。自然地理资料,可以解释水文循环要素时空变化的原因,并利用实测水文循环资料在没有设站地区进行内插。

流域特性资料包括地形、地貌、土壤、植被以及河流、湖泊、沼泽特性等资料。地形图用于确定流域界线、河流水系。所用的地形图应能准确反映区域的地理位置、行政区域、河源、河口情况、流域地形、地貌、山区、丘陵平原、湖泊及河道分布情况。

区域水文地质特性资料包括岩性分布、地下水平均埋深及其补给、径流、排泄特性,地下水开采情况、地下水动态观测资料与分析成果。水文地质图可提供地下水埋深、流动方向、水质及其与河流的关系等资料。

自然地理资料还包括土地利用和土地被覆资料。

(3)社会经济环境资料。社会经济资料包括研究区内行政区、人口分布、国内生产总值、耕地面积、灌溉面积、作物组成及分布等资料,用于研究现状年用水效率以及现状年供需平衡分析。

除以上有关资料,还应收集大气、水、土地、生态等方面的环境指标及重点污染源情况等资料。

(4)各部门水质监测资料。包括区域内主要城镇和工矿企业的排污量、污染物排放途径及影响范围;近年来各种农药使用量等资料。

(5)现状水资源开发利用资料。水资源评价还应收集流域内历代治水与主要水系历史演变概况、以往评价成果、流域治理开发现状与已建主要水利工程设施及管理水平等有关资料。

对收集的资料应进行系统整理。作为评价依据的基础资料,应进行一致性、合理性和可靠性的分析评价,可靠性较差的应进行复查核实,不足的应设法进行补充收集。

(6)以往水资源评价成果。

(二)资料的整理分析

分析代表站的选择、径流还原计算、资料的插补延长、年降水和年径流系列代表性分析。对收集的资料进行合理性审查。作为规划依据的基础资料,进行合理性和可靠程度的分析评价,可靠性较差的应进行复查核实,不足的应设法进行补充搜集。

二、水资源利用分区

水资源的开发利用与自然地理条件、社会经济情况、工农业发展和布局、水资源的特性以及水利工程措施的服务范围与对象等多方面因素存在密切的关系,这些条件与因素既有明显的地区差异性,又有地域上相似的一致性。为了因地制宜地合理开发与保护水资源,必须分区进行评价研究,使其既能充分反映不同区域的差异,又能较好地表达同类区域的开发前景,便于水资源调配。同时划分研究分区也是各种研究成果汇总的需要,使汇总成果具有同一性、系统性和科学性,便于建立水资源数据库和在实际中应用。

分区应遵循以下原则:基本能反映水资源的地区差别;尽量保持水系的完整性,对自然条件有显著差异的干流和较大支流，可分段划区，自然条件相同的小河可适当合并；同一区域内自然地理要素、水资源特点、水资源开发利用条件基本相同或相似；考虑已建和在建的水利工程及主要水文站的控制作用，有利于进行水资源计算和供需平衡分析；适当保持行政区划的完整；尽可能保持与以往水资源研究成果的连贯性和一致性。

根据上述原则，全国水资源利用分区划分为松辽河、海河、淮河、黄河、长江、珠江、东南诸河、西南诸河和内陆河9个流域片及83个流域二级区（含台湾诸河）。

第六节 水资源评价实例

一、区域概况与水资源利用分区

（一）区域概况

1. 地理位置

清镇市位于贵州省中部，乌江上游鸭池河南侧，东西长46.2 km，南北宽56.0 km，总面积1492.4 km^2，在东经106°07′06″～106°33′00″，北纬26°21′00″～26°59′06″。

2. 地形地貌

清镇市在自然地理区域上处于黔中丘原，苗岭山脉北侧。地形总的趋势是东部、西南部高，南部和北部低，地势起伏大。清镇市平均海拔为1 290 m，最高海拔在站街镇茶山大坡，海拔1 762.7 m（宝塔山），境内最低点位于北部暗流乡猫跳河流入鸭池河河口处，海拔769 m，相对高差994 m。东部和西部为低中山山地，一般相对高差200～400 m；中部海拔1 000～1 450 m，相对高差200 m以下；东—北—西部边界河谷地带为谷坡地，海拔在800～1 000 m。清镇市地貌在内外营力作用下，形成了丰富多样的地貌类型。从成因上看，可分为溶蚀和侵蚀两大类。从形态上看，可分为丘陵、山地、坝地三大形态，岩溶景观与非岩溶景观交错，类型多样。

3. 土壤与植被

清镇市土壤类型多样，有黄棕壤、黄壤、石灰土、紫色土，水稻土5个土类，27个亚类，65个土属，171个土种。清镇市现有森林面积16 785 hm^2，森林覆盖率为11.5%，主要树种有阔叶林、马尾松、常绿阔叶树、黑壳楠、新木姜、丝栗、青冈、油茶、油桐、漆树、杜仲等。

4. 地质

清镇市地表出露的地层和岩石有前震旦系的变砂岩、变余泥灰岩和板岩，震旦系、寒武系、石炭系、三叠系、二叠系、侏罗系的灰岩、白云岩、砂岩、页岩，第三系的砾岩，第四系的堆积物及海西期的玄武岩等。强烈的燕山运动先后使东部岩层形成近南北向褶皱（川黔经向构造体系），西部岩层形成北东向褶皱（黔西山字形构造体系）。

5. 水文气象

清镇市属亚热带季风湿润气候，其特点是气候温和，雨量充沛，水热同季，无霜期长，多云寡照。清镇市气候多变，多暴雨洪水，干旱、低温、冰雹等灾害时有发生。清镇市备区的多年平均雨量在1 066.9～1 257.2 mm，多年平均气温14 ℃，最冷月份为1月，平均气温3.8 ℃，极端最低气温－8.6 ℃（1997年2月），最热月份为7月，平均气温22.7 ℃，极端最高气温34.5 ℃(1961年7月),无霜期为273 d。≥0 ℃的积温5 136.4 ℃,>10 ℃的持续天数220 d,积温4 200 ℃,80%保证率220 d,积温3 950 ℃。市内年总辐射量为80.94~88.55 $kcal/cm^2$,日照时数为1 087.9~1 307.9 h。

6. 河流水系

清镇市水系较发达,均属长江流域乌江水系,流域面积大于100 km^2 的河流有3条,即乌江干流鸭池河、乌江一级支流猫跳河及猫跳河支流暗流河(又名跳蹬河)。除上述3条河流,流域面积在20~100 km^2 的河流有:乌江一级支流油菜河、猫跳河一级支流羊叉河、麦西河(又名龙滩河)、东门桥河、长冲河、暗流河一级支流干河、羊叉河一级支流乌沙河等8条,总河长374.8 km,河网密度0.25 km/km^2。

(二)社会经济概况

1. 人口

据2004年资料统计,清镇市辖6个乡(其中3个民族乡)、4个镇、1个街道办事处、299个村、30个社区居民委会、1 820个村民组,总户数13.3万户,人口50万人,其中农业人口37.9万人,非农业人口12.1万人。清镇市有汉族、苗族、布依族、仡佬族、彝族、土家族、侗族、水族、白族等30个民族及其他未识别民族,是一个多民族聚居的城市。

2. GDP

2004年,全市地方生产总值437 344万元。其中第一产业增加值52 010万元;第二产业增加值279 408万元;第三产业增加值105 926万元。工农业总产值331 418万元,其中工业产值279 408万元,占全市总产值的63.887 5%。

(三)水资源分区

依照清镇市具体情况,以河流水系的完整性及水文气象特点的一致性为主导,考虑其他相关因素,将清镇市划分为6个水资源区:百花湖区、红枫湖区、三岔河区、乌江干流区、猫跳河区、暗流河区。

二、地表水资源

(一)降雨分析计算

(1)资料的插补展延。由于清镇市境内及周边雨量站资料系列不尽相同,对缺测降水量资料或面上雨量明显不合理的资料采用相关法和取面上多站平均进行插补展延与修正,并以面上降水量等值线图平衡检验。

(2)由于各水资源区内雨量站分布不均匀,且有的偏于一角,为使面雨量更合理、准确,采用泰森多边形法计算各区的面雨量。

(3)计算成果如表3-14、表3-15所示。

(二)径流分析计算

(1)计算各区的多年平均面降水量和 C_v 值,将计算值与1985年做的多年平均降水量等值线图及 C_v 等值线图比较,无明显区别。根据径流量、降雨量、陆面蒸发量,认为可以利用多年平均降水量减去多年平均陆面蒸发量作为多年平均径流深,并通过多年平均径流值与 C_v 推算出各种频率下的径流值,见表3-16。

表 3-14　各水资源区面雨量计算成果　（单位：mm）

年份	百花湖区	红枫湖区	三岔河区	乌江干流区	猫跳河区	暗流河区
1960	1 186.5	1 213.4	1 234.6	1 031.2	1 163.7	1 170.8
1961	1 223.2	1 199.0	1 337.2	1 149.8	1 206.2	1 239.9
⋮	⋮	⋮	⋮	⋮	⋮	⋮
1996	1 315.6	1 342.7	1 386.0	1 239.2	1 419.0	1 378.1

表 3-15　降水量频率计算结果

水资源区名称	C_{vx}	年降水量均值（mm）	模比系数				年降水量（mm）			
			$P=20\%$	$P=50\%$	$P=75\%$	$P=95\%$	$P=20\%$	$P=50\%$	$P=75\%$	$P=95\%$
暗流河区	0.17	1 146.2	1.143	0.99	0.878	0.732	1 309.8	1 134.7	1 006.1	839.0
百花湖区	0.17	1 164.4	1.140	0.99	0.881	0.738	1 326.9	1 153.3	1 125.4	859.0
红枫湖区	0.18	1 201.4	1.147	0.989	0.873	1.724	1 378.5	1 118.4	1 049.4	869.4
三岔河区	0.17	1 257.2	1.140	0.99	0.88	0.736	1 433.7	1 245.1	1 106.3	925.6
乌江干流区	0.18	1 066.9	1.144	0.99	0.876	0.729	1 220.8	1 055.9	935.0	778.0
猫跳河区	0.18	1 150.9	1.143	0.99	0.877	0.731	1 316.1	1 139.2	1 000.4	840.8
全区	0.17	1 147.8	1.143	0.99	0.878	0.732	1 311.6	1 136.3	1 007.5	840.2

表 3-16　各水资源分区不同保证率年径流量频率计算结果

水资源区名称	C_{vy}	年径流量均值（亿 m^3）	模比系数				年径流量（亿 m^3）			
			$P=20\%$	$P=50\%$	$P=75\%$	$P=95\%$	$P=20\%$	$P=50\%$	$P=75\%$	$P=95\%$
暗流河区	0.32	2.254	1.251	0.967	0.773	0.54	2.820	2.180	1.743	1.226
百花湖区	0.32	1.026	1.255	0.966	0.769	0.537	1.288	0.991	0.789	0.551
红枫湖区	0.35	1.154	1.274	0.960	0.750	0.505	1.471	1.108	0.865	0.583
三岔河区	0.30	1.824	1.236	0.971	0.788	0.569	2.254	1.772	1.438	1.038
乌江干流区	0.32	1.162	1.255	0.966	0.770	0.539	1.457	1.123	0.895	0.626
猫跳河区	0.33	1.396	1.263	0.963	0.761	0.523	1.761	1.343	1.061	0.729
全区	0.32	8.814	1.258	0.965	0.767	0.533	11.805	8.507	6.758	4.697

（2）径流年内分配计算。三岔河区、乌江干流区设计代表年分别为 1989 年（$P=95\%$）、1984 年（$P=75\%$）、1970 年（$P=50\%$）、1995 年（$P=20\%$）；暗流河区、猫跳河区、百花湖区设计代表年分别为 1989 年（$P=95\%$，麦翁站）、1990 年（$P=75\%$）、1987 年（$P=50\%$）、1995 年（$P=20\%$）；红枫湖区设计代表年分别为 1962 年（$P=95\%$）、1986 年

($P=75\%$)、1995 年($P=50\%$)、1996 年($P=20\%$);各水资源区的各种设计代表年径流年内分配和 100 km^2 来水量计算。

(三)客水估算

清镇市客水集水面积为 20 337 km^2,总量估算为 102.813 亿 m^3(界区客水量),其中由乌江上游六冲河及三岔河来水量最大,客水集水面积约 19 000 km^2,客水总量约为 90 亿 m^3;红枫湖区客水集水面积为 1 387 km^2,客水估算为 8.04 亿 m^3;百花湖区在红枫湖区下游,客水主要从上游而来,估算为 10.38 亿 m^3。

三、地下水分析计算

清镇市地形主要为低中山区,地面起伏大,土层薄,河床切割深,河道坡降大,地下水大多以泉、井或裂隙水等形式排到地表,有利于地下水的水平排泄。所以,地下水天然排泄量(河川基流)已包括在总的地表水径流以内,即地下水的径流总量是河川径流量的一部分。

由于本地区无水文站,因此在地下水量分析计算时,根据水文单元选用参证站进行地下水量的计算。暗流河区、百花湖区、猫跳河区选用修文作为参证站,三岔河区、乌江干流区、红枫湖区以麦翁作为参证站。采用径流模数法进行计算。

参照清镇市水文地质图,将清镇分成 3 个计算区,各计算区根据水资源分区情况分为 6 个计算亚区,求得各计算区地下水资源量,而后得出全区多年平均地下水资源量为 2.452 亿 m^3。计算结果见表 3-17。

表 3-17 清镇市地下水资源量

计算区	亚区	流量(m^3/s)	径流量(亿 m^3)
三岔河区	三岔河区	1.912	0.603
	乌江干流区	1.218	0.384
	小计	3.130	0.987
暗流河区	暗流河区	1.484	0.468
	小计	1.484	0.468
猫跳河区	猫跳河区	1.233	0.389
	0.286	百花湖区	0.907
	0.322	红枫湖区	1.020
	小计	3.160	0.997
合计		7.774	2.452

四、水资源总量评价

清镇市平均年径流深 590.6 mm,市平均年径流量为 8.814 亿 m^3,与全省均值(588 mm)相当,但清镇市人均占有量 1 883 m^3/(人·a),相当于全省 3 200 m^3/(人·a)的

58.8%，相当于贵阳市人均3 302 m^3/(人·a)的57%。

(1)区内水资源与人口密度分布不均衡。由于社会经济、自然地理条件的差异，致使各分区水资源不均衡，各水资源区不同保证率的水资源人均占有量见表3-18(客水未计算在内)。

表3-18 清镇市不同保证率的水资源人均占有量(不含客水)

水资源区	保证率				
	平均	20%	50%	75%	95%
猫跳河区	6 301	7 958	6 068	4 796	3 295
百花湖区	5 764	7 234	5 568	4 433	3 095
红枫湖区	923	1 176	886	692.3	466.1
暗流河区	1 269	1 588	1 227	980.9	690.3
三岔河区	4 177	5 163	4 056	3 291	2 377
乌江干流区	1 526	1 915	1 474	1 175	822.5

(2)降水量年内及年际变化大，灾害天气严重影响清镇市农业发展。

(3)地表水径流年际变化较大，年内分配不均，水资源量地区差异大。从清镇市资料统计看，在鸭池河河谷地带，由于河谷深，缺水是相当严重的。

(4)岩溶强烈发育区地表岩溶发育，地下水埋藏深，缺水严重。

(5)水力资源丰富，开发潜力较大。清镇市集水面积在20 km^2 以上的河流有11条，大都具有较大落差、水力资源丰富。清镇市河流天然落差3 359 m，可利用落差1 993 m，水力蕴藏量35.9万kW，人均占有电能5 575 kWh。目前已开发水力资源不到可供开发的水资源的30%，开发潜力仍较大。

(6)水分充足，能满足大部分地区的农业需水。

(7)人工湖水面宽广，综合利用价值大，具有较大开发潜力。

五、地表水水质评价

(一)城市郊区供水水源地水质评价结果

(1)上坝水库、新店镇老班寨人畜饮水工程取水口取样监测结果表明，根据《地表水环境质量标准》(GB 3838—2002)集中式生活饮用水地表水源地补充项目标准限值及地表水环境质量标准基本项目，取水口水质合格。

(2)索风营水库、犁倭陀陇四组水源处岔水人畜饮水工程、王庄乡塘寨渴望工程，根据《地表水环境质量标准》(GB 3838—2002)集中式生活饮用水地表水源地补充项目标准限值及地表水环境质量标准基本项目，索风营水库硫酸盐、铁超标，超标倍数分别为2.1、0.4，水质为不合格；犁倭陀陇四组水源处岔水人畜饮水工程锰超标，超标倍数为2.0；王庄乡塘寨渴望工程铁超标，超标倍数为0.3。

(二)城市供水水源地水质评价结果

1. 红枫湖水库

红枫湖水库位于贵州省中部经济发达地区,流域内及库区周围有红枫电厂、清镇电厂、贵州化肥厂、平坝化肥厂、贵州铁合金厂、黎阳公司,以及红湖、新艺、平水、高峰机械厂等大中型企业,是贵州省主要的工业发展基地之一。随着工业的发展,这些企业排放的工业废水对红枫湖的污染日益加重,红枫湖水库流域内污染源的废水排放途径有两种:废水直排湖内和废水通过排污沟排入河流,再通过河流流入湖内。红枫湖一方面除了接纳了周围及上游的工业废水和生活污水,承担着为周围工厂及湖区以外数十个单位的供水的任务,每年还提供生产用水量数千万吨;另一方面,由于贵阳市西郊水厂的建成,红枫湖还承担起贵阳市的部分供水,除此之外,红枫湖还作为农业灌溉用水水源,包括乡村灌溉用水和农场用水,每年提供水量近 2 000 万 t。

2. 百花水库

百花水库虽然不是清镇市的主要供水水源地,但却承担着对贵阳市白云区提供绝大部分工业、生活用水和部分农田灌溉用水的任务。百花湖水库周边毗邻的工厂相对红枫湖水库是较少的,百花水库除接纳附近一些工厂的废水,另一重要的污染来源便是贵州有机化工厂和清镇纺织印染厂。

3. 评价结果

经过多年坚持不懈的努力,"两湖"周边环境状况正在好转,环境污染得到有效的控制,但是水质并未有多少改观。从 1996 年与 2004 年的水质监测结果来看,非离子氨等部分指标有了好转,但是有的指标却十分严重。根据《地表水环境质量标准》(GB 3838—2002)集中式生活饮用水地表水源地补充项目标准限值及地表水环境质量标准基本项目,红枫湖总氮超标,超标倍数为 0.77,水质为不合格;百花湖总氮超标,超标倍数为 1.44,水质为不合格。

(三)清镇市水资源分区水资源现状评价成果

(1)猫跳河清镇区:监测站点 3 个,评价河流站点 3 个,评价河长 34.2 km,均为Ⅲ类水质。

(2)暗流河清镇区:监测站点 3 个,评价河流站点 3 个,评价河长 78.6 km,Ⅲ类水占总评价河长的 21.5%,劣Ⅴ类水占 78.5%。主要污染物是总氮、氨氮、溶解氧、氟化物、化学需氧量、高锰酸钾等。

(3)百花湖清镇区:监测站点 3 个,评价河流站点 2 个,评价河长 9.6 km,Ⅲ类水占总评价河长的 35.4%,劣Ⅴ类水占 64.6%。主要污染物是总氮、氨氮、高锰酸钾等。水库代表站 1 个,库容为 2.208 2 亿 m^3,水质为Ⅴ类,主要污染物为总氮、溶解氧。

(4)红枫湖清镇区:监测站点 1 个,水库 1 个,水库代表库容为 7.528 8 亿 m^3,水质为Ⅴ类,主要污染物为总氮。

(5)阳长—鸭池河干流清镇区:监测站点 1 个,评价河流站点 1 个,评价河长 7.4 km,水质为Ⅴ类,主要污染物为氨氮。

(6)鸭池河—构皮滩干流清镇区:监测站点 1 个,评价河流站点 1 个,评价河长 32.9 km,水质为Ⅱ类,主要污染物为氨氮。

六、地下水资源质量评价

本次水质评价的地下水主要是指赋存于碳酸盐类岩体中，经过含水层中孔隙、裂隙及部分管道调蓄后排入河道，其变幅比较稳定的地下水。地下水作为一种可再生资源，虽然是可以更新的，但是在一定的经济和技术条件下，也不是取之不尽、用之不竭的。清镇市自从20世纪70年代，特别是90年代以来，由于经济的迅速发展，城乡人民生活水平的日益提高，加之某些时期气候干旱，对水的需求量大幅度增长。随着该市尤其是双流、金钟、永温等磷矿资源的开发利用，这些地方的地下水资源污染将有恶化的趋势，这对于下游或周边取用该地下水源的地方将产生严重危害。

在进行地下水水质评价的过程中，发现影响水质的主要指标是氨氮、细菌和总大肠菌群，分析其中污染原因，主要是面源污染。地下水监测井井口保护不好或井位设置不合理，也可能导致总大肠菌群监测值超标，造成局部地下水污染。如果面源污染得不到控制，而该市大部分地区农田施肥，地表水与地下水的相互渗透与补给，造成了地下水氨氮、总大肠菌群项目的超标。地下水的污染趋势也将会上升。当细菌总数、总大肠菌群不参与评价时阳长—鸭池河干流清镇区、猫跳河清镇区为Ⅲ类水，南明河上游区清镇区为Ⅳ类水，鸭池河—构皮滩清镇区为Ⅱ类水。如果大面积的对地下资源进行开采，将会影响地下水的水质，地下水的水质将会恶化。因此，在发展经济的同时，也要对环境加予保护。

小　结

水资源评价是一门涉及面广、系统性强的科学，并且由于其作为水资源规划、开发、保护的基础，根据所面对的目标的不同，其内容也需要根据实际情况而改变。因此，本章所介绍的内容为城市水资源一般的计算与评价所涵盖。

复习思考题

3-1　根据自己所掌握的水资源知识，以及现状城市水资源供需状况分析的办法，试分析由于缺水可能给城市、生产、生态系统，甚至社会稳定、文明建设等各方面造成的影响。

3-2　城市水资源系统的特征有哪些？

3-3　水资源开发利用对环境有哪些影响？

3-4　水资源数量评价具有的几项基本原则是什么？

3-5　简述地表水和地下水资源数量评价的内容。

3-6　什么是干旱指数？说明其在水资源利用中所具有的意义。

3-7　简述河川基流量的含义及其计算方法。

3-8　简述地下水可开采量的计算方法。

3-9　通过对水资源数量评价内容的学习，请试总结寻求重复计算水量的必要性以及其所包含的内容。

3-10 水资源质量评价的质量指标有哪些?

3-11 对锅炉用水进行水质评价时,应从哪三方面进行全面评价?

3-12 水环境质量评价方法有哪几种? 试予以说明。

3-13 地表水环境评价的评价因子是什么?

3-14 简述水资源利用分区的原则。

3-15 简述水资源评价的基本程序。

第四章　城市水资源供需平衡分析

学习目标与要求

通过学习掌握供水量、供水能力、需水量和水资源合理配置的概念，理解供水量和需水量预测的一般原则和方法，熟悉水资源供需平衡分析的一般程序或步骤，了解水资源优化开发利用的措施和对策。

第一节　水资源供需量

一、水资源供需量的基本概念及其影响因素

（一）水资源供水量的概念

供水量是指各种水源工程在不同来水条件下，根据各部门用水需求，可能为各部门提供使用的包括输水损失在内的毛供水量。

供水量分为单项工程可供水量与区域可供水量。一般来说，区域内相互联系的工程之间，具有一定的补偿和调节作用，区域可供水量不是区域内各单项工程可供水量相加之和。区域可供水量是由新增工程与原有工程所组成的供水系统，根据规划水平年的需水要求，经过调节计算后得出的。

区域可供水量是由若干个单项工程、计算单元的可供水量组成。区域可供水量，一般通过建立区域可供水量预测模型进行。在每个计算区域内，将存在相互联系的各类水利工程组成一个供水系统，按一定的原则和运行方式联合调算。联合调算要注意避免重复计算供水量。对于区域内其他不存在相互联系的工程则按单项工程方法计算。可供水量计算主要采用典型年法，来水系列资料比较完整的区域，也有采用长系列调算法进行可供水量计算。

（二）供水量的影响因素

供水量的大小与来水条件、用水条件、工程条件、需水特性、运用调度方式、水质条件等主要因素有关。

来水条件对于供水量有着直接影响，来水量的大小、水质的好坏对于供水量大小起着决定性作用。来水条件包括河川径流的数量、年内年际变化和地区分布特征，地下水的补给、贮存和开采条件，以及水源地的污染程度等。特别应注意水质的问题，这是往往易被忽视的，即使来水量再大，水质达不到用水标准或者当地不具备净化技术能力，则可供使用的水量也很少。我国有很多地区的水资源的短缺特别是南方地区就是属于水质型缺水。

工程条件对于供水量的大小起着后天开采利用和分配作用。工程条件主要指现有和

新增地表水工程的调蓄能力、引水能力,水井工程的开采能力。工程老化、库渠淤积及大型水库调节运行方式对可供水量有较大的影响。

需水特性,包括用户的地区分布和用水组成、各类用户需水量的时间变化和保证率。此外,河道内的用水要求对可供水量也有着直接的影响。

(三)需水量的概念

需水量是指未来某个水平年一个或一组用水户在一定价格下对符合质量要求的水的总需求量。通常按用水性质分为生活需水、农业需水、工业需水、生态需水等。需水的主体是用水户,需水的对象可以是单个、群体,也可以是一个行政区或经济区(区域)和国家。需水可按行政区域分析统计,也可按流域或经济区域统计。

(四)需水量的影响因素

社会一定时期的需水量与其国民经济社会发展指标、人口及城市化率、农业发展及土地利用指标、天然降水情况、经济发展速度、产业比例结构、气候条件、用水效率、生产技术水平等因素有关。

1. 国民经济社会发展指标

国民经济社会发展对需水量的大小起到很大影响,经济发展速度越快,特别是在节水技术没有大的改进的条件下,需水量就越大;工业比重加大,需水量也增加;产业结构不向节水方面或低耗水结构调整,则需水量就大。

2. 人口及城市化率

人口及城市化率对于城市生活用水及生态环境用水起着很大的影响,随着人口的增加以及城市化率的逐年提高,生活水平的提高使城镇生活用水的需水量增大。

3. 农业发展及土地利用指标

农业发展及土地利用指标对于需水量的大小也有重要的影响,它直接决定着农业需水量的大小。农业发展的指标和水田、旱田、养殖业、经济产业等农业种植结构以及各种作物的耗水率、灌溉方式、用水效率等都对需水量的大小有影响。

4. 天然降水情况、气候条件

天然降水情况、气候条件是影响到需水量的主要因素。农业是否需要灌溉以及灌溉水量的大小直接由天然降水条件来决定。俗语说,风调雨顺的年景是好年景,主要是因为风调雨顺的年景满足了作物在生长期内所需要的水量,而需要农业灌溉的水量很小。但是对于干旱年份农业灌溉用水在农业的产量贡献中占据很大的权重,则农业需水量就很大。气候条件对于需水量也有很大影响,气温高、蒸发量大的则需水量大,反之则小。同样,这些条件对于生态环境需水量也起到同样的影响。

5. 用水效率、生产技术水平

用水效率、生产技术水平的高低等对于需水量的大小也是一个较大的影响因素。用水效率高则在同等的产值下需水量就比用水效率低的需水量小;生产过程中由于生产技术水平的改进,低耗水生产技术是目前追求的减少用水的目标,特别是工业生产领域。

二、水资源供需量计算应收集的资料

(1)收集降水、径流、陆面蒸发量、水面蒸发能力、河流泥沙、气温、湿度、风速和日照等水文和气象资料。

(2)收集地形、地貌、植被覆盖情况，地下水的类型、分布特征、埋藏条件、补给来源、径流形式、排泄途经、水文地质参数等水文地质等资料。

(3)收集资源和环境资料，资料应包括资源的数量和质量、环境的现状和演变过程。

水资源资料：①地表水资源，包括天然径流量、年径流深、出入境径流量、入海径流量；②地下水资源，包括补给量、排泄量、总资源量和可开采量，要求区分潜水与承压水、山区与平原的资源数量；③地表水与地下水重复量、水资源总量；④水质资料，包括地表水水质和地下水水质资料，项目内容一般应有水质成分、主要离子含量、总硬度、溶解性总固体(矿化度)、水化学类型等，地表水水质包括江、河、湖、库河流水质及地表水供水水源地水质监测资料，地下水水质包括潜水、承压水及地下水供水水源地水质监测资料。

其他资源指除水资源以外的自然资源，主要包括国土资源、矿产资源、林业资源、草原资源、渔业资源、海洋资源以及野生生物资源等。主要收集资源的现状分布、数量、开发利用状况和程度及存在的主要问题。

环境资料包括环境自然演变和人为影响的资料，如废污水排放量、污染物负荷量、固体废弃物处理量、大气污染、水污染、海洋环境、水土流失、土地沙(石)漠化、森林覆盖率、草地面积、野生生物种类、自然遗迹和人文遗迹等，并分析研究其演变发展趋势。

(4)收集整理与用水关联的主要社会经济现状情况和发展指标。

社会指标主要包括人口数量(总人口、城镇人口、城镇流动人口、农业人口)及其分布变化、城市化率、城镇及乡村发展情况与水平等。

经济指标包括发展速度与规模、产值、增加值、产量以及产业结构等，主要有地区生产总值(GDP)及其增长率、三次产业比例、工业总产值、工业增加值、农业灌溉面积等。

(5)收集用水量及用水效率资料。包括火(核)电工业用水量、高用水工业用水量、一般工业用水量、生态环境用水量、城镇生活用水量、农村生活用水量、农田灌溉用水量、林牧渔业用水量、人均(单位产值)综合用水量、工业用水重复利用率、灌溉水利用系数、地表水资源开发利用率、浅层地下水开采率、水资源利用消耗率等。

(6)收集各级政府部门编制的国民经济和社会发展的五年计划及中长期远景规划，以及有关部门、有关行业编制的部门或行业发展规划。

(7)收集有关水资源调查评价、开发利用、供需预测、配置、节约、保护、管理等方面的调查统计资料、研究分析报告、规划计划文本以及其他相关的资料。

第二节　不同保证率的供水能力计算及预测

一、不同保证率下的供水能力

供水能力是指水利系统在一组特定条件下，具有一定供水保证率的最大供水量，与来水条件、工程条件、需水特性和运用调度方式有关。严格意义上的水利系统供水能力是指在全系统范围内，将天然来水的同步场系列作为系统输入，以同期水文条件下推求的需水过程为供水目标，以供水系统中各水利工程的设定参数为约束条件，按照一定的运用调度规则进行整体的长系列操作，所得到的符合某一供水保证率条件的系统供水总量。在不具备长系列水文资料的情况下，系统供水能力的设计是按典型年方法经调节计算得到的供水总量。

二、供水预测

供水预测是在规划分区内，对现有供水设施的工程布局、供水能力、运行状况，以及水资源开发程度与存在问题等综合调查分析的基础上，进行对水资源开发利用前景和潜力分析，以及不同水平年、不同保证率的可供水量预测。

可供水量包括地表水可供水量、浅层地下水可供水量、其他水源可供水量。可供水量估算要充分考虑技术经济因素、水质状况、对生态环境的影响以及开发不同水源的有利和不利条件，预测不同水资源开发利用模式下可能的供水量，并进行技术经济比较，拟定供水方案。

（一）供水预测的原则与方法

1.供水预测依据的原则

（1）节水与开源并举，强化节约用水。

（2）合理规划供水工程布局，分期安排实施。

（3）供水工程建设优先考虑配套改造工程。

（4）合理调配水资源。

（5）逐步减少地下水超采量。

2.供水预测的方法

供水预测宜采用长系列系统分析的方法，将区域内所有供水工程组成的供水系统，依据系统来水条件、工程状况、需水要求及相应的运用调度方式和规则，进行调节计算，得出可供水量系列，提出不同用户、不同保证率的供水量。

在不具备长系列系统分析条件的地区，也可以采用典型年法进行供水预测。选择不同频率的代表年份，在分析各代表年现状工程状况下的可供水量基础上，根据不同水平年来水条件、工程状况及需水要求等的变化情况，分析其对不同代表年份可供水量的影响，预测不同水平年、不同保证率的可供水量。

供水预测根据各计算分区内供水工程的情况、大型及重要水源工程的分布，确定供水节点并绘制节点网络图。供水范围跨计算分区的应将其不同水平年、不同保证率的可供水量按一定的比例分解到相应的计算分区内。

为了计算重要供水工程以及分区和供水系统的可供水量，要在水资源评价的基础上，分析确定主要水利工程和流域主要控制节点的历年逐月入流系列以及各计算分区的历年逐月水资源量系列。

为满足不同水源与用户对水量和水质的要求，除对可供水量进行预测，还要对供水水质状况进行分析与预测。

在系统分析的基础上，核定区域的供水能力，并进行合理性分析。

（二）供水量预测

供水根据水源的不同主要有地表水、地下水和其他水源，不同水源供水量的计算方法不同。

1. 单项工程可供水量

1) 地表水供水

地表水供水包括蓄水工程供水、引水工程供水、提水工程供水和外流域调水。

以各河系各类水工程以及各供水区所组成的供水系统为调算主体,进行自上游到下游、先支流后干流逐级调算。不同水平年的地表水可供水量应采用 50%、75% 和 95% 三种保证率。

(1)蓄水工程。大、中型蓄水工程单项工程可供水量计算,一般根据来水条件、工程规模和规划水平年的需水要求,直接进行调节计算。小型蓄水工程及塘坝一般采用复蓄系数法计算,即通过对工程情况进行分类,采用典型调查法,分析确定不同地区各类工程的复蓄系数。一般而言,复蓄系数南方地区比北方大,小(Ⅱ)型水库及塘坝比小(Ⅰ)型水库大,平水年比枯水年大。

(2)引提水工程。引提水工程可供水量与引提水口的径流量、引提工程能力以及用户的需水量有关。引水工程的引水能力与进水口水位及引水渠道的过水能力有关;提水工程的提水能力则与设备能力、开机时间等有关。引提水工程可供水量可用下式计算:

$$W_{可供} = \sum_{i=1}^{t} \min(Q_i, H_i, X_i) \tag{4-1}$$

式中 $W_{可供}$——引提水工程的可供水量;

Q_i——i 时段取水口的可引流量;

H_i——工程的引提能力;

X_i——用户需水量;

t——计算时段数。

可供水量预测以各计算单元为基础,分别建立可供水量预测模型,在建立模型时,将计算单元之内既互相联系又互相影响的各个工程组成一个供水系统,根据需水要求联合进行调节计算。

注意:①规划工程要考虑与现有工程的联系,与现有工程组成新的供水系统,按照新的供水系统进行可供水量计算。对于双水源或多水源用户,联合调算要避免重复计算供水量。②根据统筹兼顾上下游、左右岸各方利益的原则,合理布局新增水资源开发利用工程。③在跨行政区的河流水系上布设新的供水工程,要符合流域规划,充分考虑对下游和对岸水量及供水工程的影响。④可供水量计算应预测不同规划水平年工程状况的变化,既要考虑现有工程更新改造和续建配套后新增的供水量,又要估计工程老化、水库淤积和因上游用水增加造成的来水量减少等对工程供水能力的影响。

2) 地下水工程

地下水可供水量指矿化度不大于 2 g/L 的浅层地下水资源可开采量。可结合地下水实际开采情况、地下水资源可开采量以及地下水位动态特征,综合分析地下水开发利用潜力,确定其分布范围和可开发利用的数量,提出在现状地下水供水的基础上,增加供水的地域和供水量。

地下水工程可供水量,与当地地下水可开采量、机井提水能力及需水量等有关。地下

水工程可供水量计算公式为:

$$W_{可供} = \sum_{i=1}^{t} \min(Q_i, W_i, X_i) \tag{4-2}$$

式中 $W_{可供}$——地下水可供水量;

Q_i——i 时段机井提水流量;

W_i——当地地下水资源可开采量;

X_i——用户需水量;

t——计算时段数。

根据确定的地下水可开采范围和可开采量,在现有地下水工程的基础上,编制地下水开发利用规划,拟定规划方案,提出相应的工程布局和安排。

注意:对于地下水超采区,根据超采程度以及引发的生态环境灾害情况,划分不同的类型区,分别采取禁采、压采、限采措施。供水预测应按照上述要求进行。

3)其他水源开发利用

(1)微咸水(矿化度 2~3 g/L)一般可补充农业灌溉用水,某些地区矿化度超过 3 g/L 的咸水也可与淡水混合利用。通过对微咸水的分布及其可利用地域范围和需求的调查分析,综合评价微咸水的开发利用潜力,提出各地区不同水平年微咸水的可利用量。

(2)城市污水经集中处理后,在满足一定水质要求的情况下,可用于农田灌溉及生态环境。

对缺水较严重城市,污水处理再利用对象可扩及水质要求不高的工业冷却用水,以及改善生态环境和市政用水,如城市绿化、冲洗道路、河湖补水等。

污水处理再利用于农田灌溉,要通过调查、分析再利用水量的需求、时间要求和使用范围,落实再利用水的数量和用途。现状部分地区存在直接引用污水灌溉的现象,在供水预测中,不能将未经处理、未达到水质要求的污水量计入可供水量中。

有些污水处理再利用需要新建供水管路和管网设施,实行分质供水,有些需要建设深度处理或特殊污水处理厂,以满足特殊用户对水质的目标要求。

估算污水处理后的入河排污水量,分析对改善河道水质的作用。

调查分析污水处理再利用现状及存在的问题,落实用户对再利用的需求,制订各规划水平年再利用方案。

(3)海水利用包括海水淡化和海水直接利用两种方式。对沿海城市海水利用现状情况进行调查。海水淡化和海水直接利用要分别统计,其中海水直接利用量要求折算成淡水替代量。

2. 区域可供水量

区域可供水量是由若干个单项工程、计算单元的可供水量组成。区域可供水量一般通过区域可供水量预测模型进行。在每个计算区域内,将存在相互联系的各类水利工程组成一个供水系统,按一定的原则和运行方式联合调算。联合调算要注意避免重复计算供水量。对于区域内其他不存在相互联系的工程则按单项工程方法计算。

可供水量计算主要采用典型年法,来水系列资料比较完整的区域,也可采用长系列调算法进行可供水量计算。

第三节　不同水平年需水量预测

水利是国民经济的基础产业,水资源作为不可替代的自然资源,在社会经济发展中起着重要的保障作用。随着社会经济的快速发展、人口总量不断增加和城市化水平的逐步提高,对水资源的需求量将越来越大。合理地预测规划水平年社会经济各部门的需水要求,对有计划地指导水资源开发利用具有重要的意义。需水预测不仅是水供求研究的主要内容,同时也是加强需水管理和制定社会发展规划的重要参考依据。

一、水平年的概念

水平年是指以某一年的情况或指标作为计算依据的时间点或年份,它有现状水平年和规划水平年两种,现状水平年是指现在或指定的某一年份为水平年;规划水平年通常是指未来的某一年份,实现水利规划特定目标的年份。因时间越远,不确定因素越多,规划时只能限于规定的规划水平年,才具有相对可靠性。水利规划通常要研究近期和远期两个水平年,并以近期为重点。流域规划或地区水利规划多以编制规划后的10~15年为近期水平年;以编制规划后的20~30年或更远一些为远期水平年。便于社会经济资料的采用,对规划目标和工程安排的具体分期,要尽可能同国家发展计划分期一致,使规划与建设计划、其他行业规划的年份相适应。现状年的选取理论上在选定时具有一定的自由性,但为了保证资料的完整、可信,规划的结果具有较高的指导性,其最好选取现在或距今较近的年份。

二、需水量预测的原则和方法

需水量预测是根据需水对象的用水历史、经济规模、技术水平和未来发展要求,预测未来某个水平年需水对象的需水量及其时空分布规律的技术与方法。

(一)预测原则

(1)可持续发展原则。各规划水平年各行业水资源量需水预测及安排各行业需水量时应该依据可持续利用原则,要考虑水资源的持续发展性,保障水资源与经济社会的持续发展相协调,保障子孙后代的用水。

(2)水资源高效利用原则。水资源供给与目前经济社会发展需要之间的矛盾是现在水资源问题的主题,故在水资源需水预测及安排生活、生产、生态环境需水量时要考虑高效率用水的因素。

(3)考虑水资源紧缺对需水量增长的制约作用,全面贯彻节水的原则。

(4)考虑社会主义市场经济体制、经济结构调整和科技进步对未来需水的影响。

(5)重视现状基础调查资料,结合历史情况进行规律分析和合理的趋势外延,力求需水预测符合各区域特点。

需水预测要以各规划水平年社会经济发展指标为依据,在现状用水调查与用水水平分析的基础上,贯彻可持续发展原则,依据水资源高效利用和统筹兼顾生活、生产、生态用水的原则,统筹安排社会、经济、生态、环境等各部门发展对水的需求。

(二)预测方法

1.城市生活需水

生活需水包括城镇生活需水和农村生活需水,农村生活需水包括居民生活需水和家禽等牲畜用水。

生活需水量的预测方法有综合分析定额法、趋势法和分类分析权重估算法。在预测时,可根据实际情况选用一种为主,其他方法进行检验、校核。常用的方法是定额法。

城镇居民和农村居民生活需水预测,首先要确定城镇和农村的用水人口,再结合水资源条件和供水能力建设,选取与其经济发展水平和生活水平相适应的城镇生活用水定额及农村生活用水定额,因城镇和农村生活用水定额差别较大,城镇生活需水和农村生活需水要分开预测。

(1)城镇生活需水。城镇居民生活用水定额,是在现状城镇生活用水调查与用水节水水平分析的基础上,分析未来不同水平年经济社会发展和生活水平提高的程度,参考国内外同类地区或城市居民生活用水变化的趋势和增长过程,结合对生活用水习惯、收入水平、水价水平的分析,确定不同水平年的用水定额。

城镇生活需水在一定范围之内,其增长速度是比较有规律的,因而可以用综合分析定额方法推求未来需水量。此方法考虑的因素是用水人口和需水定额。用水人口以计划部门预测数为准,需水定额以现状用水调查数据为基础,分析历年变化情况,考虑不同水平年城镇居民生活水平的改善及提高程度,拟定其相应的用水定额。计算公式如下:

$$W_{生} = p_0(1 + \varepsilon)^n k \tag{4-3}$$

式中 $W_{生}$——某一水平年城镇生活需水总量;

p_0——现状人口总数;

ε——城镇人口年增长率;

k——某一水平年拟定的城镇生活需水综合定额;

n——预测年数。

城镇和农村生活需水量年内相对比较均匀,可均匀分配各月需水量,确定其年内需水过程。对于年内用水量变幅较大的城镇,可通过调查分析,确定生活需水量的年内需水过程。

(2)农村生活需水。农村生活需水中农村人口需水预测与城镇居民生活需水预测相似,也可采用综合分析定额法计算。农村居民生活用水定额,在对过去和现在用水定额分析的基础上,考虑未来生活水平提高,相应提高不同水平年的用水定额。部分地区农村生活用水包含家养牲畜用水,在预测过程中,按大小牲畜的数量与需水定额进行计算,或折算成标准羊后进行计算。

2.城市生产需水

城市生产需水分为城市工业需水、城市农业灌溉需水、城市建筑业需水和城市第三产业需水,下面分别介绍各种类型生产需水的确定方法。

1)城市工业需水

工业需水一般分为火(核)电工业、高用水工业和一般工业需水。工业需水预测因涉及的因素较多且不确定因素多,是一项比较复杂的工作。工业需水的变化与今后工业发展布局、产业结构的调整和生产工艺水平的改进、科技进步、工艺设备更新改造等因素密切相关。虽然正确预测未来工业需水量有诸多困难,但在研究工业用水的发展过程、分析工业用水的现状和未来工业发展的趋势以及需水水平的变化之后,从中得出某些变化的规律,有利于工业需水量预测的确定。目前工业需水量预测方法有趋势法、定额法、重复利用率提高法、分块预测法(亦称分行业预测法)以及弹性系数法等。

(1)趋势预测法。先确定历史数据的变化趋势,如指数、对数或S形曲线,然后对其中未知参数进行估计,得出曲线方程,利用方程进行预测。该方法计算较简单,具有一定的精度,但结果不稳定。模型方程有:

$$\left.\begin{aligned} V_t &= at^b + c \\ V_t &= ae^t + c \\ V_t &= ae^{-be-ct} \end{aligned}\right\} \tag{4-4}$$

式中 a、b、c——未知参数;

t——年份;

V_t——对应年需水量。

(2)弹性系数法。只用于工业用水需水量预测。工业用水弹性系数,在数值上等于工业用水增长率与工业产值增长率之比,即

$$\varepsilon = \alpha/\beta \tag{4-5}$$

式中 ε——工业用水弹性系数;

α——工业用水增长率;

β——工业产值增长率。

弹性系数法就是利用工业用水弹性系数基本不变这一规律来进行未来需水量的预测。在工业结构基本不变的情况下,使用该方法可得到比较符合实际的数值,用于中长期需水预测。

(3)用水增长系数法。主要用于工业用水分行业预测。就某一行业而言,其用水增长系数可用下面方法求得:

$$\left.\begin{aligned} r_1 &= (V_2 - V_1)/(Z_2 - Z_1) \\ r_2 &= (V_3 - V_2)/(Z_3 - Z_2) \\ &\vdots \\ r_n &= (V_{n+1} - V_n)/(Z_{n+1} - Z_n) \\ r &= (r_1 + r_2 + \cdots + r_n)/n \end{aligned}\right\} \tag{4-6}$$

式中 V、Z、r——产值、用水量及用水增长系数。

求出用水增长系数后,即可代入未来的规划产值,反推出未来的需水量。采用此法原理简单,计算量少。但由于工业结构的变动、节水措施的采用,会使得出的数值产生误差,有时会达到很高的程度。

(4)重复利用率提高法。工业用水量逐渐增加,由于水源紧缺、供水工程不足而导致供水不足,提高水的重复利用率是行之有效的措施。计算公式为:

$$\left.\begin{aligned} W_1 &= Xq_2 \\ q_2 &= q_1(1-\alpha)^n(1-\eta_2)/(1-\eta_1) \end{aligned}\right\} \tag{4-7}$$

式中 W_1——工业总需水量；

X——工业产值；

η_1、η_2——预测始、末年份水的重复利用率；

q_1、q_2——预测始、末年份的万元产值需水量；

n——预测年数；

α——工业技术进步系数（各行业不同，目前一般取值范围为0.02～0.05）。

注意：火（核）电工业、高用水工业和一般工业的用水差别较大，在预测时应该分别计算。

2）城市农业灌溉需水

农业灌溉是通过蓄、引、提等工程设施向农田、林地、牧地供水，以满足作物需水要求。农业灌溉需水包括农田灌溉（分为水田、水浇地、菜田等）、林果地灌溉（含果树、苗圃、经济林等）、牧草场灌溉（含人工草场和饲料基地）、鱼塘补水、禽畜养殖等项需水。农业需水灌溉受气候地理条件的影响，在时空分布上变化较大；同时还与作物的品种和组成、灌溉方式和技术、管理水平、土壤、水源以及工程设施等条件有关，影响灌溉需水量的因素较多，难以精确预测。

农业灌溉需水预测一般采用定额法，应根据净灌溉定额和灌溉水利用系数进行估算。净灌溉定额要考虑作物组成、当地气候条件、灌溉制度等因素。采用非充分灌溉的地区，其灌溉定额应采用非充分灌溉的定额。灌区一般分为井灌区、渠灌区和井渠结合灌区三种类型，不同类型灌区灌溉水利用系数差异较大，此外，灌溉水利用系数还与灌区的节水状况等因素有关。不同水平年灌溉水利用系数呈不断增大的趋势。农业灌溉需水预测按分区进行，各区需水量之和即为全区域农业灌溉需水量。灌溉需水量预测涉及三个关键指标：各种类型作物的净灌溉定额、灌溉水利用系数和灌溉面积。定额法的计算公式为：

$$W_{灌} = \sum_{i=1}^{t}\sum_{j=1}^{k}\omega_{ij}m_{ij}/\eta_i \tag{4-8}$$

式中 $W_{灌}$——全区总灌溉需水量；

ω_{ij}——某一分区某种作物的灌溉面积；

m_{ij}——某一分区某种作物的净灌溉定额；

η_i——分区灌溉水利用系数。

农田灌溉需水预测应分水田和水浇地分别进行。

鱼塘需水量根据鱼塘面积与补水定额估算。补水定额为单位面积的补水量，根据降水量、水面蒸发量、鱼塘渗漏量和年换水次数确定。渔业需水包括养殖水面蒸发、渗漏所消耗水量的补充量和换水量，计算公式为：

$$W_{渔} = \sum_{j=1}^{k}Q_j + \sum_{j=1}^{l}\omega_j \tag{4-9}$$

式中 $W_{渔}$——渔业需水量；

Q_j——次补充水量；

ω_j——次换水量；

k、l——补水和换水次数。

3）建筑业需水

建筑业一般采用单位建筑面积用水量指标进行预测，现代化程度较高的城市及镇也可采用城镇人均用水量、万元产值（增加值）用水量指标进行预测。

4）第三产业需水

第三产业一般采用万元产值（增加值）用水量指标进行预测，也可采用人均用水量指标进行预测。第三产业包含的各种行业用水的差异较大，确定用水定额时要考虑行业的组成情况。

3. 城市生态环境需水

对于城市用水而言，生态环境用水在城市用水中占有相当大的比重，也是城市用水中需要考虑的一个方面。生态环境用水由于以往常常被忽视而形成了目前非常严重的环境恶化问题。生态环境需水是指为维持生态与环境功能和进行生态环境建设所需要的水量。城市生态需水量主要是指维持城市生态系统健康或改善城市环境而需要消耗的水量，按照需水主体有城市风景园林绿地（含行道绿地、公园、环城林带等生态防护林等）用水、城市河流系统和湿地湖泊系统用水等；其中园林绿地用水可根据园林绿地的面积乘以生态用水定额确定，即

$$Q = \alpha A \tag{4-10}$$

式中 Q——城市绿地生态用水量，m^3/a；

α——绿化用水定额，$m^3/(a \cdot m^2)$；

A——绿化覆盖面积，m^2。

城市河流湖泊系统用水又可分为蒸发用水、渗漏用水、水体排污和自净用水以及景观娱乐用水等。蒸发用水、渗漏用水、水体排污和自净用水可参考河流水面蒸发、渗漏、水体自净计算；城市景观娱乐用水要根据城市的规模、性质（如同等规模的旅游型城市、综合型城市与工矿型城市娱乐用水的差异很大）以及城市所处的地貌条件（盆坝地区与高原面上的同等规模城市的景观用水也有很大差异）等因素确定。城市水面因其没有人工取水，水面相对固定，可采用水面蒸发直接计算，即

$$Q_i = (E_i - p_i) \cdot S_i/1\,000 \tag{4-11}$$

式中 Q_i——城市景观娱乐用水的生态用水量，m^3/a；

E_i、p_i——i 城市的蒸发量和降雨量，mm/a；

S_i——i 城市的水面面积，m^2。

需水预测常作多个水平年的结果，把每一水平年的各种、各行业预测的需水量求和就可得出该水平年下需水量的数值。

三、需水量预测合理性分析

由于影响需水量的因素很多，而对于预测需水量的指标不是一定数，而是根据现状用水情况、社会经济发展水平、用水发展态势等各方面的趋势分析得来的结果，该结果受主观影响较大，不同的人员预测结果可能会有较大的差异，故作出需水预测后，需要对预测

的需水量进行合理性分析。

合理性分析通常从预测的增长趋势、用水构成、单位用水指标等的角度，从需水总量的变化、人均占有水量或单位占有水量的变化上，在国家范围内，相近地区，有时甚至要参考国外相关数据，从横向、纵向对比分析本地区需水预测采用数据的合理性，是否客观地反映一般当地采纳的数据，能否客观地反映经济发展、社会进步和人民生活水平相对提高对水的需求，数据不是非常出格的话，可认为需水预测结构是满足合理性的。

第四节　供需平衡分析

水资源供需平衡分析，是指在一定范围内（行政、经济区域或流域）不同时期的可供水量和需水量的供求关系分析。水资源供需分析是在现状供需分析的基础上，分析规划水平年各种合理抑制需求、有效增加供水、积极保护生态环境的可能措施（包括工程措施与非工程措施），组合成规划水平年的多种方案，结合需水预测与供水预测，进行规划水平年各种组合方案的供需水量平衡分析，并对这些方案进行评价与比选，提出推荐方案。它是以系统分析的理论与方法，综合考虑社会、经济、环境和资源的相互关系，分析不同发展时期、各规划方案的水资源供需状况。以国民经济和社会发展计划与国土整治规划为依据，在江河、湖库、流域综合规划和水资源评价的基础上，按供需原理和综合平衡原则来测算今后不同时期的可供水量和用水量，制定水资源长期供求计划和水资源开源节流的总体规划，以实现或满足一个地区可持续发展对淡水资源的需求。在此基础上，综合评价各方案对社会、经济和环境发展的作用与影响，规划工程的必要性及合理性，为制订水中长期供求计划及有关对策措施提供依据。

水资源供需平衡分析的目的是：①通过可供水量和需水量的分析，弄清楚水资源总量的供需现状和存在的问题；②通过不同时期不同部门的供需平衡分析，预测未来，了解水资源余缺的时空分布；③针对水资源供需矛盾，进行开源节流的总体规划，明确水资源综合开发利用保护的主要目标和方向，以期实现水资源的长期供求计划。

水资源供需平衡分析的意义如下：水资源供需平衡分析是国家和地方政府制订社会经济发展计划和保护生态环境必须进行的行动，也是进行水源工程和节水工程建设，加强水资源、水质和水生态系统保护的重要依据。所以，开展此项工作，对水资源的开发利用获得最大的经济、社会效益和环境效益，满足社会经济发展对水量和水质日益增长的需求，同时在维护水资源的自然功能，维护和改善生态环境的前提下，合理充分地利用水资源，使得经济建设和水资源保护同步发展，都具有重要意义。

城市水资源供需平衡分析要进行不同水平年需水量预测与可供水量预测，在此基础上进行供需水量的平衡分析。需水量预测要考虑城市发展、人口增长、生活水平提高、产业结构调整、科技进步对需水要求的影响，考虑生态环境保护对水资源的需求。可供水量预测要考虑水源地的规划建设和保护，考虑供水设施建设及其供水能力，考虑污水处理再利用、新水源的开发利用。

一、供需平衡分析的原则与方法

(一)基本原则

(1)节流与开源并举,综合利用与保护相结合的原则。为满足未来经济社会发展对供水不断增长的需求,根据社会经济发展对水资源的需求、生态环境的状况等情况,按照全面规划、统筹兼顾的原则,在节约用水和现有工程改造挖潜的前提下,适当建设水资源开发利用工程,以兼顾环境用水下保持供水量的适当增长,正确处理节流与开源的关系、水资源开发利用与环境保护的关系、水质与水量的关系以及各用水部门之间的关系。

(2)综合协调的原则。充分考虑各区域之间非均衡发展的特点和综合协调原则,分阶段协调水资源开发利用与社会经济发展之间的矛盾。

(3)经济合理的原则。根据社会净福利最大的原则,对水资源的需求和供给同时进行调整,促使社会经济发展模式与资源环境承载能力相适应。在节约用水的基础上,通过水价调整、产业结构的调整、抑制需求的过度增长,以及海水和洪水资源化、中水利用、地表水和地下水等多种形式水源地的联合利用,强化水资源对地区经济的保障,并使水资源开发与资金投入相协调,寻求经济合理的发展。

(4)可持续发展原则。基于可持续发展的原则,兼顾满足经济社会需水和生态环境需水,水资源配置应立足于水资源的可持续利用,以人与自然环境和谐发展,重视生态环境和水环境的保护,促进资源、经济、环境的协调发展。

水资源供需平衡分析除了考虑上述原则,还要依据近远期结合、流域和区域结合的原则。

(二)计算方法

水资源供需平衡分析常用系列法和典型年法。

系列法:原则上供需平衡分析应采用长系列调节计算,并给出各分区、控制节点、蓄水工程的供需分析计算月系列成果,以及按不同来水保证率和供水保证率各分区的供需分析成果。提出供水组成、水资源利用程度、污水处理再利用、水资源地区分配、缺水量、弃水量等成果,以及发电、航运、冲沙、生态环境、入海等河道内用水量结果。长系列计算除提交长系列成果,还应按来水保证率提交典型年供需分析成果。

典型年法:以某一典型年作为计算依据,按典型年法进行水资源供需分析计算时,应设置蓄水工程年初、年末的蓄水量参数;参数设置的合理与否关系到供需分析计算结果的合理性。如按来水保证率进行供需分析,也应给出各分区和总控制出口按不同来水保证率的供需分析计算成果。对多年调节水库,不能将多年调节库容完全用于某一个典型年,不同典型年可使用相应分配份额的多年调节库容量。

二、水资源开发利用现状分析

水资源供需的现状分析是一项重要的基础工作,它是水资源供需预测的重要依据。水资源开发利用现状分析主要是分析现状的用水情况、用水水平和用水效率、现状的供水能力、各类供水的供水量和水质情况,为水资源的供需水预测提供依据。

收集有关气象、径流降雨水文资料,各种供水水源的供水水量和水质及工程供水能力资料,社会经济发展和各行业用水量及用水效率资料,包括火(核)电工业用水量、高用水工业用水量、一般工业用水量、生态环境用水量、城镇生活用水量、农村生活用水量、农田灌溉用水量、林牧渔业用水量、人均（单位产值）综合用水量、工业用水重复利用率、灌溉水利用系数、地表水资源开发利用率、浅层地下水开采率、水资源利用消耗率等，在此资料基础上进行水资源现状调查评价。水资源开发利用现状分析的主要内容包括以下方面。

（一）水资源开发利用现状调查分析

水资源开发利用现状调查分析的内容包括：对各分区水资源的供、用、排、耗的调查分析与评价；各分区供水水源与结构及其变化趋势；生活、生产、生态用水的结构及变化趋势；各类供水水量与水质的变化情况；与水资源开发利用相关的社会经济发展状况、演变趋势及其对水资源利用的影响等。

（二）现状水污染及供水水质评价

调查分析现状废污水及污染物排放状况和入河排污量与污染负荷的结构与质量；对各水功能分区主要河段和供水水源地的现状水质状况进行调查分析和评价；对各类供水的水质状况进行分析与评价。

（三）水资源开发利用现状综合评价

对现状条件下水资源的开发利用程度、开发类型与利用模式、用水水平、用水效率、水质及生态环境状况、水资源开发利用中存在的问题等进行综合评价，综合分析水资源开发利用与社会经济可持续发展之间的协调程度。

（四）分析的一般内容及顺序

（1）供水工程及供水能力：①供水工程；②供水能力；③人均供水能力。

（2）供水量及其变化：①供水量及其增长；②供水水源的组成；③水资源利用程度。

（3）用水量及其增长：①用水增长情况；②用水结构（生活用水、农业用水、工业用水、建筑业用水、生态环境用水）；③用水效率。

（4）水质状况：①污水源及污水排放量；②水质污染状况。

（5）水资源现状存在问题。

三、供需平衡分析及供需矛盾

城市水资源供需平衡分析主要进行不同发展阶段和发展深度的分析，内容有：①现状的供需分析；②不同发展阶段（不同水平年）的供需分析；③不同发展阶段的一次供需分析；④不同发展阶段的二次、三次供需分析。

水资源供需分析应在多次供需反馈和协调平衡的基础上进行。一般进行2～3次平衡分析，一次平衡分析是考虑人口的自然增长、经济的发展、城市化程度和人民生活水平的提高，按供水预测的“零方案”，在现状水资源开发利用格局和发挥现有供水工程潜力情况下的水资源供需分析；若一次平衡有缺口，则在此基础上进一步强化节水、污水治理与回用、挖潜等工程措施，以及水价合理提高、产业结构调整、合理抑制需求和改善生态环境等措施的基础上进行水资源供需二次平衡分析；若二次平衡仍有较大缺口，应进一步加大调整经济布局和产业结构及节水的力度，可跨流域调水的，考虑增加外流域调水，进行三次供需平衡分析。

(一)现状年供需平衡分析

现状年供需分析是在现状供用水的基础上,扣除现状供水中不合理开发的水量,对不同水源的供水量以及用水部门一次、二次用水分析,并按不同频率的来水和需水进行供需分析,评价现状条件下的余缺水量,重点是分析缺水量的大小及时空和时段分布、缺水程度、缺水性质和原因等,并对缺水造成的社会经济和环境影响进行分析及评价,进一步摸清现状水资源开发利用存在的主要问题,为规划水平年供需分析提供基础信息。

(二)规划水平年供需平衡分析

规划水平年供需分析应以现状年供需分析和不同水平年供水预测、需水预测为基础,按节约用水和水资源优化配置的原则,分别对不同水平年和不同保证率相对应的水资源进行合理调配及供需水量的平衡计算。

根据具体条件和措施,拟定不同水平年的规划方案,各水平年供需分析一般设置两个以上的方案。起始方案和推荐方案是必做的,可根据需要再设置一个或多个中间比较方案。以起始方案为基础,根据缺水情况的分析,逐步加大投入,逐次增加边际成本最小的供水与节水措施,组合成多种不同的比较方案。对各方案进行平衡分析计算,综合分析用户对水量、水质要求的满足程度及供水的保证程度,进行相应的投入效益分析,在对不同方案比选的基础上,最终选择预期的投入控制在合理可行的范围内、供需基本平衡的方案作为推荐方案。

供需水平衡分析分为平水年和中等干旱年分析,或者根据不同来水频率 $P=50\%$、$P=75\%$、$P=95\%$ 进行分析计算。供需平衡分析成果表头形式如下:

某区(城市)水资源供需分析

(单位:亿 m^3)

水平年份	供水					需水						缺水量	缺水率(%)
	地表水	地下水	跨流域调水	其他	总供水	城市生活	农村生活	工业	农业	其他	总需水		
基准年													
规划水平年													

(三)供需矛盾

根据供需分析成果,分析供需之间的关系,供需是否达到平衡,供需之间是否存在矛盾,矛盾之所在,寻求矛盾的解决方法、措施及方案,为促进社会经济的发展寻求水资源的保障体系。

四、水资源紧缺程度评价指标

众所周之,目前我国水资源供需存在着很大的矛盾,随着人口数量增加、城市化率的提高、社会经济的发展,社会各部门对水资源的需求量在一定的时间内也将不断增加,水资源的紧缺程度也将不断上升。对于不同的地区而言,水资源的紧缺程度是不同的,而不同领域特别是生产领域单位水的用水效率具有很大的差别,但是水资源对于不同用水对象的意义和影响是不同的，例如，对于生活和生态的影响和意义不能简单地用一些数据来表达其用水产生的效率。因此，为了更好地寻求优先水资源的更大的、高效的用水效率，除了进行供需分析，还要对不同部门或行业的水资源紧缺程度进行评价，在此基础上分配供水方案，以便区分轻重缓急。影响水资源紧缺程度的因素是多方面的，但在一定时期内，可能会以某种因素或某几种因素起主要作用，在水资源紧缺程度评价分析中，可通过与水资源紧缺有关的指标进行分析、筛选，找出与之关系密切的主要指标，并进一步分析确定这些指标对水资源紧缺程度的影响。

（一）水资源紧缺程度

选取一些具有良好代表性、较强独立性、资料完整、便于量化、简化分析的指标作为评价指标，采用权重分析法，根据重要性给出每种指标一个权重，数值在 0 ~ 1，计算出各种用水行业的水资源紧缺的程度——指标综合隶属度，评判水资源的紧缺程度。根据评价指标综合隶属度 μ 的大小和水资源紧缺程度的四个等级（不紧缺（$\mu < 0.35$）、轻微紧缺（$0.35 \leqslant \mu < 0.5$）、紧缺（$0.5 \leqslant \mu < 0.65$）和严重紧缺（$\mu \geqslant 0.65$））划分标准判断其紧缺程度。

（二）水资源紧缺的原因分析

根据综合隶属度及每种指标隶属度的大小和变化幅度，分析寻求出对于水资源紧缺程度加剧的主要原因、主导因素，为水资源分配方案提供依据。

为保障城市的稳步发展、居民的正常生活用水，城市用水还需作特干旱年份的缺水情势分析、特殊干旱年基本要素分析（包括供水量分析、用水量分析和缺水情势分析），这些基本要素作为规划的一般性要求，应针对实际情况，对各类要素进行全面分析，提出缓解特殊干旱期缺水的工程和非工程应急措施与对策，并制定防御特殊干旱的预防性措施和应急对策。为增强城市供水的应急调配能力，要合理安排城市应急水源，推进城市双水源和多水源建设，加强供水系统之间的联网，制订城市供水应急预案。

第五节　水资源合理开发与配置

一、水资源合理开发与配置的概念

水资源合理配置是指在一个特定流域或区域内，以有效、公平和可持续利用的原则，对有限的、不同形式的水资源（包括地表水、地下水），通过工程措施与行政、法律、经济、技术等非工程措施在各用水户之间进行的科学分配。实际上，从广义的概念上讲，水资源合理配置就是研究如何利用好水资源，包括对水资源的开发、利用、保护与管理，使水资源的天然分布与社会生产力结构布局相互协调和相互适应，创造有利于水资源可持续发展的条件。

水资源数量和质量在时空分布上与社会经济的发展要求的分布不协调，为了使两者协调，使有限的水资源获得最大的效益，并使之得以永续利用而进行水资源的合理配置。其基本功能是既调整水资源的天然分布，使之与经济社会发展格局相适应，同时又要调整经济社会发展布局，使之与水资源的天然分布相适应。即在需求方面通过调整产业结构、建设节水型社会并调整生产力布局，抑制需水增长势头，以适应较为不利的水资源条件；

在供给方面则协调各项竞争性用水,加强管理,并通过工程措施改变水资源的天然时空分布来适应生产力布局,使两个方面相辅相成,以促进区域的可持续发展。

水资源合理配置工作除了涉及流域、区域规划中主要基本资料的收集整编,社会经济发展预测,流域、区域总体规划,水资源供需预测与评价,城乡生活、农业及工业供水规划,水污染防治规划,水资源保护规划,控制性枢纽的主要工程参数及建设次序的选择,环境影响评价、经济评价与综合分析,还涉及水资源管理中的取水许可制度、水费及水资源费制度、水管理模式与机构设置、水权市场、水资源配置系统的优化调度、控制性枢纽的多目标综合利用、水管理信息系统建设(包括防汛、水量与水质监测)等政策法规方面的内容。故水资源合理配置是一个复杂的决策问题。

二、水资源合理开发与配置的原则

(一)共享原则

水资源为国家所有,属于"公共资源",因此人人都有共享水资源的权利,各行各业都有共享水资源的权利,故共享是水资源配置的前提。

(二)优先原则

水法中规定,生活、生产经营、生态环境之间在享受使用水资源的权利时,各用户之间具有不同的优先权,即生活、生产经营、生态环境用水之间要协调,生活用水优先,在保障人民生活促进经济发展的同时维持和改善生态环境;开源与节流相结合,节流优先;地表水与地下水等各种水源的利用,地表水优先。优先是水资源配置的依据。

(三)协调原则

协调是水资源配置的核心,主要是指社会经济发展目标和生态环境保护目标与水资源条件之间的协调、近期和远期经济社会发展目标对水的需求之间的协调、流域内区域与流域及区域间水资源利用的协调、不同形式水源之间开发利用程度与生活和生产经营及生态环境用水之间的协调。

(四)系统性原则

流域、区域是由社会经济、水资源、生态环境等系统构成的一个复杂系统,故水资源的配置应从系统的角度出发,对地表水和地下水统一配置,对当地水和过境水统一配置,对原生性水资源和再生性水资源统一配置,对降水性水资源和径流性水资源统一配置。不仅要将水量平衡和水环境容量平衡联系起来,还要将流域水资源循环转化过程和国民经济用水的供、用、耗、排过程联系起来,用系统的原则来指导水资源合理配置。

(五)有效原则

水资源的有限性以及资源开发消耗资本性,决定水资源在社会经济行为中具有商品的属性,从投资是为了获得最大的经济效益的角度来看,水资源应分配在能产生更大的效益和回报的部门,对水资源的利用应以其利用效益作为经济部门核算成本的重要指标。但水资源具有特殊性,其对人民生活和生态环境的改善所带来的效益不能用简单的经济数值来表述的性质,使其具有很大的社会效益,故还应将其对社会生态环境的保护作用(或效益)作为整个社会健康发展的重要指标,使水资源利用达到物尽其用的目的。要考虑水资源分配使用的有效性,这种有效性不是单纯追求经济意义上的有效性,而是同时追求对环境的负面影响小的环境效益，以及能够提高社会人均收益的社会效益，是能够保证经济、环境和社会协调发展的综合利用效益。这需要在水资源合理配置问题中设置相应的经济目标、环境目标和社会发展目标，并考察目标之间的竞争性和协调发展程度，满足真正意义上的有效性原则。

（六）公平性原则

公平性原则以满足不同区域间和社会各阶层间的各方利益进行资源的合理分配为目标。它要求不同区域（上下游、左右岸）之间的协调发展，以及资源利用效益或发展效益在同一区域内社会各阶层中的公平分配。例如家庭生活用水的公平分配是对所有家庭而言的，无论其是否有购水能力，都有使用水的基本权利。

（七）可持续原则

可持续原则可以理解为代际间的资源分配公平性原则，它要求近期与远期之间、当代与后代之间对水资源的利用应协调发展、公平利用，而不是掠夺性地开采和利用，甚至破坏，即当代人对水资源的利用，不应使后一代人正常利用水资源的权利受到破坏。反映水资源利用在经过开发利用阶段、保护管理阶段和管理阶段后，步入的可持续利用阶段中最基本的原则。

三、水资源合理配置的一般方法

水资源配置同水资源供需分析一样，须在多次供需反馈并协调平衡的基础上，一般进行2～3次水资源供需分析。水资源三次供需平衡分析是水资源合理配置的一个重要方法。通过水资源三次供需平衡分析可以明晰区域水资源供需形势，以及各种配置措施在实践过程中的客观作用，寻找出实现区域水资源可持续利用的水资源配置方案。

（一）基于现状水资源供用水平的一次供需平衡分析

水资源一次供需平衡分析，就是区域现状供水能力与外延式增长的用水需求之间所进行的平衡分析。

在水资源需求方面，按基本满足国民经济发展和生态环境用水要求进行水需求计算。在国民经济发展的增量部分考虑区域产业结构调整，如工业需水考虑区域产业结构的自然调整和各部门经济量的相对变化，但各部门经济存量的用水效率仅在常规技术进步条件下有所改变，如先进技术设备、生产工艺所带来的节水效益所导致的经济增量的用水效率提高。灌溉用水考虑种植结构的调整、作物品种的变化、农业生产技术的进步，在上述因素的共同作用下，原有和新增农田灌溉面积的定额均有所下降。生活需水考虑人口增长、城市化率提高、居民生活水平提高、公共生活水平提高而引起生活用水定额增加，造成用水量的增加。

在水资源供给方面，在不考虑新增供水投资来增加供水量的前提下，以水资源可持续利用为指导思想，依据一系列原则来对现状实际供水量进行修正，在控制地下水超采，基本保持多年平均采补平衡的条件下确定地下水的可开采量；在考虑河道内生态环境需水条件下计算国民经济可供水量，从而得到基于现状供水能力的合理可供水量。

（二）基于当地水资源承载能力的二次供需平衡分析

水资源二次供需平衡分析的基本思路是：在水资源一次供需平衡分析的基础上，立足于当地水资源,在需求方面,通过采取各项节流措施压缩需求的增长速度,通过水价的调整和管理措施的增强来抑制需求的增长等;在供给方面,通过治污提高用水水质增加当地的可利用水量,通过当地水资源开源进一步挖掘区域内供水潜力等。增加供给和抑制需求双管齐下,尽可能较大幅度地降低一次平衡下的供需缺口,从而得到一个较小的二次平衡条件下的供需缺口。

(三)水资源三次供需平衡分析

水资源三次供需平衡分析,是在二次平衡分析的基础上,进一步考虑从区域外调水补充当地缺水后,将当地水与外调水作为一个整体进行合理配置后的平衡分析。只有对于特别重要城市来说,才会修建跨流域或区域调水工程,一般区域的水资源通常不进行这一步工作。

(四)确定水资源配置方案

无论是“以需定供”还是“以供定需”,都将水资源的需求和供给分离开来考虑,要么强调需求,要么强调供给,而忽视了与区域经济发展的动态协调。在当前市场经济条件下,应当充分利用水市场、水权并加强流域统一管理和政府管理力度,根据不同水平年水资源供需平衡分析结果,在水资源开发利用综合潜力分析的基础上,研究多目标系统的水资源合理配置方案,并通过不同配置方案的经济、技术和生态环境综合分析的比较,确定水资源配置方案。

四、水资源配置的手段及前沿理论

(一)配置手段

一般来说,水资源的配置主要有工程、行政、经济和科技等四种手段。

1. 工程手段

通过采取工程措施对水资源进行调蓄、输送和调配,达到合理配置的目的。时间调配工程包括水库、湖泊、塘坝、地下水等蓄水工程,用于调节水资源的时程分布;空间调配工程包括河渠、管道、泵站等输引提水、扬水和调水工程,用于改变水资源的地域分布;质量调配工程包括自来水厂、污水处理厂、海水淡化等水处理工程,用于调整水资源的质量。调配的方式主要有:地表、地下水联合运用;跨流域调水与当地水联合调度;蓄、引、提水多水源联合运用;污水资源化、洪水资源化、雨水利用、海水利用等多种水源相结合等。

2. 行政手段

利用法律约束机制和行政管理职能,直接通过行政措施进行水资源配置,调配生活、生产和生态用水,调节各用水单位的用水关系,实现水资源的统一优化管理调度。

3. 经济手段

按照社会主义市场经济要求,通过建立合理的水权分配和转让的经济管理模式,建立合理的水价形成机制,以及以保障市场运作的法律制度为基础的水管理机制,利用经济手段进行调节,利用市场加以配置,使水的利用方向从低效益的经济领域转向高效益的经济领域,水的利用模式从粗放型向节约型转变,提高水的利用效率。

4. 科技手段

通过建立水资源实时监控系统,及时准确地掌握各水源单元和用水单元的水信息,科学分析用水需求，加强需水管理，采用优化调度决策系统进行优化决策，提高调度系统的现代化水平，科学、有效、合理地进行水资源配置。

(二)水资源配置的前沿理论

1. 基于可持续发展的水资源配置理论

社会经济的不断发展，使得对水资源的需求量不断增加，而对水资源的盲目、掠夺式开发和利用则会危及人类赖以生存的生态环境，而生态环境的破坏，又反过来会阻碍社会经济的发展，最终危及人类的生存与发展。只有实现水资源合理开发和高效利用，积极恢复和修复被破坏的生态环境，人类才能保障自己的生存和可持续发展。我国新时期的治水方针，水资源开发利用和管理中出现的新问题与新情况，研究和指导水资源开发利用的理论、观点，正逐步向着基于可持续发展的水资源配置理论方向发展。

2. 多目标优化、多功能复杂系统配置理论

水资源配置系统为一规模庞大、结构复杂、功能综合、影响因素众多的大系统，必须考虑系统固有的特征：多目标、多属性、多层次、多阶段及多不确定性因素等。为此，水资源配置研究正朝着水资源复杂系统所要求的方向发展。根据国家新时期的治水方针，并综合考虑我国水资源开发利用及管理中出现的新问题与新情况，目前可以预见的发展方向是：以单纯追求一个目标最优的择优准则，正向由复杂事物固有的多目标优化满意准则转化；从单一整体、功能有限的模型结构形式，将发展为分散的、多层次的，而且又能协调和聚合的多功能模型系统；从“策略导向”的个人决策模式，正演化为“决策过程导向”的个人或群体决策模式等。

第六节　水资源优化开发利用的措施和对策

优化，就是采取一定措施使其变得优秀。优化是科学研究、工程技术和经济管理等领域的重要研究工具。它所研究的问题是在众多方案中寻找最优方案。如资源分配中，怎样分配有限的资源，使分配方案既能满足各方面要求，又能获得好的经济效益。优化问题是：寻找在满足约束条件的情况下能够使得目标函数最小化或者最大化的变量值。

众所周知，与各行各业的经济发展紧密相关的水资源短缺，在大多数地区水资源已经成为制约社会经济发展的重要因素，则在水资源开发利用中，如何分配水资源，使水资源既能满足各行业的发展需求，又能保证生态环境的健康，既能使人类获得最大的经济效益，又能使人类拥有良好的生活环境，这种方案的寻求或这项工作就是水资源的优化利用。水资源的优化利用是一项非常复杂的、艰巨的工作，也是水资源规划工作者努力的方向，是水资源规划、开发利用的目标。

水资源优化开发利用的措施与对策如下。

一、提高人们的忧患意识，形成新的健康的经济发展观

加强宣传，提高全社会的水资源忧患意识、节约意识和环境保护意识，逐步形成节约水资源和保护环境的生活方式、消费模式，引导全社会各界积极支持和参与生态健康循环的经济建设。

二、立足于全面节约用水，建成节水型社会

具体措施有：①通过加大宣传力度；②加快水利立法，健全水法体系，严格依法管水、用水；③加大节水技术和设备的研制、开发和推广力度；④对水资源实行按流域统一管理，强化用水许可证制度，严格计划用水；⑤利用价格杠杆作用调节水资源配置，实行超计划用水累计加价的办法，加收水费和水资源费；⑥调整产业结构，以水定项目，以水定发展，将我国建成节水型社会。

三、科学制定开发利用规划，推进经济结构的战略性调整，优化配置水资源

水资源开发利用具有明显的整体性特征。所谓整体性，是指以流域为单元，将流域内自然条件、生态系统、自然资源、自然环境与社会经济发展视为一个不可分割的整体，进行资源开发和社会经济的综合规划。兼顾流域水资源开发与相邻流域及整个国家的水资源开发、环境建设、社会经济发展的密切关系，寻求综合效益，而不是单个方面的利益。水资源开发利用是一项长期和艰巨的工程，必须从可持续发展的观点出发，全面规划、统筹兼顾、综合平衡，科学制定水资源的综合开发战略，分阶段实施。

加快经济结构的战略性调整，调整高投入、高消耗、高排放为主的粗放式增长的经济结构，采取低耗、高效、环保的经济发展结构，在各行业发展、采用节水技术的基础上，要积极发展用水少或不用水的产业，培育新的增长点，优化配置水资源，促进水资源效益的健康最大化。

四、采用水资源的优化调度

水资源优化调度是采用系统分析方法及最优化技术，研究有关水资源配置系统管理运用的各个方面，并选择满足既定目标和约束条件的最佳调度策略的方法。水资源优化调度是水资源开发利用过程中的具体实施阶段，其核心问题是水量调节。将位于某地区、具有某种水质、在一定时刻具有某种概率分布的天然径流，通过水工程调节承载指定地区、具有规定质量并在一定时刻具有一定保证率和破坏深度的供水量。这种调节通过水资源配置系统来完成。水资源优化调度就是充分利用天然径流的不同步性和各个水库库容特性的差异，最大限度地发挥水资源的综合利用效益。

五、健全水资源保护体系

水资源保护是指对水资源数量和质量的保护行为。水资源保护的目的是防治水污染和合理开发利用水资源。水资源开发利用会引起生态系统及环境的变化，水体受到污染或水量不足则会影响国民经济发展和人类健康。因此，必须采取行政、法律、经济和技术等综合手段，对水资源进行积极保护和科学管理。

水资源保护的基本对策与方法：①利用水污染防治法、环境保护法法律措施，开发利用和保护水资源；②建立健全有效的水体污染管理体系，对污染源排放的污染物进行有效的监督、监测与限制，制定区域水环境质量标准和水污染排放标准，严格审批排污口的设置，建立水质监测站网，制定和审批水资源保护法规等；③实行排污收费、超标排放加价收

费或罚款，对造成水体污染事故的责任者给予经济处罚的经济措施；④通过各种科学技术手段来保护水资源。

第七节 供需平衡分析实例

一、基本资料

(一)社会经济

某市区设有7个行政区，市辖12个行政县(市)。据2000年统计，总人口941.3万人。其中，市区人口为348.1万人，占全市人口的37%；12个县(市)人口为593.2万人。该市地域辽阔，资源丰富，全市耕地面积133.9万hm^2，占辖区国土面积的25.2%；园地1.31万hm^2，占0.2%；林地261.17万hm^2，占49.2%；草地7.89万hm^2，占1.5%；居民点和工矿用地20.17万hm^2，占3.8%；交通用地7.28万hm^2，占1.4%；水域29.62万hm^2，占5.6%；荒地及其他未利用土地69.33万hm^2，占13.1%。

(二)水资源特点

多年平均降水量为619.7 mm，全市多年平均降水总量为328.86亿m^3，根据水文部门的资料，全地区多年平均降水量465~706 mm。山区最多，为686.6~705.7 mm，北部降水较多地区多年平均降水量在750 mm以上，市区是本市降水较少的地区，年降水量464.8~517 mm。

全市境内有流域面积大于4 km^2的河流186条。河长在300 km以上的某流域主要一级支流5条，此外还有多条较大的河流，多年平均径流量为389.39亿m^3。

二、水资源开发利用现状

(一)调查分析计算

现状水资源利用情况见表4-1，供水工程及供水能力见表4-2。

表4-1 现状年实际用水 (单位：亿m^3)

(县)市	生活用水	工业用水	灌溉用水	农村生活	农牧渔	火电用水	总计
市区	2.00	1.32	0.92	0.12	0.39	0.10	4.85
县1	0.06	0.07	1.67	0.10	0.31		2.21
县2	0.14	0.10	2.53	0.03	0.23		3.03
县3	0.06	0.15	1.11	0.06	0.31	0.16	1.85
县4	0.08	0.08	11.36	0.22	0.40		12.14
县5	0.03	0.03	2.06	0.09	0.12		2.43
县6	0.12	0.16	2.37	0.12	0.30	0.00	3.07
县7	0.03	0.03	2.51	0.03	0.18	0.00	2.78
县8	0.04	0.05	1.16	0.09	0.07		1.41
县9	0.02	0.03	1.99	0.02	0.03		2.09
县10	0.02	0.06	1.33	0.05	0.16		1.62
县11	0.03	0.09	2.36	0.02	1.01	0.00	3.51
县12	0.02	0.03	1.84	0.06	0.12		2.07
合计	2.65	2.20	33.21	1.01	3.73	0.26	43.06

表 4-2　现状年各行政分区实际供水量　　（单位：亿 m³）

县（市）	地表水供水					地下水供水				总计
	蓄水工程	引水工程	提水工程	其他工程	小计	自备井	机电井	其他	小计	
市区	0.04	0.10	3.37		3.51	0.75	0.32	0.51	1.58	5.09
县 1	0.22	0.50	0.22		0.94	0.03	1.31		1.34	2.28
县 2	0.32	1.72	0.43	0.24	2.71	0.25	0.12	0.09	0.46	3.17
县 3	0.21		0.32	0.11	0.64	0.14	1.08		1.22	1.86
县 4	3.17	4.26	0.74	1.92	10.09	0.08	1.90	0.10	2.08	12.17
县 5	0.78	0.97	0.14	0.01	1.90	0.04	0.57		0.61	2.51
县 6	0.18	2.00	0.44		2.62	0.40	0.72	0.02	1.14	3.76
县 7	1.19	0.54	0.37		2.10	0.02	0.92		0.94	3.04
县 8	0.38	0.20	0.09		0.67	0.36	0.38		0.74	1.41
县 9	0.63	0.43	0.50		1.56	0.05	0.50		0.55	2.11
县 10	0.38	0.20	0.16	0.12	0.86	0.04	0.14	0.62	0.80	1.66
县 11	0.19	2.00	0.08		2.27		1.30		1.30	3.57
县 12	0.71	0.60	0.02	0.10	1.43	0.32	0.38		0.70	2.13
合计	8.40	13.52	6.88	2.50	31.30	2.48	9.64	1.34	13.46	44.76

（二）开发利用存在问题

存在问题如下：①地下水超采，漏斗扩大；②污染严重；③水资源浪费严重；④城镇供水管网漏损严重，严重的高达 50%；⑤生态用水被挤占；⑥工程老化，缺乏大型控制工程。

三、在现状供水能力基础上的第一次供需平衡分析

（一）需水预测

社会经济发展态势预测根据以前社会经济发展速度和城市建设规划，预测不同规划水平年的城镇化率的数值，预测在不同水平年的城镇化率和人口、工业产值等社会经济发展指标；根据现状和农业局、水利局对当地的建设规划预测灌溉面积等，预测生活需水、工业需水、农业需水等，计算总需水量，见表 4-3。

表 4-3　规划水平年总需水预测　　（单位：亿 m³）

县（市）	2005 年	2010 年	2030 年
市区	10.47	16.42	73.79
县 1	3.32	4.17	6.00
县 2	3.34	3.66	5.77
县 3	3.04	3.78	8.08
县 4	14.57	15.30	17.14
县 5	3.03	3.91	5.12
县 6	4.45	5.24	10.89
县 7	3.01	3.26	4.21
县 8	1.79	2.04	3.52
县 9	2.97	3.17	3.91
县 10	1.79	2.11	3.86
县 11	4.64	5.39	6.25
县 12	2.76	2.92	3.79
合计	59.18	71.37	152.33

（二）现状年可供水量

不考虑外调水和污水回用等水源，仅仅考虑现状工程情况下可以使用的地表水和地下水供水量，结果略。

（三）第一次供需平衡分析

现状供水能力为基础的第一次供需平衡分析，把供水能力和需水计算结果放在一个表里进行对比分析，分析供需差距，找出问题所在，为二次平衡打下基础。第一次供需平衡分析见表4-4。

表4-4 规划水平年供需平衡分析 （单位：亿 m^3）

县（市）	可供水量	需水量			缺水量		
		2005年	2010年	2030年	2005年	2010年	2030年
市区	5.09	10.75	16.42	73.79	-5.66	-11.33	-68.70
县1	2.28	3.32	4.17	6.00	-1.04	-1.89	-3.27
县2	3.16	3.34	3.66	5.77	-0.18	-0.50	-2.61
县3	1.87	3.04	3.78	8.08	-1.17	-1.91	-6.21
县4	12.17	14.57	15.30	17.14	-2.40	-3.13	-4.97
县5	2.51	3.03	3.91	5.12	-0.52	-1.40	-2.61
县6	3.76	4.45	5.24	10.89	-0.69	-1.48	-7.13
县7	3.04	3.01	3.26	4.21	0.03	-0.22	-1.17
县8	1.41	1.79	2.04	3.52	-0.38	-0.63	-2.11
县9	2.11	2.97	3.17	3.91	-0.86	-1.06	-1.80
县10	1.66	1.79	2.11	3.86	-0.13	-0.45	-2.20
县11	3.56	4.64	5.39	6.25	-1.08	-1.83	-2.69
县12	2.13	2.76	2.92	3.79	-0.63	-0.79	-1.66
合计	44.75	59.46	71.37	152.33	-14.71	-26.62	-107.13

四、基于当地水资源承载力的供需第二次平衡分析

（一）考虑节水对降低需水影响下各行业需水预测

（1）生活节水预测。对不同规划水平年进行供水自来水管网改造和节水器具的普及率给一数据，在考虑随着人们生活水平提高而要求的生活用水定额，以及节水意识和习惯及技术支持下，确定不同水平年的生活用水定额，确定不同规划水平年的生活需水预测值。

（2）工业节水预测。通过改造耗水大户，促进耗水大户的节水；改进工艺，提高水的利用率；建设一水多用的设施，提高水的重复利用率；改进输水管网，加强用水管理，减小损失率；引进新的生产技术和先进的节水工艺。通过这些措施，降低万元产值需水量，提

高水的重复利用率和利用效率，建立节水型企业。新建工业应是节水型的，万元产值用水量应低于同期水平。

通过工业节水措施，工业用水的有效利用率提高了，工业用水的充分利用率提高了，万元产值用水量降低了。确定不同规划水平年的工业节水量，进行工业需水预测。

(3)农业节水预测。采取工程、农业和管理综合节水措施后，所减少的农田净消耗量(包括灌溉过程中的无效蒸腾蒸发量以及无效流失量)为节水量。由于对新增的有效灌溉面积必须按三项综合措施实现节水灌溉，其增加节水量可视为零，本规划仅计算现有灌溉面积上的存量节水量。

总之，在考虑各行各业实施节水措施后，计算出不同水平年的需水预测数据见表4-5。

表4-5 各个县(市、区)需水预测总量 (单位：亿 m^3)

县(市)	2005年	2010年	2030年
市区	8.84	10.64	19.73
县1	2.26	2.91	3.08
县2	3.04	2.97	3.17
县3	2.11	1.98	2.36
县4	12.06	11.44	10.46
县5	2.66	2.71	2.66
县6	3.53	3.52	4.19
县7	2.85	2.89	2.91
县8	1.41	1.30	1.46
县9	2.82	2.80	2.71
县10	1.06	1.55	1.86
县11	3.73	4.00	3.46
县12	2.49	2.39	2.38
合计	48.86	51.10	60.43

(二)考虑开发新工程与污水回用

在考虑开发新工程与污水回用基础上计算各规划水平年的供水量，见表4-6。

表4-6 全市规划水平年供水预测 (单位：亿 m^3)

水平年	地表水供水					地下水供水				污水回用	总计
	蓄水工程	引水工程	提水工程	其他工程	小计	自备井	机电井	其他	小计		
2005	9.39	16.45	6.94	2.43	35.21	2.71	11.13	0.87	14.71	1.65	51.57
2010	11.19	16.74	7.19	2.92	38.04	2.95	11.52	0.95	15.42	3.96	57.42
2030	13.04	17.73	7.60	4.01	42.38	3.87	11.68	1.15	16.70	6.85	65.93

(三)第二次供需平衡分析

把不同水平年的需水预测和供水量结果对比分析，见表4-7。由结果寻找差距和解决方法。

表 4-7 第二次供需平衡余缺水量情况 (单位:亿 m³)

县(市)	2005 年			2010 年			2030 年		
	需水	供水	余缺水	需水	供水	余缺水	需水	供水	余缺水
市区	8.84	6.44	-2.4	10.64	9.29	-1.35	19.43	13.12	-6.31
县 1	2.62	4.37	1.75	2.91	4.51	1.6	3.08	4.81	1.73
县 2	3.04	3.41	0.37	2.97	3.41	0.44	3.17	3.41	0.24
县 3	2.11	2.24	0.13	1.82	2.39	0.57	2.17	2.67	0.50
县 4	12.06	12.19	0.13	11.44	12.2	0.76	10.46	12.61	2.15
县 5	2.66	2.52	-0.14	2.71	3.16	0.45	2.66	3.82	1.16
县 6	3.53	4.14	0.61	3.52	4.24	0.72	4.18	5.01	0.83
县 7	2.85	2.88	0.03	2.89	2.97	0.08	2.91	3.03	0.12
县 8	1.41	2.13	0.72	1.3	2.19	0.89	1.46	2.95	1.49
县 9	2.82	2.38	-0.44	2.8	3.2	0.4	2.71	3.2	0.49
县 10	1.6	1.65	0.05	1.55	1.76	0.21	1.86	1.88	0.02
县 11	3.73	4.23	0.5	3.99	4.51	0.52	3.46	5.45	1.99
县 12	2.49	3	0.51	2.39	3.59	1.2	2.38	3.95	1.57

对于二次平衡缺水的问题可以考虑经济结构调整和外调水等进行三次平衡分析,本处略。

小 结

供水量指各种水源工程在不同来水条件下,可能为各部门提供使用的包括输水损失在内的毛供水量,依各部门用水需求的不同、各行业的用水效率不同而不同;因各行业经济发展格局、发展规划不同而不同,但作为生产的原材料或生产介质的水的供给已经成为影响经济社会各行业或方面的主要因素。要在水资源供给和需求的各方之间寻求经济社会的发展平衡点,寻求生活、生产和生态和谐发展的平衡点,促使水资源的供水量的合理计算、需水量的合理预测、供需平衡的准确分析以及水资源的合理和优化配置成为当前水资源规划工作的重点,是有限的水资源高效利用和健康利用的基础。要掌握一般水资源供水量和需水量的合理计算预测与配置的方法步骤,解决社会经济发展所面临的艰巨任务。

复习思考题

4-1 简述供水量、供水能力的概念,影响供水量的因素有哪些?

4-2　简述需水量的概念,影响需水量的因素有哪些?

4-3　供水、需水量预测的应遵循的原则是什么?

4-4　什么是水资源的供需平衡分析?简述供需平衡分析一般依据的程序。

4-5　简述水资源合理配置的概念,合理配置一般依据的原则有哪些?

4-6　水资源合理配置的一般方法及模式是什么?

4-7　水资源合理开发利用的措施和对策有哪些?

4-8　水资源供需平衡分析前期需要做哪些工作?

第五章　城市水资源规划基本原理和方法

学习目标与要求

通过学习，要求掌握水资源规划的基本概念、水资源规划的原则、依据和目标，水资源规划的常用方法，城市水资源规划中运用可持续概念的意义和一般方法；熟悉水资源规划的一般内容；了解水资源规划的相关法规。

第一节　概　述

一、水资源规划的基本概念

水资源规划是根据国民经济和社会发展规划以及规划范围内社会经济状况、自然环境、资源条件、历史情况、现状特点，结合有关地区、行业的要求，提出一定时期内开发、利用、节约、保护水资源和防治水害的方针、任务、对策、实施步骤和管理措施。它是以水资源利用、调配为对象，在一定区域内为开发水资源、防治水患、保护生态环境、提高水资源综合利用效益而制订的总体措施计划与安排。

其基本任务是：评价区域内水资源开发利用的现状，分析区域条件和特点，探索水资源开发利用与宏观经济活动间的相互关系，并根据国家建设的方针政策和规定的规划目标，拟定区域在一定时期内开发利用和保护水资源的方针、任务、对策、措施，并提出主要工程布局、实施步骤和对区域水资源的管理意见等。

根据《水法》第十四条的规定，水资源规划体系由三类规划组成：一是全国水资源战略规划；二是流域规划，包括流域综合规划和流域专业规划；三是区域规划，包括区域综合规划和区域专业规划。

全国水资源战略规划是统筹研究全国范围内开发、利用、节约、保护水资源和防治水害的总体安排而进行的全面规划。

流域综合规划是统筹研究某一流域范围内开发、利用、节约、保护水资源和防治水害的总体安排而进行的全面规划。区域综合规划是根据流域综合规划的总体安排，就某一区域开发、利用、节约、保护水资源和防治水害而进行的详细规划。

专业规划是在一定的流域或区域内，就某一方面任务而进行的单项规划，包括防洪、治涝、灌溉、航运、供水、水力发电、竹木流放、渔业水资源保护、水土保持、防沙治沙、节约用水等规划。

这些规划体系之间不是相互独立或分立的，而是具有一定的关系，规划体系间的相互关系为：三类规划是根据规划范围的不同而划分的，从全国到流域再到特定区域，故全国水资源战略规划对流域和区域规划起指导与总领作用，流域规划和区域规划应服从全国水资源战略规划，不能和全国水资源规划相悖。

《水法》第十五条明确规定："流域范围内的区域规划应当服从流域规划，专业规划应当服从综合规划。"这说明流域规划相对于区域规划而言占主导地位。我国现行的水资源开发利用和管理是以流域为主要管理机构，而水具有以流域为单元的整体特性。开发、利用、节约、保护水资源和防治水害的活动必须以流域为单元进行总体安排和部署，则区域规划应当服从流域规划。

综合规划是根据经济社会可持续发展的需要和水资源开发利用现状，按照统筹兼顾、标本兼治、综合利用、讲究效益、兴利除害相结合的原则，协调生活、生产、生态用水，发挥水资源的多种功能，综合考虑社会、经济、环境等多方面的要求，从全局、整体、方方面面的角度提出本流域或区域开发、利用、节约、保护水资源和防治水害的方针、目标及任务，选定开发、利用、节约、保护水资源和防治水害的总体方案及主要工程布局与实施步骤。

综合规划的编制，是在综合考虑并正确处理和协调好水利建设与国土整治的关系，整体利益与局部利益的关系，上下游、左右岸、城市与农村、各地区、各部门之间的关系，各行业用水的关系，需要与可能、近期与远景的关系等，制订出的开发、利用、节约、保护水资源和防治水害的总体方案及主要工程布局与实施步骤。故专业规划应当在流域或区域的综合规划指导下编制，并且服从流域或区域的综合规划。

二、水资源规划的原则和指导思想

（一）指导思想

水资源规划是为适应社会和经济发展的需要而制定的对水资源的开发利用和保护工作进行全面安排的文件。其作用是协调好各用水部门、各地区间的用水要求，使有限的可用水资源能在不同用户和地区间合理分配，以达到社会、经济效益和环境效益的优化组合，充分估计规划中拟定的对水资源开发利用活动可能引发的对环境和生态的不利影响，并提出对策，以达到可持续开发利用水资源的目的。

在制定水资源规划工作中，应当坚持按自然规律办事，处理好人与自然、人与水、水与环境和生态、水与社会发展的关系。在水资源规划中要处理好以下六个平衡关系：

（1）水量平衡——供需水量平衡、社会经济发展用水与环境和生态用水的平衡、行业间用水水量平衡。

（2）水沙平衡——在多沙河流上要注意河道外引用水和河道冲沙用水的关系，保持河道的水沙平衡。

（3）水土平衡——水资源规划地域水土资源的匹配的水土平衡。

（4）水盐平衡——坚持地表水、地下水联合运用，加强水盐联调，合理灌排，防止盐分在流域中不断积累，达到水盐平衡。

（5）水污染与治理相平衡——因废污水排放量随着水资源的开发利用和供水能力增加而增加，水资源规划中应考虑水污染的治理并和供水工程同步实施，增强对污水的处理能力，使水污染与治理相平衡。

（6）水投资来源与分配的平衡——水投资在水资源的开发、利用、治理、保护、节水等各方面的建设投资和运行管理费用间的分配与总投资间的平衡关系。使水资源规划实施后供水量的人均用水量、单位耕地面积用水量、单位国内生产总值用水量能达到较先进的水平。

水资源规划涉及社会经济、资源环境等各个方面，关系到国计民生、社会安定团结、社会经济的发展、资源的高效利用、环境改善和保护，它是一项战略性任务。在制定水资源规划时，应尽可能满足各方面的需水，尽可能充分考虑社会经济发展、水资源有效利用与生态环境保护的协调，获取最满意的社会、经济和环境边际效益。

（二）水资源规划时应遵循的原则

1. 遵循社会主义市场经济规律，依法科学治水原则

水资源规划是对未来水利开发利用的一个指导性文件，应该贯彻执行如我国水法、水土保持法、水污染防治法、环境保护法以及江河流域规划编制规范等有关法律、规范。

规划要适应社会主义市场经济的要求，发挥政府宏观调控和市场机制的作用，认真研究水资源管理的体制、机制、法制和水权、水价、水市场问题。应用先进的科学技术、信息技术和手段，现代化的技术手段、技术方法和规划思想，科学制定有关水资源开发、利用、配置、节约、保护、治理的经济政策、法规与制度，制定出具有高科技水平的水资源综合规划。

2. 全面规划和统筹兼顾的原则

由于水资源涉及生活、生产经营、生态等各个方面，而水资源规划是天然资源在各行业、领域内的人为分配，规划时应统筹兼顾、全面规划。从整体的高度、全局的观点，根据经济社会发展需要和水资源开发利用现状，坚持开源、节流、治污并重，除害与兴利结合，妥善处理上下游、左右岸、干支流、城市与农村、流域与区域、开发与保护、建设与管理、近期与远期等关系，统筹兼顾某些局部要求，对水资源的开发、利用、治理、配置、节约、保护、管理等作出总体安排。

3. 协调发展的原则

为保障水资源的长久使用，水资源开发利用要与经济社会发展的目标、规模、水平和速度相适应。经济社会发展、生态环境保护目标要与水资源承载能力相适应，城市发展、生产力布局、产业结构调整以及生态环境建设要充分考虑水资源条件。规划时应协调好人与自然、环境和生态、人与水、水与社会发展、当代人与后代人的关系，使经济发展需要和资源供给能力相互协调，形成一个资源和经济发展和谐共进的局面。

4. 可持续利用原则

水资源的可持续利用是经济社会长久发展的保障，是维护子孙后代用水权利的体现，在水资源规划时应统筹协调生活、生产和生态环境用水，合理配置地表水与地下水、当地水与外流域调水、多种水源供水。在重视水资源开发利用的同时强化水资源的节约与保护，在保护中开发，在开发中保护。以提高用水效率为核心，把节约用水放在首位，积极防治水污染，实现水资源的可持续利用。

5. 因时、因地制宜与突出重点相结合原则

因社会、经济和科学技术不断向前发展进步，而水资源受人类活动的影响，供给量是一个动态的资源。水资源规划时，根据各地水源状况和社会经济条件，充分考虑需水的增长及国家和地方财力状况，尽可能照顾出现的各种新情况，因时、因地选择合理可行的开发方案，确定适合本地实际的满足不同时间、不同地点对水资源规划需要的水资源开发利

用与保护模式及对策,同时又要突出重点,界定各类用水的优先次序,明确水资源开发、利用、治理、配置、节约、保护的重点。

三、水资源规划的依据

水资源规划涉及水文学、水资源学、社会学、经济学、环境学、管理学以及水利工程经济学等多门科学,涉及国家或地区范围内一切与水有关的行政部门。因此,水资源规划方案既要科学、合理,又能被各级政府、水管部门和一般水使用者所接受,这就要求水资源在规划时除了要遵循上述原则,还要依据有关的法律、法规文件,行政经济社会纲领及其他部门的相关规划,科学技术发展水平。

(1)国家法律法规:《中华人民共和国水法》,《中华人民共和国水污染防治法》,《中华人民共和国水土保持法》,《中华人民共和国环境保护法》,《中华人民共和国河道管理条例》。

(2)技术规范与标准:《江河流域规划编制规范》,《水利工程水利计算规范》,《节水灌溉技术规范》,《水环境监测规范》,《农田排水工程技术规范》,《城市供水水文地质勘察规范》,《地面(表)水环境质量标准》等。

(3)规划技术细则:《全国水资源综合规划大纲》,《全国水资源综合规划细则》,《中华人民共和国行业标准水资源评价导则》,各流域水资源综合规划及保护细则。

另外还应该依据:现有水利工程情况及未来水利建设规划,社会经济发展现状及政府或地方各部门的不同时期的发展规划,节水措施的普及范围与实行深度、节水水平的高低,水文气象等基础资料等。

四、水资源规划的目标

水资源是社会经济发展的主要资源之一,特别是对于用水集中且用水保证率和水质要求都较高的城市地区。当前水资源的供给与社会经济发展之间、各用水部门之间关于水资源的分配量有很大的矛盾,已经成为越来越多的流域、区域所面临的主要问题,为了缓解和减少矛盾,实现人与环境、环境与社会经济的和谐发展,要求对水资源的现状进行合理正确的评价,对于未来可能的水资源量供给进行合理的分配和调度,既能支持社会经济发展,又能改善自然生态环境,通过水资源利用规划,以做到有计划地合理开发利用和保护水资源,优化水资源配置,寻求水资源利用的最大化,促进城市区域健康持续发展,达到水资源开发、社会经济发展及自然生态环境保护相互协调,社会经济发展与生态环境和谐发展是水资源规划的主要目标。

第二节　水资源规划的常用理论和方法

一、水资源规划原理

在水资源规划时主要依据平衡的原理——水生态平衡、水量平衡,采用系统分析方法,兼顾社会、经济、资源、环境综合效益,可持续发展的理念,来规划水资源,实现水资源的高效可持续利用、社会环境的和谐发展。

(1)水生态平衡。绿洲生态是西北内陆地区人类社会赖以生存与发展的基础。水是绿洲生态的保障,绿洲生态需水是总需水中不可或缺的组成部分之一。天然生态系统的耗水必须纳入水资源合理配置研究的范畴之内,同时为维系生态系统用水的消耗,应保持生态需水的平衡关系。

(2)水量平衡,包括供需水量平衡、社会经济发展用水与环境和生态用水的平衡、行业间用水水量平衡。

二、水资源常用规划方法

水资源规划的步骤大体是相同的,仅因规划范围不同、区域不同、行业分布不同等而略有差异,本书在此主要介绍目前水资源规划通用的步骤或工作流程。

(一)收集资料,水资源调查评价

水资源调查是通过区域普查、典型调查、临时测试、分析估算等途径,在短期内收集与水资源评价有关的基础资料的工作。它包括水文调查、水文地质调查、水质调查、耗用水调查等。

收集基础资料,是做好规划的前提和基础,是一项重要而繁重的工作。资料情况掌握得越详细、越具体、越全面,越有利于规划工作的顺利进行。

水资源规划需要收集的基础资料包括社会经济发展、水文气象、地质、地形地貌以及水资源开发利用等资料。资料的精度和详细程度要根据规划工作所采用的方法和规划目标要求而定。

在收集资料的同时或之后,要及时对资料进行归并、分类、可靠性检查以及资料的合理插补等整理。

(1)水资源系列的延长与评价。水资源评价是按流域或地区对水资源的数量、质量、时空分布特征和开发利用条件作出全面的分析估价,是水资源规划、开发、利用、保护和管理的基础工作,为国民经济和社会发展提供水决策依据。水资源评价是在用水量不断增长、水污染不断加重、水供需矛盾日益突出的背景条件下发展起来的。

按照统一的水资源分区,收集有关水文、泥沙、气象、水质、生态与环境等方面的基础资料,延长水文系列并进行系列代表性与合理性分析。在分析研究地表水与地下水相互换算关系以及气候和人类活动对水资源影响的基础上,对现状条件下水资源的数量与质量作出评价,包括水资源的数量及其时空分布规律、河湖天然水化学状况及水与现状水质状况等。

(2)水资源可利用量估算。在考虑生活环境用水的基础上,确定流域水资源开发利用程度控制指标,估算现状条件下的水资源可利用量及分布状况,并确定出河道内生态环境用水中利用一次性淡水资源的数量与比例。

(3)水资源演变情势分析。分析对水资源的形成和转化起主要作用的主要因素的未来变化趋势,并对未来水资源量和可利用量的可能性变化作出趋势分析与预测。

通过整理资料、分析资料,明确规划区内的问题和开发要求,选定规划目标,作为制订规划方案和措施的依据。

(二)水资源开发利用评价

水资源评价的内容包括规划区水文要素的规律研究和降水量、地表水资源量、地下水资源量以及水资源总量的计算,可利用水资源的水量和水质状况。合理的水资源评价,对正确了解规划区水资源系统状况、科学制订规划方案有十分重要的作用。

1.水资源开发利用现状调查分析

水资源开发利用评价内容包括:对各分区水资源的供、用、排、耗的调查分析与评价;对各分区供水水源与结构及其变化趋势,生活、生产经营、生态用水的结构及变化趋势,各类供水水量与水质的变化情况,与水资源开发利用相关的社会经济发展状况及其演变趋势,以及对水资源利用的影响等分析。

2.现状水污染及供水水质评价

水质评价是根据不同的用途,选定适当评价参数,按对应用途的质量标准和评价方法,对水资源的质量状况进行定性或定量的评定。水质评价的目的是了解水体的质量状况,为水资源开发、利用和保护提供依据。通常调查分析现状废污水及污染物排放状况、入河排污量与结构;对各水功能分区主要河段和供水水源地的现状水质状况及各类供水的水质状况进行调查分析与评价。

3.现状水资源供需平衡分析

针对不同类型水源的供水量以及用水部门一次、二次用水,评价现状条件下的余缺水量,重点是分析缺水量的大小及时空分布、缺水程度、缺水性质和原因及缺水造成的社会经济与环境影响等。

4.水资源开发利用现状综合评价

对现状条件下水资源的开发利用程度、开发类型与利用模式、用水水平、用水效率、水质及生态环境状况、水资源开发利用中存在的问题等进行综合评价,综合分析水资源开发利用与社会经济可持续发展之间的协调程度。

(三)水资源需求预测

1.经济社会发展对需水要求分析

根据各分区不同水平年国民经济发展目标、社会发展水平、城市化进程、生产力布局状况、各地水资源条件以及社会经济发展和生态环境保护对水资源的总体要求,分析研究各水平年经济社会发展指标及其对水资源的需求。

2.生活和生产需水预测

充分考虑各水平年产业合理布局与经济结构调整、水价调整、人口控制、城市化发展以及技术进步等因素对需水变化的影响,并提出各种有效抑制需求的措施,需水预测要与节水潜力分析成果相协调。

3.生态环境需水预测

为改善生态环境或维持生态环境质量不至于下降所需要的水量。常规情况可包括:河道内汛期冲沙水量、枯水期河道最低需水量,河道外生态环境需水量,维持一定水面积的河湖洼淀及湿地补水量,维持和恢复地下水相对平衡的补充水量,以及生态环境改善需要的河湖及绿地用水、旅游区景观用水等,可根据各地的实际情况确定生态环境最小需水量或合理需水量。

4. 节约用水规划

在水资源开发利用情况调查评价基础上，根据经济社会技术发展水平，对提高水资源利用效率的可能性进行分析，估算现状生活和生产用水水平在不同发展阶段的节水潜力。节水潜力的估算要进行产出分析和技术经济比较，分析水价对需求的抑制作用，分类提出合理的定额指标体系和用水水平控制指标。

5. 水资源保护与污水处理再利用规划

按照可持续发展的原则，对江河湖库的水域实行"功能分区、纳污能力核定、入河总量控制"，切实保护和改善水环境。要根据水资源利用和保护的要求进行水功能区划，确定排污总量控制目标与对策，编制流域和区域水资源保护规划。

制定污水处理再利用规划。在分析水污染现状和未来用水的基础上，估算污水处理再利用的潜力，建立污水处理与再利用量和投入需求的关系；对污水处理再利用的技术与方式进行研究，制定合理措施与规划。

6. 水资源开发潜力分析与供水预测

(1)现状工程供水潜力分析。进一步挖掘已建工程的供水潜力，包括地表水和地下水，当地水资源和跨地区、跨流域调水工程，通过除险加固、优化调度、配套挖潜等措施增加的供水潜力分析。

(2)水资源承载力分析与规划供水量计算。在节水与污水处理再利用基础上，根据各地水资源开发利用模式和水资源开发利用的潜力，考虑经济结构调整，分析水资源承载能力，预测不同水平开发利用模式下、不同开发利用方案条件下的水资源可提供利用的水量。

(3)其他水资源开发潜力分析。除了常规水源的供水潜力分析，还要进行非常规水源包括海水利用、雨水及洪水利用、微咸水利用等的供水潜力分析。通过技术经济比较，估算其潜力，确定利用措施与用途。

7. 水资源合理配置

(1)各规划水平年供需平衡分析。基于现状供水能力、用水水平、规划水平年的经济社会发展目标要求和水资源条件，拟定未来发展情势和水资源开发利用方向的可能方案及其组合，进行水资源的二次或三次动态供需平衡分析，并通过多方案分析比较，拟定控制未来发展需水的方案、综合供水方案和生态环境保护方案。

供需平衡分析原则上在考虑水资源的重复利用下采用长系列调节计算的方法，分析供水系统对满足生活、生产和生态需求量的程度，同现状供用水平衡分析一样，重点分析不同方案下的缺水量、缺水时空分布、缺水程度、缺水性质、缺水原因以及缺水影响等。

(2)水资源配置方案确定。根据不同水平年水资源供需平衡分析结果，在水资源开发利用综合潜力分析的基础上，研究水资源优化配置的宏观指标体系和水资源合理配置方案，并通过不同配置方案的经济、技术和生态环境综合分析的比较，协调开发利用与经济社会发展、生态环境保护间，地表水与地下水、内外水，常规水源与非常规水源间，时空间，生活、生产和生态需水间，供需间，用户间，工程措施和非工程措施间的关系，确定水资源配置方案。配置方案既要明确不同区域和部门水资源的最大可利用量，还要根据水资源的条件提出区域水资源开发利用的方向和重点，以及缺水地区产业布局和经济结构调整的建议等。

(3)特殊干旱情况应急对策制定。为社会经济的发展和社会安定,国计民生之大计,在分析流域水情势和流域水资源配置方案的基础上,还应研究连续干旱年和特殊干旱年的水资源应急调配方案。

8.水资源开发利用总体布局与实施方案制订

(1)确定水资源开发利用的总体布局。在对各类增供、减需、防污和保护措施及其组合方案分析比较的基础上,结合水资源合理配置研究中对各种组合方案的综合比较,评价规划措施对缓解流域及区域水资源短缺和改善水环境与生态的作用,确定各类地区水资源开发利用的方向与模式,确定各类措施实施的优先顺序和相互之间的配合关系以及水资源开发利用的总体布局。

(2)制订节水规划措施实施方案。

(3)制订水资源保护规划实施方案。

(4)制订需水、引水、提水、调水各类供水水源工程的实施方案及实施顺序。

(5)制订雨水、洪水利用、中水污水回用、海水利用和微咸水利用等其他水源的开发利用实施方案、开发利用模式与控制指标。

(6)制订各类水资源工程的建设和管理方案。

(7)制订规划实施方案的投资计划和资金筹措方案。

(8)评价各类规划工程的实施对经济社会发展及生态环境改善等的影响效果。

9.规划实施效果评价

综合评价规划实施对提高水资源承载能力和水环境承载能力所产生的效果,将产生的经济及社会效益和生态效益,对今后社会经济发展规模及布局提出合理化建议。

由于水资源系统的开发利用涉及社会、经济和生态环境等多方面,方案实施后,对国民经济、社会发展、生态环境保护均会产生不同程度的影响。可通过实施前后进行比较,对多方面、多指标进行综合分析,来确定可能产生哪些有利和不利的影响,要全面权衡利弊得失来确定方案的取舍。

规划编制过程中应注意:以创新的思路编制规划,加强与相关法规的衔接,加强规划中的协调。

第三节 水资源规划相关法规及应用示例

在水资源规划中以及兴建的水利工程项目应该遵循水法、环境保护法、防洪法等法律和流域、地方的有关规章制度。有关条款可以参阅这些有关法律条款,下面列举一些案例,通过案例熟悉水资源规划与开发利用需要遵循法律,依法办事,否则会受到惩罚。

【案例1】 河南省虞城县店集乡陈某,是某村党支部书记,兼村办窑场负责人。陈某负责的窑场大量取用地下水,但一直没有缴纳水资源费。

2005年3月,县水政监察人员依据《河南省〈水法〉实施办法》和《取水许可制度和水资源费征收管理办法》中的相关规定,向陈某所在的窑场下达了《缴纳水资源费通知书》。在规定期限内,陈某既没有向水政监察人员说明任何情况,也没有按通知要求缴纳水资源费。县水务局向陈某依法下达了《水行政处罚告知书》和《水行政处罚决定书》,要求他如数缴纳水资源费和滞纳金,并向其传达了可以申请复议和起诉的权利。但陈某既不起诉,也不复议,更不缴款。处罚决定到期后,县水务局申请县法院强制执行,于7月将陈某依法行政拘留。4天后,陈某将应缴水资源费全部补缴。事后,陈某深有感触地说:"这都是我不懂法造成的恶果啊!"

相关条款:《中华人民共和国水法》第七条:"国家对水资源依法实行取水许可制度和有偿使用制度"。第四十八条:"直接从江河、湖泊或者地下水取用水资源的单位和个人,应当按照国家取水许可制度和水资源有偿使用制度的规定,向水行政主管部门或者流域管理机构申请领取取水许可证,并缴纳水资源费,取得取水权"。第七十条:"拒不缴纳、拖延缴纳或者拖欠水资源费的,由县级以上人民政府水行政主管部门或者流域管理机构依据职权,责令限期缴纳;逾期不缴纳的,从滞纳之日起按日加收滞纳部分2‰的滞纳金,并处应缴或者补缴水资源费一倍以上五倍以下的罚款"。

【案例2】 2003年10月下旬,广东省揭阳市水利局接到丰顺县汤西镇南礤村群众的举报和龙颈水电厂的报告,称丰顺县某企业主在未经有关部门设计、审批、立项的情况下,在揭阳市管辖的龙颈水库范围内动工新建跨流域引水发电工程,单方面改变水的流向,严重损害了龙颈水库的合法权益。经揭阳市水利局调查,认为情况属实,丰顺县私营企业主在未经有关部门设计、审批、立项的情况下,在龙颈水库集雨范围的夜半溪水系,新建跨流域引水工程,工程计划挖引水隧洞1 800 m,将水引至北河流域汤西镇新建的南礤水电站发电。目前工程正在施工,已开挖引水隧洞230多米,水利局上报,请求广东省水利厅协助查处。

接到请示后,广东省水利厅水政监察总队对情况做了初步了解:揭阳市反映的在龙颈水库范围内动工新建的跨流域引水发电工程称南礤水电站。南礤水电站位于梅州市丰顺县境内,是一宗跨地区(揭阳市和梅州市两市)、跨流域引水灌溉发电工程。按水事纠纷分级管理的原则,应由省水利厅牵头调解、协商处理。

据了解,龙颈水库是20世纪60年代省设计建设的一宗以灌溉为主,结合防洪、发电等综合利用的大型水利工程。工程建成后,由揭阳市负责管理。水库分上下两库,上库集雨面积285 km^2,正常库容1.192 0亿m^3,下库集雨面积43 km^2,正常库容0.212 7亿m^3,两库联合调度,主要负责揭阳市区、揭西县、揭东县、普宁市、汕头市潮阳区及丰顺县等市县(区)3.14万hm^2农田的灌溉任务。

1970年为解决丰顺县汤西镇和附城镇近1 333 hm^2农田的灌溉问题,经省批准同意由丰顺县在龙颈水库集雨范围内引属于丰顺县八乡镇牛拦角、黄竹坪、夜半溪等三个水系约25 km^2集雨面积的水经渠道15.29 km到下游灌溉,并利用362 m的天然落差建南礤水电站,计划分三级装机1 925 kW发电(实际只装机两级1 600 kW)。

丰顺县水利局称其没有在龙颈水库集雨范围内新开渠道截取水源引水发电的计划,而只是有对旧引水渠道做部分改造的计划。理由是原引水渠道建于20世纪70年代,工程建设由人力开拓完成,标准低,经多年的运行已经破旧,且山区交通和维修都不方便,两级电站均已超年限运行,机械设备残旧,需要更新,因此丰顺县水利局计划对该工程进行全面改造,在改造过程中为了解决资金不足问题,实行部分招商引资。南礤水电站改造工程,计划将原上游牛栏角至夜半溪约5.4 km长的明渠保留,从夜半溪处重新挖一条1 450 m长的隧洞直接至下游新建电站的压力前池,改三级装机为一级装机2 400 kW。改造工程完成后,与原来工程比较,可减少明渠长度约10 km,利用渠道比降增加水头20 m,减少集雨面积19.4 km^2,电站水头增加至382 m,工程由丰顺县水利水电设计室负责设计。

南礤水电站改造工程,除了保留上游牛栏角至夜半溪约5.4 km长的明渠,从夜半溪处重新挖一条1450 m长的引水隧洞至下游新建电站的压力前池,改三级装机为一级装机2 400 kW,改造工程与原来工程比较,既减少明渠长度约10 km,利用渠道比降增加水头20 m,减少集雨面积19.4 km^2,又可以减少植被破坏,有利于保护生态环境,是一项优化工程。

依据水法,在龙颈水库集雨范围内截取水源,建跨流域引水发电工程,必须在依法论证、协商、办妥相关手续的前提下按基建程序设计、报建、审批和动工兴建,否则,违反水法规,会侵害龙颈水库管理部门的合法权益。

在调查了解、掌握情况的基础上,在丰顺县水利局组织召开了由梅州市、揭阳市水行政主管部门,丰顺县政府、县水行政主管部门,龙颈水库管理处等单位和人员参加的调解、协商处理会。会上,广东省水利厅对丰顺县在揭阳市管辖的龙颈水库集雨范围内改造跨流域引水工程,在未按水利工程建设程序报有关部门审批、立项的情况下就动工兴建的做法提出了批评,要求责令停工听候处理;对丰顺县南礤水电站改造工程的利弊作了详细分析后,对丰顺县是否继续改造建设南礤水电站提出调解处理意见:如南礤水电站改造工程仍要进行,必须按水电站基建程序要求,依法向有关部门办理报批手续,报批前必须征得揭阳市水行政主管部门意见,由揭阳市水行政主管部门出具同意性意见才能一起上报,要严格执行小水电开发建设有关程序,工程未办妥审批开工手续前不得复工。会上,双方对提出的处理意见表示支持,并签署了会议纪要。

结果:会后,按照会议纪要的要求,丰顺县重新聘请了有资质的设计部门编制了《南礤水电站改造工程设计说明书》,并按水电站基本建设程序规定报批。2004年底已完成了报建审批手续,工程复工兴建,双方对工程建设未再有异议。

相关法规:《中华人民共和国水法》第十九条:“建设水工程,必须符合流域综合规划。在国家确定的江河、湖泊和跨省、自治区、直辖市的江河、湖泊上建设水工程,其工程可行性研究报告报请批准前,有关流域管理机构应当对水工程的建设是否符合流域综合规划进行审查并签署意见;在其他江河、湖泊上建设水工程,其工程可行性研究报告报请批准前,县级以上地方人民政府水行政主管部门应当按照管理权限对水工程的建设是否符合流域综合规划进行审查并签署意见。水工程建设涉及防洪的,依照防洪法的有关规定执行;设计其他地区和行业的,建设单位应当事先征求有关地区和部门的意见”。第二十条:“开发、利用水资源,应当坚持兴利与除害相结合,兼顾上下游、左右岸和有关地区之间的利益,充分发挥水资源的综合效益,并服从防洪的总体安排”。第五十六条:“不同行政区域之间发生水事纠纷的,应当协商处理;协商不成的,由上一级人民政府裁决,有关各方必须遵照执行。在水事纠纷解决前,未经各方达成协议或者共同的上一级人民政府批准,在行政区域交界线两侧一定范围内,任何一方不得修建排水、阻水、取水和截(蓄)水工程,不得单方面改变水的现状”。

案例启示:南礤水电站改造工程引发的水事纠纷,暴露的问题带有普遍性,需引起足够的重视。

一是开发建设单位法制观念淡薄。为了使工程早日建设、早日完工、早日产生效益,不顾水电站基本建设程序,对新建、改建、扩建跨流域引水工程,不考虑可能损害公共利益和他人的合法权益,未进行科学论证并征得对方同意及按分级管理的要求上报审批,就盲目动工,这种既不协调论证,更不报建、审批立项就盲目动工的行为,往往是水事纠纷产生的直接原因。

二是水事纠纷发生后,发生水事纠纷的双方均存在偏见,缺少沟通。以南礤水电站为例,一方认为,在原来的地方改建电站,方案比原来优化,没有侵犯对方的权益,不需要跟对方打招呼;另一方则认为,对方的做法违反了规定,是违法行为,没有打招呼是不尊重己方的表现,不能让步。因此,没有及时沟通,共商解决矛盾的方法,采取简单的上交矛盾的方法。没有沟通,矛盾是无法化解的。

【案例3】 案情简介:2005 年 7 月 15 日,广州市水利局水政监察支队在巡查过程中发现,黄埔涌北岸新村桥西侧至赤岗涌交汇处的河堤被施工毁坏,破堤的长度为 300 m,高约 1.6 m,执法人员立即会同海珠区河涌所的有关人员来到案发所在地的黄埔涌北岸,进行勘验、拍照,并对当事人进行了详细的询问。据了解,该工程的业主单位是广州市市政园林局,其施工单位为市政维修处。广州市污水处理公司是事业单位,是市政园林局的派出机构,代理业主,具体负责工程建设实施。该工程项目的全称为广州市沥窖污水处理系统工程 · 黄埔涌北岸截污工程(第一期),该工程于 2005 年 7 月 12 日下午开始动工,并将于同年 7 月 18 日完工;工程的总长度约为 300 m,而破堤重修段长度亦为 300 m;工程施工的主要目的是黄埔涌的河涌景观综合整治,是市政府的工程项目之一;工程的综合整治包括截污、清淤、堤岸、绿化等四项工程,工程选地是公司内选定的;工程的施工方案于 7 月 12 日已报市水利局, 7 月 14 日已报海珠区水利局,但到现在未批准;由于该工程紧急,因此未获批准就施工了。

经过执法人员的调查取证,认定事实如下:广州市污水处理公司未经批准侵占、毁坏黄埔涌新港中段的水利工程及堤防护岸等有关设施,已违反了《中华人民共和国防洪法》第三十七条和《广东省河道堤防管理条例》第六条的规定。根据《中华人民共和国防洪法》第六十一条的规定,处罚如下:①责令停止违法行为;②罚款 5 万元整;③限期采取补救措施,于 2005 年 8 月 5 日前,携带相关资料到市水利局补办有关报批手续。

查处结果:2005 年 8 月 31 日,广州市市政工程维修处已到广州市建设银行所属代收网点办理缴纳罚款手续,同时广州市污水处理公司已到广州市水利局办理有关报批手续。

相关法规:《中华人民共和国水法》第十九条。

【案例4】 案情简介:2007 年 8 月 8 日,东莞市水政监察支队接到群众举报,东莞市宝瑞实业有限公司未经水行政主管部门批准,擅自在东莞市东城区主山大井头工业区宝瑞实业有限公司内打了六口井,违法开采地下水。接到举报后,市水政监察支队迅速派人员到现场调查取证,深入到厂区每个角落进行拍照取证,现场勘验。据查实,该公司从 2006 年初开始违法抽取地下水,日取水量达 180 m^3 左右,影响地下水位,容易造成不可估计的地质灾害。

据此，执法人员依据《中华人民共和国水法》、《取水许可和水资源费征收管理条例》有关规定向宝瑞实业有限公司下达了《停止违法行为通知书》，责令其立即停止违法行为，听候处理。由于该公司负责人对其违法行为认识不足，在开始查处过程中，态度比较消极，一问三不知，或避重就轻、推卸责任，不太愿意配合工作。据此执法人员以事实和法律为依据，多次对其进行说明教育和政策法规的宣传，先后三次到现场或约当事人面谈处理，使其认识了违法偷取地下水的危害，并承认了错误和违法事实，主动配合工作，并自行拆除了取水设施，封堵了井口，使该案件从调查取证到立案查处得以顺利进行。8 月 22 日，东莞市水政监察支队向该公司送达了《东莞市水利局行政处罚告知书》，并于 8 月 29 日又向该公司下达了《东莞市水利局行政处罚决定书》，限其于 2007 年 9 月 5 日前自行拆除取水设施，封堵井口，逾期不拆除，由本机关强行拆除，费用由其承担，并处以 4.5 万元的罚款。

查处结果：该公司接到《东莞市水利局行政处罚决定书》后，表示接受处理意见，并于 2007 年 9 月 3 日自行拆除了取水设施，封堵了井口。

相关法规：《中华人民共和国水法》第七条："国家对水资源依法实行取水许可制度和有偿使用制度"。第三十一条："从事水资源开发、利用、节约、保护和防治水害等水事活动，应当遵守经批准的规划；因违反规划造成江河和湖泊水域使用功能降低、地下水超采、地面沉降、水体污染的，应当承担治理责任"。

【案例 5】 案情简介：2007 年 4 月 13 日，广州南沙区水政监察大队联合广州市水政监察支队和边防检查站进行专项执法检查，发现有 7 艘船只在蕉门水道新龙大桥下游范围进行无证采砂作业，立即责令船只停止违法采砂行为，经进一步调查取证后，依法进行了查处。

水政执法人员在巡查中发现违法采砂船后，对现场进行了取证勘验，对船舶所有人做了初步询问调查笔录，随后对船只做了现场扣押。据初步询问调查笔录，该 7 艘船只为林所雇请进行采砂作业。同时，执法人员又对当事人林某做了初步询问调查，林某本人承认雇用以上船只在蕉门水道新龙大桥下游范围进行无证采砂作业的事实。

查处结果：林某于 2007 年 4 月 13 日在蕉门水道新龙大桥下游范围无证采砂，违反了《广东省河道采砂管理条例》第二十四条的规定。鉴于当事人林某能积极配合执法人员的调查取证工作，态度诚恳，并保证以后不再从事违法采砂行为，根据《广东省河道采砂管理条例》第二十四条的规定，对林某作出了行政处罚，罚款人民币 5 万元整。

相关法规：《中华人民共和国水法》第三十九条："国家实行河道采砂许可制度。河道采砂许可制度实施办法，由国务院规定。在河道管理范围内采砂，影响河势稳定或者危及堤防安全的，有关县级以上人民政府水行政主管部门应当划定禁采区和规定禁采期，并予以公告"。第六十五条："在河道管理范围内建设妨碍行洪的建筑物、构筑物，或者从事影响河势稳定、危害河岸堤防安全和其他妨碍河道行洪的活动的，由县级以上人民政府水行政主管部门或者流域管理机构依据职权，责令停止违法行为，限期拆除违法建筑物、构筑物，恢复原状；逾期不拆除、不恢复原状的，强行拆除，所需费用由违法单位或者个人负担，并处 1 万元以上 10 万元以下的罚款"。

第四节 城市水资源可持续利用规划

一、可持续利用概念

（一）可持续发展概念

综观人类现代文明的产生及发展过程可知，20世纪中期以前人类农业文明及工业文明的实现进程伴随着开荒种地、滥伐森林、破坏植被、狩猎动物和天空黑烟弥漫、污水横流，使生物圈受到严重的冲击，人类进步的同时亦导致了水土流失、土地沙漠化、水源得不到涵养，水旱灾害频繁，生态失去平衡；环境污染，如酸雨、臭氧层破坏、温室气体、沙漠化加剧、全球气候失调等；人类赖以生存和发展的资源枯竭，包括水资源、土地资源、矿物资源、环境资源短缺或枯竭等，当前资源危机正在全球蔓延。人类在与自然界进行漫长斗争的时候，虽然取得了一次又一次的胜利，然而，对于每一次这样的胜利，自然界都报复了我们，而今天，自然界对人类的报复越来越频繁，环境与生态的危机也越来越强烈和深刻了。

这些情况的产生使得人类不得不审视人类社会经济发展的进程与方式，20世纪60年代末，人类开始关注环境问题，1972年在斯德哥尔摩举行的联合国人类环境研讨会上最先提出可持续发展的概念，1987年4月27日，世界环境与发展委员会发表了一份题为《我们共同的未来》(Our Common Future)的报告，正式提出了“可持续发展”的战略思想，明确了“可持续发展”的概念。

所谓“可持续发展”，就是“既满足当代人的需要，又不对后代人满足其需要能力构成危害的发展”，是指在不牺牲未来几代人需要的情况下，满足我们这代人的需要的发展。

它明确地表达了两个基本观点：一是人类要发展，尤其是穷人要发展；二是发展有限度，不能危及后代人的发展。可持续发展的核心是发展，但要求在严格控制人口、提高人口素质和保护环境、资源永续利用的前提下进行经济与社会的发展。发展是可持续发展的前提；人是可持续发展的中心体；可持续长久的发展才是真正的发展。报告还指出，当今存在的发展危机、能源危机、环境危机都不是孤立发生的，而是改变传统的发展战略造成的。要解决人类面临的各种危机，只有改变传统的发展方式，实施可持续发展战略，才是积极的出路。

关于可持续发展有诸多解释，但为大家最认可的还是《我们共同的未来》中的诠释。我国有的学者对这一定义作了如下补充：可持续发展是“不断提高人群生活质量和环境承载能力的、满足当代人需求又不损害子孙后代满足其需求能力的、满足一个地区或一个国家需求又未损害别的地区或国家人群满足其需求能力的发展”。

可持续发展所要解决的核心问题有：人口问题、资源问题、环境问题与发展问题，简称PRED问题。

可持续发展的核心思想是：人类应协调人口、资源、环境和发展之间的相互关系，在不损害他人和后代利益的前提下追求发展。

可持续发展的目的是保证世界上所有的国家、地区、个人拥有平等的发展机会，保证我们的子孙后代同样拥有发展的条件和机会。

它的要求是:人与自然和谐相处,认识到对自然、社会和子孙后代应负的责任,并有与之相应的道德水准。

通过许许多多的曲折和磨难,人类终于认识到人类只有一个地球,必须爱护地球,特别是进入新世纪,越来越多的人认识到:环境与发展是不可分割的,它们相互依存,密切相关,发展必须与环境协调统一,人类与自然之间不是谁战胜谁的问题,而是和谐相处。可持续发展的战略思想已成为当代环境与发展关系中的主导潮流,作为一种新的观念和发展道路被人们广泛接受。

(二)水资源可持续利用的概念

随着经济的发展、社会的进步,作为人类生命的起源、人类极为重要的生产生活资源、经济建设和社会发展的基础性自然资源与战略性的经济资源、生态环境的控制性要素——水资源,亦存在非常严重的问题,特别是在我国,水资源问题显得更为突出和紧迫。存在的主要问题如下:

(1)局部地区水资源严重不足,供需矛盾尖锐。不少地区,尤其是华北、东北、西北地区常常出现水荒,局部地区水荒还很严重。

(2)地下水超量开采造成环境地质灾害。造成地下水位连续下降,地面下沉,加快了地裂速度,出现地下管道、煤气管道以及道路遭受破坏及建筑物倾斜等严重后果。如因连年超采地下水,海河流域已形成全国面积最大的地下水开采漏斗区,目前面积已达9万多km^2,最大地面沉降2.76 m,超采地下水上千亿立方米。这些大大小小的漏斗区勾连成片,又形成了世界上最大的漏斗群。在目前地下水资源开发条件下,全国已经出现区域性地下漏斗56个,总面积大于8.2万km^2,地层沉陷的城市达50余个,其中北京的沉降面积达800 km^2,环渤海平原区由于海水倒灌影响面积已达1 240 km^2。

(3)水污染日益严重,河流、湖泊生态环境日趋恶化。全国有75%的湖泊出现富营养化,太湖、滇池、东湖、西湖、玄武湖等富营养化较为明显。

(4)水资源利用率低、浪费大。在我国,一方面水资源紧缺,另一方面又浪费严重。农业灌溉方法粗放,技术落后,工业用水方面,由于用水管理粗放,单位产品水耗高,循环用水率低,水量浪费也较大。

对于可再生的自然资源——水资源,因为人类至今还不能发展水资源,我们不讲“可持续发展”,而是讲“可持续利用”,必须以水资源的可持续利用支持社会经济的可持续发展。如何理解水资源的可持续利用?德国卡斯鲁厄大学教授,曾任国际水利工程与研究协会(IAHR)主席的普拉特(E. J. Plate)教授曾给出定义:“假如在可接受的价格下提供足够数量与质量的水满足该地区人口现在与将来的需求,并且不会导致环境的退化,那么这样的水资源事业就是可持续的。”

根据可持续发展的内涵,可以这样理解水资源可持续利用的定义,即在重视生态环境保护的前提下,依靠管理、科技等手段,合理有效配置水资源,最大程度地提高水资源开发利用率,在满足当代人用水需求的同时,调控水资源开发利用速率,以不对后代人的用水需求构成危害的水资源开发利用方式。

水资源可持续利用虽有各种不确定的解释,但它的内涵至少应包括以下几方面:①适度开发,对资源的利用后不应破坏资源的固有价值,并且尽可能地回避开发措施对资源的不利影响；②不妨碍后人未来的开发，为后来开发留下各种选择的余地；③不妨碍其他地区人类的开发利用及其水资源的共享利益；④水的利用效率和投资效益是策略选择中的主要准则；⑤不能破坏因水而结成的地理系统。

二、城市水资源可持续利用规划

（一）城市水资源可持续利用规划的理念及意义

1. 城市发展与水资源

城市是区域系统的核心，城市又是人口高度密集地区。自20世纪以来，由于工业的发展，城市数量及人口迅速增长。据城建部门统计，到2000年我国城市已增加到666个，其中百万人口以上的城市达32个，社科院研究报告称，2006年中国城市化率为43.9%，而发达国家，如美国城市人口已占总人口的74%。现代城市的主要特点是：人口高度集中，工矿业高度集中。因此城市的形成与发展，必须具备一定的自然资源条件，如农业资源、矿产资源、能源资源及水资源，其中尤以水资源最为重要。

从城市的形成和演变的历史看，公元前3 000多年，世界原始城市形成的地域是“四大河川”，即黄河流域、幼发拉底和底格里斯流域、尼罗河流域；而“丝绸之路”上的楼兰古城则是在城市发展过程中，由于水源枯竭而荒芜、消失最好的佐证，这都充分说明水对城市的重要，水是城市的生命。

水是社会生产不可缺少的原料和能源。在工业生产中，水和石油一样是工业的血液；水大量地用于纺织、冶金、化工、机械制造等各行各业；水是电力生产间接的能源；水又是制药、食品、酿酒等行业的重要原料，故离开水这种特殊的资源，社会生产这架机器根本无法运转。集中如此众多人口的城市，如果水资源不足，就无法进行日常生产、生活，城市也难以持续发展，水资源是城市可持续发展的基石。

城市是实现可持续发展的关键所在。在我国城市化加速发展的过程中，资源提供了经济发展的动力，也天然地确定了城市经济可持续发展的边界。自然资源与环境的可持续性是城市可持续发展的基础。随着城市化水平的不断提升，我国大部分城市中水资源的需求量急剧增大，供需矛盾日趋尖锐化。作为城市发展不可缺少资源之一的水资源已经成为制约城市可持续发展的重要因素之一。

从我国现有城市来看，并不是将会发生无水致使城市消亡的问题，而是水资源如何适应城市可持续发展的要求。目前缺水造成的后果主要有：①影响居民正常生活；②影响城市经济效益；③地下水大量超采会引起城市下部地质结构变化。

因此，解决目前城市的可持续发展必须保障城市水资源的可持续利用，也就是要以可持续利用的理念进行城市水资源的规划。

2. 城市水资源可持续利用规划的理念及意义

在进行水资源规划工作中融入可持续利用的观念，遵循水资源可持续利用的原则，建立不因其被开发利用而造成天然水源逐渐衰竭的、能较持久地保持其设计功能的、功能减退能有后续的补救措施的水工程系统；通过合理用水、需水管理、节水、污水治理措施的配合，协调生活、生产和生态用水，协调各部门间、各用户间的用水，使相互能保持较长期协调的状态；提高用水效率，以维持水源的可持续利用效能。绝对不能损害地球上的生命支持系统和生态系统,必须保证为社会和经济可持续发展合理供应所需的水资源,满足各行各业用水要求并持续供水。

在城市水资源规划中引入可持续利用理念的意义在于:有利于改变现存的水危机问题、水资源与发展间的痼疾,减少污染,改善环境;有利于促进经济增长方式由粗放型向集约型转变,使经济发展与人口、资源、环境相协调;有利于促进生态效益、经济效益和社会效益的统一;有利于国民经济持续、稳定、健康发展,提高人民的生活水平和质量;有利于农业经济结构的调整,保护生态环境,建设生态农业;有利于实现经济持续发展、社会全面进步、资源永续利用、环境不断改善和生态良性循环的协调统一,使经济发展与人口、资源、环境相适应,建成低投入、少污染、可循环的国民经济和节约型社会;既保证当代经济社会的持续快速健康发展,又为子孙后代的发展创造良好的条件,真正实现最广大人民的根本利益。水资源的可持续利用,是经济社会可持续发展极为重要的保证,也是维护人类环境的极为重要的保证。

城市水资源可持续利用规划的思路、步骤同于一般水资源的规划方法,亦常用本章二节的工作流程。

(二)城市水资源可持续利用的对策

现实情况表明,水资源短缺已越来越成为我国社会经济发展的制约因素,我国许多城市已经和即将面临水危机的严重威胁。为了解决日益严重的缺水和水污染问题,当务之急应加强水资源的统一管理。应从水资源的开发、利用、保护和管理等各个环节上,采取综合有效的对策措施。在全面节水的基础上,努力提高水的有效利用率,积极开辟新水源,狠抓水的重复利用和再生利用,协调水资源开发与经济建设、生态环境之间的关系,加速国民经济向节水型方向转变,以促使水资源问题尽快解决。

(1)调整水利发展思路,水资源优化配置,实现可持续发展。以可持续发展思想为指导,以水资源系统为一个整体系统观念,在合理核算水资源量的基础上,以“三生”(生活、生产、生态)和谐用水、人与自然环境和谐发展为目标,以尽可能提高水资源的用水效率为目的,做好城市一系列水利规划和优化配置水资源。

(2)把节水作为一项国策,加大宣传,全面普及,建成节水型城市。以节水为先,将节水作为解决城市水资源问题的基本出发点和首要对策,把节约用水放在解决我国城市水资源问题的优先地位。从水资源可持续利用高度看,节约用水是一项具有战略意义的长期任务,应通过坚持不懈的节水宣传教育,在全民中树立对水资源的忧患意识,使节水成为全民行动和社会风尚,并把节约用水作为一项国策,建立节水鼓励或激励机制,促使争相研究开发和采用性能优良的节水器具,开展研究和采用工业生产工艺节水技术,并全面制定和实施城市与工业节水规划及计划,使我国逐步成为节水型社会。

(3)加强水污染治理和水环境保护。防止水污染、保护水环境是使水资源可持续利用的根本性措施,是核心问题。加强水功能区管理,划定水功能区是进行水资源保护和污染控制的基础;结合水功能区划,制定各区分阶段的水质目标。根据水量水质变化规律,分析计算水体纳污能力,对水体排污口进行更加严格的监控和管理,加强水污染防治力度,严格控制,加强监督管理,限期改善水质状况,改变农业生产方式,减少面源污染,制订功能区保护的水质目标和污染物总量控制削减方案,加强水土保持和水资源保护工作,使河道及水域水质状况恶化的趋势得到初步遏制,从而真正实现水资源的可持续利用,支持社会经济的持续健康发展。

(4)在地表水、地下水科学调配的基础上,开创多种水源,解决城市水资源短缺问题。科学调配常规水源——地表水和地下水是水资源可持续利用的基础,大力开发其他替代水源,是解决城市水资源短缺问题、水资源可持续发展的不可忽视的措施。在加强节水治污的同时,开发水资源也不能忽视。开源不仅要立足于当前水资源,也要重视替代水资源的开发,其中包括污水回用、雨水洪水资源化利用、海水利用、跨流域调水等多种途径,要重视中水、海水、微咸水等非传统水源的开发利用,扩大海水、低质水可利用范围,建立各类分质供水系统,保障水资源可持续利用。

污水处理和回用相结合,加快污水资源化进程。按照污水处理和再生回用相结合的原则,加快污水资源化进程,是防止水质继续下降和增加可用水量供给的重要途径。据统计,城市供水量的80%排入城市污水管网中,收集起来再生处理后70%可以安全回用,即城市供水量的一半以上可以变成再生水返回到城市水质要求较低的用户上,替换出等量自来水,等于相应增加了城市一半供水量。

沿海城市可以用海水替代淡水用于工业冷却水以及特定行业的生产用水,通过海水淡化间接利用海水资源,有效缓解水资源紧缺局面。城市还可以采取相应的工程措施,采用雨水渗透和雨水储留技术蓄积雨水,从而把雨水资源化作为防洪和缓解水资源危机的一种措施。跨流域调水可以缓解水资源空间分布不均,将多水地区的部分水量调往缺水地区,增加区域可利用量,是解决我国北方城市缺水的重要战略对策。我国目前正在实施的南水北调工程,就是将较为丰富的长江流域的水资源调入华北和西北,此工程的实施可以解决北方地区城市水资源短缺问题、缓解南方水害和北方旱灾,以及改善北方水生态环境。

(5)调整城市产业结构与布局,重组空间发展结构。经济的快速发展使城市用水量大幅度增长,特别是工业中重工业的发展与产业布局过于集中,使区域用水更为紧张。为保障城市水资源的可持续利用,城市要依据自身的水资源条件调整、优化产业结构,限制高耗水产业的发展,着力培植极低耗水的知识密集型产业和高技术密集型产业;调整工业空间结构和布局,以使有限的资源高效利用。

(6)建立水生态系统安全保障体系。着眼于水环境承载能力的提高,加强水污染防治和水资源保护,合理安排生态环境用水,搞好水土保持生态建设,有效控制和减少水污染和水土流失,努力改善人居环境。

(7)建立现代化的水资源管理保障体系。建立完善的水资源法规政策,加强水资源的统一管理体制,健全水资源的执法监督机制,是水资源可持续利用保障经济可持续发展的必要前提。城市水资源管理体制改革是实现城市水资源可持续利用的关键。首先要建立城市水务统筹管理体制,逐步建立水务一体化管理体制。水务一体化管理是指水务管理所涉及的各项职能和各个环节之间协调、统一的管理机制,即对区域的防洪、除涝、蓄水、供水、需水、节水、水资源保护、污水处理及其回用、农田水利、水土保持、农村水电、地下水回灌等实行统一规划、统一取水许可、统一配置、统一调度、统一管理。实现城市与农村的统一,地表水与地下水的统一,水量与水质的统一,水源、水厂、供水、用水、节水、排水、污水处理及回用等全过程管理的统一,涵盖水资源的开发、利用、治理、配置、节约、保护等各领域的统一。

通过改革体制、创新机制、健全法制，依靠科技进步和技术创新，建立起现代化的水资源管理体系，促进水资源的优化配置，充分发挥水资源工程的综合效益。改革体制，就是要按照改革水的管理体制的要求，大力加强水资源的统一管理，以流域为单元对水资源进行统一规划、统一调度，建立权威、高效、协调的流域管理体制；同时，统筹考虑防洪、排涝、蓄水、供水、用水、节水、污水处理及回用、地下水回灌等涉水事务，积极研究和推进区域水资源统一管理，建立起流域管理与区域管理相结合的水资源统一管理体制。创新机制，就是要积极探索建立水权制度，界定并明晰水的使用权，逐步建立水资源的宏观控制和微观定额体系，建立合理的水价形成机制，推动节约用水，促进水资源高效利用。健全法制，就是要建立健全水法规体系，要在新《水法》的基础上，加强与《水法》配套的政策法规建设，加快相应法律法规的制定、修改、完善，推进依法治水、依法管水。依靠科技，就是要积极利用现代科学技术成果，加大对水利传统行业的改造，通过建设国家防汛指挥系统、全国水质信息系统和水资源实时监控管理系统，提高水文信息采集、传输的时效性和自动化水平，科学地管理和配置水资源。

小　结

水资源规划是以水资源利用、调配为对象，在一定区域内为开发水资源、防治水患、保护生态环境、提高水资源综合利用效益而制订的总体措施计划与安排。由于水资源涉及生活、生产经营、生态等各个方面，而水资源规划是天然资源在各行业、领域内的人为分配，规划时应依据国家的相关法规和地方的有关规章制度，遵循社会主义市场经济规律，协调发展、可持续利用、科学的原则，统筹兼顾、全面规划，处理好六个平衡和人与自然、环境和生态、人与水、水与社会发展、当代人与后代人的关系，制定出一个科学合理的水资源规划，保障社会经济与自然的和谐健康发展。

复习思考题

5-1　什么是水资源规划？水资源规划的基本任务和目标是什么？

5-2　水资源规划体系一般分为几类？如何理解它们之间的关系？

5-3　水资源规划时应该处理好什么样的关系与平衡？

5-4　水资源规划时应遵循什么原则？

5-5　简述目前水资源规划通用的步骤或工作流程。

5-6　什么是可持续利用？

5-7　把可持续利用理念引入城市水资源规划的意义？

5-8　简述城市水资源可持续利用的对策。

第六章　城市水资源保护规划与人水和谐发展

学习目标与要求

了解城市水资源保护规划发展现状及存在的主要问题，充分认识水资源保护的重要性，初步掌握城市水资源保护措施及城市污水和雨洪水资源化利用的原则、途径与方法。

第一节　概　述

一、水资源保护的概念

为防止水资源因不当利用而造成水源污染或破坏水源，采用法律、行政、经济、技术等综合措施，对水资源实行积极保护与科学管理的做法，称为水资源保护。水资源保护是环境保护的主要内容，是水环境保护的组成部分，又是水资源管理的一个重要方面。水资源保护一方面是对水量合理取用及对其补给源的保护，包括对水资源开发利用的统筹规划、涵养及保护水源、科学合理用水、节约用水、提高用水效率等；另一方面是对水质的保护，包括调查和治理污染源、进行水质监测、进行水质调查和评价、制定有关法规和标准、制定水质规划等。

水资源保护的目标：在水量方面要做到对地表水源不因过量引水而引起下游地区生态环境的变化，对地下水源不会引起地下水位的持续下降进而引起的环境恶化和地面沉降。在水质方面要解决使饮水水源地受到污染的问题，为其他用水保持可用的水质，以及风景游览区和生活区水体的富营养化和变臭等环境问题，并注意维持地表水体和地下水含水层的水质都能达到国家规定的不同要求标准。本节着重讲述水质保护问题。

二、水资源保护的重要性

水是人类生存和经济社会发展不可缺少的自然资源。随着经济社会的迅速发展，水资源匮乏和水污染的日益严重，所构成的水危机已成为实施可持续发展战略的制约因素。近年来，污(废)水排放量急剧增加，江、河、湖、库水质恶化的趋势没有得到有效遏制，水污染事故和省际间、地区间水污染纠纷频频发生。因此，根据社会经济发展规划和水资源综合利用规划，研究和科学合理地编制水资源保护规划，对保证水资源的永续利用和实现经济社会的可持续发展，以及为经济社会发展的宏观决策和水资源统一管理与合理利用提供科学依据，具有重要意义。

水是动植物体内和人的身体中不可缺少的物质，可以说，没有水就没有生命的存在。

另外,人类生活中的衣食住行都离不开水。工农业生产中也不能离开水,水是工农业生产的重要原料。在农业生产中消耗的淡水量占人类消耗淡水总量的60% ~80%,工业上也要用大量的水进行生产。另外,水在内河与海洋运输上也起着重要作用。在自然界中淡水量不到水总量的1%。据21世纪城市水资源国际学术研讨会透露,联合国已经把我国列为世界上13个最缺水的国家之一,目前我国人均用水量是世界人均用水量的30%左右。人类现在用水量越来越大,且污染也越来越严重,生命需要水,而地面找不到干净水,浪费水的问题突出,水污染危害巨大,这就要求我们保护水资源。

水对人类来说是再熟悉不过的一种物质,但是人类正因为对于它太过于熟悉,以致造成水资源浪费、污染。水是人类宝贵的自然财富,但往往我们都不曾了解它的重要性,这也是一个直观的原因。从地球上生命的起源到人类社会的形成,从生产力低下的原始社会到科学技术发达的现代社会,人与水结下了不解之缘。水既是人类生存的基本条件,又是社会生产必不可少的物质资源。没有水,就没有人类社会的今天。所以说,水是人类的宝贵资源,是生命之泉。长期以来,人们普遍认为水是"取之不尽,用之不竭"的,不知道爱惜,而浪费挥霍。应当知道我国水资源人均量并不丰富,地区分布不均匀,年内变化莫测,年际差别很大,再加上污染,使水资源更加紧缺,自来水其实来之不易。

由于水资源总量不足,部分地区水土资源分布不相适应,以及干流中下游和一些主要支流调蓄水量的能力不够等,黄河水资源供需矛盾已相当突出,部分地区存在不同程度的缺水现象。多年平均缺水量26亿 m^3。从黄河中的用水列表中就可看出来中国水资源的匮乏和水资源的利用之多。无论是工业还是农业都可以清楚地认识到,在日常生活中烧饭、洗碗用水时的间断,未关水龙头;停水期间,忘记关水龙头;洗手、洗脸、刷牙时,让水一直流淌着;睡觉之前、出门之前,不检查水龙头;设备漏水,不及时修好,都需要很庞大的用水量。这些数据都是我们无法想象的。人体重量的50% ~60%由水组成,儿童体内的水分更高达80%。可以说,没有水就没有生命。但地球上的淡水资源只占地球水资源总量的3%,在这3%的淡水中,可供直接饮用的只有0.5%。地球是水之行星,地球表面约70% 为水覆盖。地球上全部生物体主要由水组成,如:一棵树含有60% 水(重量);多数蘑菇含有80% ~90% 水;而多数动物含有50% ~65% 水。如果没有水,就没有生命存在。

目前,水缺乏已成了严重制约我国社会经济发展的"瓶颈"之一。据专家预测,到2030年前后,中国用水总量将达到每年7 000亿~8 000亿 m^3,而中国实际可利用的水资源量为8 000亿~9 500亿 m^3,需水量已接近可利用水量的极限。由于水资源供给的稳定性和需求的不断增长,使水具有了越来越重要的战略地位。国外的一些专家指出,21世纪水对人类的重要性将像20世纪石油对人类的重要性一样,成为一种决定国家富裕程度的珍贵商品。一些世界著名的科学家提醒人们:一个国家如何对待它的水资源将决定这个国家是继续发展还是衰落。那些将治理水系作为紧迫任务的国家将占有竞争优势。如果水资源消耗殆尽,人类的健康、经济发展以及生态系统将受到威胁。对水资源控制权的争夺,将可能在21世纪引发许多种族和国家间的敌对。如何解决水资源供应问题,保持水资源供给和需求之间的相对平衡,世界各缺水国家和地区长期以来都做了大量的探索,一些发达国家或者比较发达的国家已取得了很多成功的经验,概括起来,主要是三个方面：一是采取积极的措施，通过区域调水解决地区之间水资源分布不均问题；二是通过科学管理维护水资源的供需平衡；三是开发和采用各种节水技术。

如果政府和人民能够配合的话，政府改善供水的效率，人民爱惜水，现有的水源已经足够大量人使用，根本不需要接二连三地建大型水坝。只有综合国家供水政策才能够一劳永逸地解决大量供水问题，同时也有助于消弭政府和民间因为供水所引发的种种争端和纠纷。

第二节 水资源保护的基本法律法规

一、国家出台的相关法律

各国在加强对水资源的管理过程中，都认识到建立适当的水资源法规是必要的保证。水资源法规的主要作用在于调整各有关方面对水资源治理、开发利用与保护的各种社会的和经济的关系。

由于水对维持生命系统的必要性，水涉及千家万户的切身利害，难免在相邻地区之间出现因水引起的纠纷，自古以来在许多国家或部落中就有不成文的习惯或乡规民约来处理水事关系，这在一些文明古国，如中国、埃及、巴比伦、印度等都曾有过。后来随社会的发展和水事问题的增多，出现了成文的有关水的法规。

（一）水资源保护法规的历史

在中国最早见于记载的《水令》是西汉时期（公元前206年～公元24年）有关灌溉管理的法规，《汉书·几宽传》中有“定水令；以广溉田”的记载。而唐代（公元608年～907年）的《水部式》则是中国第一部比较完整的水利法典。在欧洲，水法规则最早体现于罗马法系，其中著名的十二铜表法颁布于公元前450年前后，而《查士丁尼民法大全》于公元534年完成，后来则体现于大陆法系和英美普通法系的民法中。到20世纪前半叶在一些国家中开始制定专门的水法规，如中国在1930年颁布了《川河法》，1942年颁布了《水利法》。日本于1949年颁布了《防洪法》等。到20世纪50年代以后，由于水资源问题的日益突出，各国又分别制定国家的水法规。多数水法规以河川法、水利法、水法的形式出现，也有直接叫水资源法的。但其内容均涉及水资源问题，例如，日本的《河川法》于1964年颁布，并在1970年、1972年、1978年及1982年多次进行修改，是对其国内河流进行管理的基本法，其主要内容是对河流进行分级管理，包括对占用河流水域、防洪抢险、引用河水、采挖河滩土石、竹木流放等活动的管理制度，也特别规定了对申请利用水资源的法定程序及条件，包括须征求已享有权利的用水户的意见及申报制度。英国在1963年正式颁布《英国1963年水资源法》，授权英政府及地方政府部大臣兼管英格兰和威尔士的水资源，并由该大臣指定组成水资源委员会，赋予其以王国政府名义行使职权，其职责是向各河流管理局提出咨询意见，以保护、扩大或重新分配水资源，同时负责有关资料的收集与公布，评价有关地区的水资源供需情况及展望。该水资源法还规定河流管理局是区域性水管理机构，负责辖区内的有关工作。英国水资源法还赋予公民参与水资源管理的权利，并参与有关水资源重大问题的协商、检查申诉书和许可证，参与地方调查会或公众听证会,提出申诉及获得补偿等权利。美国则于1965年由国会通过《美国水资源规划法规》,并在20世纪70年代两次进行修正。这个法规是为了协调水资源和有关土地资源的规划,优化开发国家自然资源的法规。法规确认通过协作促进水及其有关土地资源的开发利用和保护,并不影响各级政府在水资源开发和管理的权限、责任或权利,也不代表或修正各州之间,或州与联邦间的有关协议,而且对编制或检查区域或流域水资源综合开发规划、确定和评价国家水土资源的条款,以及依本法规建立的机构有效。法规确定成立水资源理事会,由总统任命主席,其职责是:每两年对水资源供需关系作出评价,研究地区或流域规划和较大片地区的需水计划间的关系,协调水资源及其有关土地资源的政策和联邦有关机构的计划,并向总统提出建议,以及参与制定、评价或审查有关地区或河流流域的水资源规划,并交总统审查后送国会审议。美国水资源规划法规还确定河流流域委员会的职责是协调中央与地方政府、地方政府相互间、政府机构与非政府机构间的规划,以及编制或更新有关水资源开发和土地资源开发的规划等。各河流委员会主席也由总统任命,并有一名副主席由各有关州中选任,以加强河流委员会与地方政府的联系。苏联于1970年通过《苏联和各加盟共和国水立法纲要》,虽然自1992年以来因苏联解体使该立法纲要已不具有法律效力,但其中的一些原则仍可借鉴。例如该纲要明确水资源为国家所有,包括河流、湖泊、水库及其他地面水域和水源、地下水和冰川、内海和领海等。该纲要还规定国家对水的利用和保护进行统一管理和分工管理相结合的制度,修建企业、设施或其他工程,都须事先取得水主管机构、各级政府、卫生监督机构和渔业保护机构的同意。该纲要规定用水需取得许可证,并按规定缴纳水费,对未经处理的污物和污水均不得向水体中排放,当发生用水纠纷时,由相应的政府机构或上级机构来解决。

(二)中国的水法

我国水资源利用中还存在许多问题,尤其在城市水资源利用上出现了水资源紧缺、水污染加剧的情况,其中一个原因是还缺乏有效的水资源和环保法规体系。目前有些城市和地区地下水过量开采,造成水源枯竭、地面沉陷甚至导致海水入侵;水费标准过低,使越来越多的水利工程缺乏维修资金,出现工程效能衰减,难以持续的局面;许多地方经常发生破坏、损坏水工程设施,干扰、阻碍水工程管理人员正常执行公务的现象;地区之间、部门之间的水事纠纷时有发生,矛盾尖锐的地方甚至影响社会的安定团结等。因此,基于如此多的问题和矛盾需要解决,制定水法,依法治水,显得十分迫切和必要。

借助完善的水资源和环保法规体系,政府可以通过法规或经济政策,在水资源合理利用以及预防和控制污染方面发挥重要作用。法规是最古老和最广泛的方法,其最基本的前提是:为了减少用水浪费和水源污染,国家对企业和城市进行限制。它检查企业和城市以确保它们遵守这些法规,或者建立一个定期核查和审计的管理系统。任何违法行为都将受到惩处。

1988年1月21日,第六届全国人民代表大会常务委员会第24次会议通过了《中华人民共和国水法》(简称《水法》),这是我国在水资源方面的一个最基本、最重要的法律,对于从法律的角度去开发、利用和保护水资源,起到了不可取代的作用。《水法》在起草过程中曾称为《水资源法(草案代拟稿)》,它是水资源方面的基本法律,其中对水资源的所有权规定如下:①中华人民共和国的水资源属于全民所有,这主要指国家对水资源有管理权和调配权;②在农业集体经济组织所有的水塘、水库中的水属集体所有;③对依法开发利用水资源的团体或个人的合法权益,国家都予以保护。在该水法中规定了国家对水资源实行开发利用与保护相结合的方针,开发利用水资源应贯彻全面规划、统筹兼顾、综合利用、讲求效益的原则,并注意发挥水资源的多种功能效益,规定国家要保护水资源,防治水污染,防治水土流失,保护环境,以及要实行计划用水和节约用水的基本政策。该水法中规定了国家对水资源实行统一管理与分级、分部门相结合的管理体制,规定开发利用水资源的工作程序和审批制度,对水和水域以及水工程的保护、用水管理、防汛抗洪等方面的内容,以及规定实行用水许可证制度、征收水资源费和水费的制度。

(1)计划用水。其目的在于谋求稳定供水、合理分配用水,以满足各部门用水和保护生态环境的需要。

(2)实行取水许可证制度。实行取水许可的范围,仅限于直接从地下或江河、湖泊取水,不包括为家庭生活、商业、畜饮用取水和其他少量取水。实行这项制度,是国家加强对水资源管理的一项重要措施,是贯彻节约用水原则的有效办法,也是协调水资源供求关系相对平衡和实行水资源永续利用的可取保证。

(3)征收水资源费。这是运用经济手段,促进节约用水,控制地下水开采量的一项有效措施。

在《水法》的指导下,还需制定配套的专项法律和行政法规,同时各地方应根据当地具体情况制定相应有关水的法律法规和条例等。我国已经制定了其他一系列有关水资源的保护和管理的行政法规,如《中央批准农业部和水利水电部关于加强水利管理工作的十条意见》、《国务院关于航道管理和养护工作的指示》、《关于保护水库安全和水产资源的通令》、《关于节约用水的通知》、《水库工程管理通则》、《水利电力工程管理条例》、《水土保护工作条例》、《水污染防治法》、《水利工程水费核定、计收和管理方法》、《河道管理条例》、《城市节约用水管理规定》等。至此,由于这些法令、法规的出现,水资源的开发利用及保护管理终于纳入了法制的轨道。

为使水法真正在生活中起到应有的作用,必须建立和健全水法体制建设,包括建立水司法和执法的体系。这在我国任务还相当艰巨,有待通过方方面面的不断努力来实现。

二、政府出台的有关法规和条例

新中国成立以来,我国十分重视有关水利、水资源保护与管理方面的法制建设,并先后通过或发布了一些有关的法规和条例。现根据通过或发布的时间先后,将有关的主要法规和条例部分列出如下:

1973 年 11 月 17 日,《工业“三废”排放试行标准》(GBJ 4—73)。

1979 年 9 月 13 日,《中华人民共和国环境保护法(试行)》(已废除,被新法替代)。

1982 年 2 月 5 日,《征收排污费暂行办法》(国务院国发[1982]21 号)。

1982 年 6 月 30 日,国务院《水土保持工作条例》。

1983 年 7 月 21 日,《全国环境监测管理条例》。

1983 年 10 月 11 日,《环境保护标准管理办法》。

1984 年 5 月 11 日,《中华人民共和国水污染防治法》。

1984 年 12 月,《水质监测规范》(SD 127—84)。

1985 年 4 月 25 日,《农田灌溉水质标准》(GB 5084—85)(已废除,被新标准替代)。

1985 年 8 月 16 日,《生活饮用水卫生标准》(GB 5749—85)。

1986 年 10 月 10 日,《水法词汇》。

1988 年 1 月 21 日,《中华人民共和国水法》(已废除,被新法替代)。

1988 年 3 月 20 日,《水污染物排放许可证管理暂行办法》。

1988 年 4 月 5 日,《地面水环境质量标准》(GB 3838—88)(已废除,被新标准替代)。

1988 年 5 月,《污水处理设施环境保护监督管理办法》。

1988 年 6 月,《河道管理条例》。

1988 年 12 月 12 日,《水利水电工程环境影响评价规范(试行)》(SDJ 302—88)。

1988 年 12 月 20 日,《关于防治造纸行业水污染的规定》。

1989 年 7 月 10 日,《饮用水水源保护区污染防治管理规定》。

1989 年 7 月 12 日,《中华人民共和国水污染防治法实施细则》。

1989 年 8 月 12 日,《渔业水质标准》(GB 11607—89)。

1989 年 12 月 26 日,《中华人民共和国环境保护法》。

1991 年 6 月 16 日,《景观娱乐用水水质标准》(GB 12941—91)。

1991 年 6 月 24 日,《超标污水排污费征收标准》。

1991 年 6 月 29 日,《中华人民共和国水土保持法》。

1992 年 1 月 4 日,《农田灌溉水质标准》(GB 5084—92)。

1993 年 12 月 10 日,《地下水质量标谁》(GB/T 14848—93)。

1994 年 3 月 28 日,《地表水资源质量标准》(SL 63—94)。

1996 年 10 月 31 日,《地下水监测规范》(SL/T 183—96)。

1997 年 5 月 16 日,《水文调查规范》(SL 196—97)。

1997 年 6 月 24 日,《江河流域规划编制规范》(SL 201—97)。

1998 年 7 月 20 日,《水环境监测规范》(SL 219— 98)。

1999 年 4 月 29 日,《水资源评价导则》(SL/T 238—1999)。

2000 年 6 月 14 日,《水文情报预报规范》(SL 250—2000)。

2002 年 4 月 26 日,《地表水环境质量标准》(GB 3838—2002)。

2002 年 8 月 29 日,《中华人民共和国水法》。

另外,我国各省市、自治区政府根据国家治水法律法规和条例结合各地的具体情况制定了各自相应的防止水污染有关条例,各省(区)也出台了相应的水资源管理条例。如 1998 年 8 月 22 日陕西省第九届人民代表大会常务委员会第四次会议讨论通过了《陕西省渭河流域水污染防治条例》;2005 年 12 月 3 日陕西省第十届人民代表大会常务委员会第二十二次会议通过了《陕西省汉江丹江流域水污染防治条例》,自 2006 年 3 月 1 日起施行。2000 年 10 月 26 日山东省第九届人民代表大会常务委员会第十七次会议通过《山东省水污染防治条例》。1982 年 10 月 29 日山西省第五届人民代表大会常务委员会第十七次会议批准,根据 1994 年 9 月 29 日山西省第八届人民代表大会常务委员会第十一次会议通过的《关于修改〈山西省水资源管理条例〉第十九条第一款的决定》修正,2007 年 12

月20日山西省第十届人民代表大会常务委员会第三十四次会议修订的《山西省水资源管理条例》,自2008年3月1日起施行。1994年7月21日山西省第八届人民代表大会常务委员会第十次会议通过《山西省河道管理条例》,1994年10月1日起施行,等等。

第三节　水资源保护规划发展现状及存在的主要问题

一、水资源保护规划发展现状

我国的水资源保护规划工作可以说从新中国成立初期就已经开始,此时处于探索阶段。到20世纪70年代,已把水资源保护规划工作作为流域规划的一项重要内容,先后完成了流域水资源规划编制或修订工作。从1983年开始,各流域机构会同各省(区)市的水利、环保部门,开展了长江、黄河、淮河、松花江、辽河、海河、珠江等七大水系的流域水资源保护规划,至1988年底,七大江河流域水资源保护规划先后完成。此次规划完成了水体功能区划和饮用水水源保护区划分工作,并与水资源开发利用规划和水的长期供需平衡计划相协调,制定了水环境综合整治规划,确定了水污染防治措施和实施管理办法。这是我国自20世纪70年代初期开展水资源保护工作以来规模最大、最系统的规划工作,也是传统江河流域规划工作的新发展。

随着水资源保护工作的不断深入,水资源保护规划的内容不断深化和扩大。国内外大专院校和科研、设计单位也开展了水资源保护综合性研究项目,取得了一些研究成果,基本形成了一套比较完善的水资源保护工作内容和方法框架。

总体来看,水资源保护规划是在调查、分析河流、湖泊、水库等污染源分布、排放等内容的基础上,与水文状况和水资源开发利用情况相联系,利用水量水质模型,探索水质变化规律,评价水质现状和趋势,预测各规划水平年的水质状况,划定水体功能分区范围及水质标准,按照功能要求制定环境目标,计算水环境容量和与之相应的污染物削减量,并分配到有关河段、地区、城镇,对污染物排放实行总量控制,提出符合流域或区域经济社会发展的综合防治措施。

二、水资源保护规划存在的主要问题

由于人类不合理地开发利用水资源,在水资源保护问题上重视不够,导致目前水资源问题十分突出。也就是在这种情况下,迫使人们重视水资源的保护工作,也使水资源保护规划工作从开始重视到逐步实施,目前已成为水资源保护与管理必不可少的一部分。

水是人类维持生命和发展经济不可缺少的宝贵资源,水资源的开发利用为人类社会进步、国民经济发展提供了必要的基本物质保证。十分遗憾的是,由于人类不合理地开发和利用水资源,产生了一系列与水有关的问题,主要表现在以下几个方面。

(一)水资源短缺问题

由于可再生的水资源量是有限的,而随着社会经济的发展,人类对水资源的需求量却逐渐增加,进而导致水资源的短缺。造成这一问题的主要原因有以下几个方面:一方面,由于水资源量是有限的,这是水资源短缺的内在基础;另一方面,由于生活、农业、工业和

水力发电等所需水量大幅度增加，再加上人类活动排放污染物导致的水质变差，加剧了水资源的短缺，这是水资源短缺的外在因素。

我国多年平均降水总量为61 990亿m^3，其中45%转化为地下水或地表水资源，55%消耗于蒸散发。我国多年平均水资源总量为28 100亿m^3，其中地表水27 100亿m^3，地下水8 700亿m^3（重复计算量7 700亿m^3）。水资源总量居世界第6位，但人均占有量仅2 300 m^3，为世界人均占有量的1/4，居世界第110位，属于贫水国家。

我国农业、工业以及城市都普遍存在缺水问题。20世纪70年代全国农田年均受旱面积0.113亿hm^2，到90年代增加到0.27亿hm^2。农村还有3 000多万人饮水困难，全国600多个城市中有400多个供水不足。干旱缺水已成为我国经济社会尤其是农业稳定发展的主要制约因素之一。

（二）洪水灾害问题

洪水是一种自然的水文现象，洪水灾害是当今世界上造成损失最大的自然灾害。据联合国统计，每年全世界各种自然灾害所造成的损失中，洪涝占40%，热带气旋占20%，干旱占15%，地震占15%，其他占10%，可见洪水灾害所占的比例之大。

我国由于自然地理环境和历史发展等特殊条件，全国50%的人口、30%的耕地和70%的工农业产值都集中在七大江河的中下游约100万hm^2的土地上，2/3的国土上存在着不同类型和不同程度的洪水灾害。20世纪90年代以来，我国几大江河已发生了5次比较大的洪水，损失近9 000亿元。特别是1998年发生的长江、嫩江和松花江流域的特大洪水，充分暴露了我国江河堤防薄弱、湖泊调蓄能力低等问题。洪灾不仅影响人民的生活和生命财产安全，而且关系着经济社会的持续发展。

（三）水污染问题

水质问题给人类带来日益严重的灾难。目前大多数人只重视水量的多少，对水质重视不够，然而水质给工农业生产特别是人民生活用水带来越来越大的威胁。随着这一问题的日益突出，人们对水质管理重要性的认识将会很快赶上水量管理。如何使“水质”与“水量”统一管理又是一个十分重要的研究课题。

由于水污染问题的突出，导致水资源的水质型缺水日益严重，原本可以被人类利用的水资源现在由于污染而不能利用或降低使用范围，使原本紧张的用水状况更是雪上加霜。这些水的问题最终将成为21世纪经济和社会可持续发展的瓶颈。

另外，由水引发的国家间、地区间的争端将会越来越普遍。由于流域自然分界与行政分界的不完全一致性，导致了上游、下游为水而争。联合国在1997年《对世界淡水资源的全面评价》的报告中指出：“缺水问题将严重地制约21世纪经济和社会发展，并可能导致国家间的冲突”。因此，如何科学地管理和保护水资源就显得尤为重要，成为当今一个非常重要的课题。

三、解决水资源保护问题的途径

（一）建立合理的污水处理价格形成机制，促进城市污水处理和污水回用设施的建设与发展

我国城市污水处理价格形成机制不合理，严重制约着城市污水处理和污水回用设施的建设与发展。普及城镇污水处理设施、提高污水再生利用率,需要大量的资金投入。中国在计划经济体制下长期实行低水价政策,水资源价格的形成与水资源供需的实际情况相脱节,城市供排水设施的建设运营财政负担沉重。近年来国家加强了对水价改革的政策引导,并明确提出了将污水处理收费尽快调整到保本微利水平的要求,但由于受多种因素的制约,按上述要求调整到位尚需时日。目前征收城市污水处理费的城市不足一半,已经征收污水处理费的城市,大部分标准偏低,尚难满足设施的日常运行维护,更谈不上形成合理利润,吸引社会资金的投入。

(二)提高污水处理设施投资和运营的市场化程度

我国污水处理设施投资和运营的市场化程度低,融资渠道不畅。与不合理的价格形成机制相关联,目前我国城市污水处理设施建设的投资主体主要局限于政府,管理运营也几乎完全由政府直接操作。财政拨款成了污水处理设施投资建设或维护管理的主要来源。这种状况,一方面导致投资渠道的单一,资金严重匮乏;另一方面也导致经营管理上的政企不分、政事不分,使企业缺乏活力,造成投资效益低下。这种格局严重阻碍了污水处理市场的发育,制约了污水处理和再生利用的投资运营良性机制的形成。

(三)健全技术法规和配套政策体系

我国的污水资源化的推进亟待建立法律和制度保障。完善的立法和技术标准,是污水处理和污水资源化规范发展、安全运行的重要保障。我们充分认识到,制定科学的技术标准和规范、提出合理的指导性和强制性要求、确定相应的产业和经济政策,是推进污水资源化快速有序发展的重要保证。

(四)节约用水和防止水污染的基本途经

(1)江苏省苏州、无锡、常州三地区因过量开采地下水,造成地面沉降和地裂缝等地质灾害,72位人大代表为此集体提出议案,江苏省政府最近决定在苏、锡、常地区限期全面禁采地下水。

(2)考虑利用海水作为城市居民区生活杂用水和冲厕用水,兼作城市消防系统用水。

(3)各地农业区发展并推广应用了新的灌溉技术,大大降低了用水量并提高了利用率,节水效果明显。

(4)工厂都必须有污水处理器,污水不可以直接排到河流、小溪中。

(5)编制专项治理规划,狠抓规划的控制实施,提出"以发展为中心,以规划为龙头,以法制为手段,以治水为重点,以工程为纽带,以达标为己任"的治理工作方针,进一步明确了水污染控制的目标任务和基本思路。

(6)建设城市市区截污处理工程,市区生活污水收集处理达标后,方可排入河道内。

(7)家庭只要注意改掉不良的习惯,就能节水70%左右。与浪费水有关的习惯很多,比如:用抽水马桶冲掉烟头和碎细废物;为了接一杯凉水,而白白放掉许多水;先洗土豆、胡萝卜后削皮,或冲洗之后再择蔬菜;用水时的间断(开门接客人,接电话,调电视机频道时),未关水龙头;停水期间,忘记关水龙头;洗手、洗脸、刷牙时,让水一直流淌着;睡觉之前、出门之前,不检查水龙头;设备漏水,不及时修好。

(8)用鱼缸里换出的水浇花,用洗完衣服的水冲厕所。

(9)日本东京有一座很有特色的"水道纪念馆",各界市民特别是学生分批来此参观,接受供水历史和节水知识教育,效果很好。这里展示了东京周围环境,包括河道水源地、净水场的大模型,让人一目了然知道水的来之不易。净水工艺的展示让人切实感到吃水完全可以放心。馆中陈列着最古老的净水池遗址,旧时代水道所用的泵式消防器、竹管、接头等器具实物,十分珍贵。馆内还重点介绍了东京更换 7 800 km 旧管道以减少漏损的辉煌业绩,以及别出心裁的地震应急供水设施。在这里,还能看到从大杂院公用水井发展到今天先进供水的步步历程。我国也可以效仿。

(10)新建供水工程时,新增工业水用量要经上一级城市建设主管部门同意。超计划用水应加价收水费。生活用水按户计量收费。新建住宅安装分户计量水表。

(11)①加强宣传教育,增强全民的节水意识和环保意识;②把经济社会的发展与节水结合起来,大力发展水资源节约型产业,发展节水型农、工业,建设节水型城市和社会;③采取多种措施加大治污力度,保证输水水质,依法治污,科技治污;④高度重视生态环境保护,水源区要采取措施保护好水质,防止调水对生态造成的不利影响,受水区要禁止超采地下水,逐步恢复和改善生态环境;⑤依法治水。

青少年应树立珍惜和保护水资源的观念,积极向周围的群众宣传保护水、节约水的重要性,从我做起,从现在做起,从节约每一滴水做起,认真落实环保行动,为经济社会的可持续发展贡献力量。

第四节　城市污水和雨洪水资源化利用的原则、途径与方法

水资源是基础自然资源,是生态环境的控制性因素之一,同时又是战略性经济资源,是一个国家综合国力的有机组成部分。对于我们这样极度缺水的国家,洪水具有灾害与资源的双重属性,必须在防洪减灾的同时尽量提高洪水资源利用率。

我国水资源总量为 2.8 万亿 m^3,按现在人口统计,人均水资源量不足 2 220 m^3。水资源短缺已成为社会经济发展和生态环境修复的重要制约因素。预测到 2030 年,我国人口增至 16 亿人时,人均水资源量将降到 1 760 m^3。按国际上的标准,人均水资源量少于 1 700 m^3 为极度缺水的国家。特别是我国北方地区人均水资源量只有全国的 1/3 或更少,而水资源总量的 70% ~80% 集中于 7 月和 8 月的主汛期,甚至就集中于主汛期的几场洪水。因此,对于我们这样极度缺水的国家,洪水具有灾害与资源的双重属性,我们必须在防洪减灾的同时,尽量提高洪水资源利用率,增加洪水资源化的总量,以缓解我国水资源紧缺的矛盾和改善流域生态环境。

一、城市污水和雨洪水资源化利用的原则

城市污水和洪水资源化是在保证防洪、供水安全的前提下进行的。这可由"中华人民共和国建设部、科学技术部 2006 年 4 月城市污水再生利用技术政策的目标与原则"来深刻理解。

1　总　则

1.1　为明确城市污水再生利用技术发展方向和技术原则，指导技术研究开发、推广应用和工程实践，促进城市水资源可持续利用与保护，依据《中华人民共和国水法》、《中华人民共和国水污染防治法》、《中华人民共和国城市规划法》和《城市节约用水管理规定》，制定本技术政策。

1.2　本技术政策所称的城市污水再生利用是指，城市污水经过净化处理，达到再生水水质标准和水量要求，并用于景观环境、城市杂用、工业和农业等用水的全过程。

1.3　本技术政策适用于城市污水再生利用（包括建筑中水）的规划、设计、建设、运营和管理。

1.4　城市污水再生利用应与水源保护、城市节约用水、水环境改善、景观与生态环境建设等结合，综合考虑地理位置、环境条件、经济社会发展水平、现有污水处理设施和水质特性等因素。

1.5　国家鼓励城市污水再生利用技术创新和科技进步，推动城市污水再生利用的基础研究、技术开发、应用研究、技术设备集成和工程示范。

2　目标与原则

2.1　城市污水再生利用的总体目标是充分利用城市污水资源、削减水污染负荷、节约用水、促进水的循环利用、提高水的利用效率。

2.2　2010 年北方缺水城市的再生水直接利用率达到城市污水排放量的 10% ~ 15%，南方沿海缺水城市达到 5% ~ 10%；2015 年北方地区缺水城市达到 20% ~ 25%，南方沿海缺水城市达到 10% ~ 15%，其他地区城市也应开展此项工作，并逐年提高利用率。

2.3　资源型缺水城市应积极实施以增加水源为主要目标的城市污水再生利用工程，水质型缺水城市应积极实施以削减水污染负荷、提高城市水体水质功能为主要目标的城市污水再生利用工程。

2.4　城市景观环境用水要优先利用再生水；工业用水和城市杂用水要积极利用再生水；再生水集中供水范围之外的具有一定规模的新建住宅小区或公共建筑，提倡综合规划小区再生水系统及合理采用建筑中水；农业用水要充分利用城市污水处理厂的二级出水。

2.5　国务院有关部门和地方政府应积极制定管理法规和鼓励性政策，切实有效地推动城市污水再生利用工程设施的建设与运营，并建立有效监控监管体系。

二、城市污水和雨洪水资源化利用的途径

经过适当处理的城市污水和雨洪水可以通过农业灌溉、工业生产、城市景观、市政绿化、生活杂用、地下水回灌和补充地表水等途径得以有效利用。

（一）城市污水资源化利用的途径

（1）制定城市水资源综合利用规划，统筹安排城市供水、排水、污水处理和再生水设施的建设与发展。在编制城市总体规划时，应该对城市用水需求和可用水资源的情况作出尽可能准确的估计和判断，并以此确定城市规模和经济结构，使城市建设和发展真正做

到量水而行。要根据不同水源的数量、质量特征和不同用水的具体需要，合理确定开发次序和供水次序，优化配置各类水资源。

需特别强调的是，在确定城市用水策略时，应当明确这样的指导思想：首先应该立足于本地自有水源，最大限度地实现水的再生利用，藉此增加可用水量，满足城市的用水需求。尽可能降低对外部水源的依赖程度，减少或避免远距离调水对生态环境可能产生的不利影响。要以提高城市用水效率、实现污水资源化为方向，转变城镇供排水的工作重点和工作方式，将再生水作为水资源的组成部分，直接纳入城镇用水供需平衡之中，将污水处理和再生水设施建设作为供水能力建设的一部分，统筹规划，协调发展。

各城市的市政、环卫、园林、绿化等公共设施用水，要在实行计量计价制度的基础上，积极创造条件，率先推广使用再生水。

(2)制定污水再生利用的法律法规和技术规范，完善相关配套政策。要在现行的相关法律和国家标准的基础上，制定颁布指导城镇污水处理和再生利用的法规和技术规范，完善法律保障体系。以污水资源化为目标，从严确立城镇污水处理的总体要求和基本标准，并对城市污水处理设施建设的规划、设计、投资、收费、监督、管理等加以规范。组织各有关部门，抓紧研究建立各类用途再生水的水质标准体系，并制定发布相关的安全卫生技术导则，确保城市污水再生利用健康有序地推进。

(3)加快污水再生利用的市场化进程，建立符合市场经济规律的融资、价格形成机制和运营机制。要筹集足够的建设资金并实现污水处理和再生利用运营管理的良性循环，就必须使污水处理收费建立在合理的价格形成机制之上。只有当污水处理收费达到偿还投资和补偿成本的水平时，才能使污水处理和再生水设施的建设真正具备市场融资的能力。首先要大力推进城镇供水、污水处理和再生水价格形成机制的改革。在全面开征城镇污水处理费的基础上，以补偿运行成本、偿还贷款本息、实现微利或合理利润为目标，尽快将污水处理收费调整到适当水平。要加快研究并建立再生水替代自然水源和自来水的成本补偿机制与价格激励机制。原则上讲，再生水的价格要低于自来水价格，以优惠的价格政策鼓励使用再生水。

在建立合理的价格形成机制的前提下，要统一市场准入标准，减少市场准入限制，广泛吸纳国内多种经济成分的投资和国外资金，推进污水资源化建设的投资主体多元化。同时，要引入市场竞争机制，尽快实现污水处理和再生水运营的企业化、社会化，提高效率，降低成本。要继续推进政企和政事分离，将政府管理的重点转移到建设规划、政策法规、技术规范的制定及其执行监督上，加强市场的培育和规范，努力营造公平、公正的污水处理和再生利用市场环境。

(4)加强技术创新，加快技术进步，促进污水处理和污水回用的产业化。污水资源化是一个技术含量高、建设投资规模大的系统工程，具有自身独特的生产、运行和营销特点。为尽快提高我国城镇污水处理和再生利用的工艺设计水平，形成规模化、低成本、质量可靠的污水再生利用的技术与设备材料开发生产体系，要加大科学研究投入，借鉴和吸收发达国家的先进技术，充分利用高等院校、科研设计院所和环保产业的资源，以市场需求为导向，积极组织产、学、研相结合的科技攻关，研究开发适合中国经济现状和发展水平的安全、可靠、高效、低能耗、低投资的工艺技术和配套设备，为污水再生利用的产业化发展奠定坚实的基础。

实现污水资源化，防范和避免水资源危机，是关系全球经济发展和人类生存环境的重大课题。作为世界上最大的发展中国家，我们深知推进污水资源化任务的艰巨和责任的重大。同时，中国污水资源化事业的高速发展，也将为各国展现良好的市场机遇和合作前景。中国已经成为 WTO 大家庭的成员，我们将进一步加强水资源环境保护和污水资源化领域的国际经济合作与技术交流，积极吸收和借鉴各国的先进经验，大力推进污水资源化进程。我们欢迎各国的金融机构和企业投资于中国的城市污水资源化项目的建设和经营，互惠互利，共同发展，为改善全球水资源环境，促进人类社会可持续发展共同作出贡献。

（二）洪水资源化利用的途径

洪水给人类带来过巨大灾难，但其本身并不只具有灾害属性，在某种程度上还具有资源属性，即具有水害和水利双重特性。随着水资源短缺的加剧，愈来愈多的水利专家学者开始关注洪水资源化问题。

洪水资源化的主要途径：一是通过调蓄，将汛期洪水转化为非汛期供水。水库是调蓄洪水的重要手段，适当抬高水库的汛限水位，多蓄汛期洪水增加水资源可调度量，可以用于下游城市供水和农田灌溉；二是作为环境用水，利用洪水输送水库和河道中的泥沙及污染物，将洪水作为调沙用水和去污用水，输沙减淤，清除污染物；三是引洪灌溉，将汛期洪水用于补源和灌溉，如可以弥补湿地水源不足和地下水源不足。具体有以下几点。

1. 修建水利工程调控洪水资源

长期以来，修建水利工程调控洪水资源，就是洪水资源化的最主要工作内容。洪水资源化主要是针对多年来过于强调“入海为安”式的防洪安全，而不太兼顾多蓄水兴利的传统观念和做法而提出的。严格地讲，洪水资源化应该是在保证防洪安全的前提下提高洪水资源利用率，增加洪水资源化的总量。洪水资源化的前提是保证防洪安全，水利信息化的“龙头工程”——国家防汛抗旱指挥系统工程的建设，使雨水工程灾情信息的采集、传输、存储实现了自动化，为信息服务、防洪形势分析、洪水预报与调度、防汛会商等业务分析系统提供了支撑平台，同时也为洪水资源利用奠定了信息化基础，使得洪水资源化成为可能。

2. 综合应用现代联合调度技术动态控制汛限水位

具体来说，洪水资源化是综合应用现代的信息技术、管理技术、水文气象预报技术、水利工程联合调度技术，在保证防洪安全的前提下，利用水库、湖泊、拦河闸坝、自然洼地、水保工程、地下水库、蓄滞洪区等蓄滞水工程拦蓄和滞留洪水，利用引水工程引蓄和配置洪水，利用水库洪水开展水沙调控调度，从而提高供水工程的供水量及其保证率，增发水电站发电量，补充地下水，减轻水库与河道淤积，改善河流、湖泊、湿地的生态环境与人类居住环境。

尽管我国大部分地区都有洪涝、旱灾发生，但洪水资源化的重点应放在水资源紧缺地区，尤其是我国北方地区。北方地区多属资源型缺水，在当地修建新的蓄供水工程的可能性已很小。

目前解决资源型缺水城市用水问题的主要措施有：在节水方面的经济手段调控、供水管网改造、节水洁具应用、节水灌溉等，在新水源方面的雨水收集利用、中水回用、海水淡化与直接利用、跨流域引水等。其中雨水收集利用属洪水资源化的建设内容，但大多都属于投资较大的工程措施。还有一类措施是依靠科技进步的非工程（软）措施来提高洪水资源利用率。它以信息化为基础和支撑条件，开展提高洪水资源利用率新方法的研究与应用。比如水库汛限水位的动态控制方法研究，它是在现有水库工程不变的条件下，通过利用多种预报与统计信息，研究缓解水库防洪与兴利间矛盾的方法。这种方法投资小，效益大，研究周期短，但需要有良好的降雨预报、洪水预报、洪水调度的信息化水平与技术水平作为支撑与保障。因此，应首先开展洪水资源化的软科学（非工程措施）研究与实施，即在现有的工程条件下提高洪水资源利用率，然后开展相应工程措施的研究与实施。

水库既是洪水调蓄的控制性工程，又是主要供水水源和发电基地。在以往的常规调度中，常常受单一汛限水位的约束，水库在汛期不得不弃水，而汛期过后在允许蓄水时却来水很少、无水可蓄，造成洪水资源浪费和供水短缺。这种状况在北方地区尤为突出。

水库汛限水位，是水库在汛期允许兴利蓄水的上限水位。水库在调蓄洪水中根据调度规则确定放水决策，当发生较大洪水时，水库水位可能超过汛限水位，这是规则允许的，但在洪水过后要使水库水位尽快回落到汛限水位。

汛限水位动态控制的基本理念是：要利用一切可利用的信息，如卫星云图、数值预报产品、降雨预报、洪水预报、补偿水库的实际库水位等，将未来某一时期的汛限水位控制在原设计汛限水位上下的一个约束域内。高于原设计汛限水位目的是充分利用洪水资源，且不降低原设计标准；低于原设计汛限水位的意图是提高水库及其上下游原设计的防洪标准，且不降低原设计供水保证率。

汛限水位动态控制的基本理念打破了某一时刻单一汛限水位的传统理念，根据安全与经济的原则，将汛限水位确定为一个控制范围，有效地缓解了水库防洪与兴利间的矛盾。但这一方法与技术的应用，需要及时收集水雨情信息，需要洪水预报与调度模拟软件系统，只有在信息化建设的支持下才能得以实现。

水库汛限水位动态控制方法研究，在实施“汛限水位动态控制方法”的必要性与可行性分析的基础上，重点研究洪水预报和降雨预报信息的利用、汛限水位动态控制范围设计方法、实时确定汛限水位动态控制值的方法、汛水位动态控制的风险与效益分析。

水库汛限水位动态控制研究成果首先在大连市碧流河水库得到应用，创造了巨大的社会效益和经济效益。在碧流河水库2005年和2006年汛期的实际应用中，在确保水库防洪安全的前提下，分别增加兴利蓄水5 000万m^3和3 000万m^3，直接经济效益达到5 000万元，为缓解大连市用水紧张局面、保障社会经济持续快速发展起到了重要支撑作用。

洪水资源化的主要形式包括：在水库调度中考虑洪水在河道中的滞留时间，以回补地下水和改善下游河道生态环境；利用湖泊、拦河闸坝、自然洼地、水保工程、蓄滞洪区、地下水库蓄滞洪水，以回补地下水和改善生态环境；向湿地引蓄洪水，以保持湿地生态环境和回补地下水；利用水库洪水开展水沙调控调度，以减轻水库及其下游河道的泥沙淤积；充分利用汛期洪水，以进行流域水量的配置和跨流域配置洪水资源等。

3. 清洁用水

利用屋顶集水、蓄水,雨水水质差,但可回用于冲厕、洗车、道路浇洒及绿化;建设绿地雨水回收利用设施,推广绿地节水型灌溉方式,提高雨水利用效率。

4. 利用透水性材料铺,最大限度地补充地下水

在路面、广场、停车场采用透水砖、嵌草砖等透水性材料进行铺装,提高雨水渗透能力,最大限度地补充地下水。

(三)城市雨洪水资源化利用的方法措施

雨洪资源利用,需要采取工程、技术、行政、法律等诸多手段。这些年来,很多城市在防汛抗旱工作中,积极实践"两个转变"的思路,推行洪水资源化,建设了诸多的集雨、蓄水工程,也开发出了一系列实用的新技术。但是相对于工程、技术措施而言,法律制度的建设、观念的转变因其艰难也显得尤为重要。

《北京市节约用水办法》出台,提出"绿化用水鼓励使用雨水和符合用水水质要求的再生水,逐步减少使用城市自来水",并明确规定"住宅小区、单位内部的景观环境用水和其他市政杂用用水,应当使用雨水或者再生水,不得使用自来水"。近年来,各地通过法规建设开始对雨洪资源利用进行制度规范。这说明人们长期以来形成的"洪水入海为安"观念正在发生改变。事实证明,在水资源短缺的情况下,适时转变治水观念,合理利用雨洪这种非常规水资源,必将带来巨大的经济、社会、生态效益。

抓住汛末的有利时机,利用各种蓄水、集雨设施,尽量多引、多提、多拦、多蓄水,为城市雨洪水资源化利用打好基础。具体有以下几点。

1. 加强集雨工程建设,科学调度,为城市积攒"生命水"

各地应加大集雨工程建设投资力度,尽可能多的拦蓄雨洪,并做好科学调度,为城市积攒"生命水"。汛期科学调度水库是雨洪资源化的有效方法。北京、天津、大连等城市积累了一定的经验。

据调查资料,在国家提出变防汛为迎汛的第一年(2005 年),进入汛期以后,北京市充分利用已建成的中小水库联调系统和雨洪滞蓄工程,将雨水蓄积起来,在确保安全的前提下尽量多蓄水。经过科学调度,当年城区蓄滞雨洪 4 000 多万 m^3,密云水库蓄水在近三年来首次突破 10 亿 m^3。入汛后,中小水库蓄水联调系统以密云水库、怀柔水库为中心,以河道为纽带,联合调度两个水库上游的众多中小水库。在主汛期,所有水库按照预案和调度规程严格控制水位运行,一方面保证超汛限水库安全度汛;另一方面有效实施水库联合调度。7 月中旬和 8 月中旬,以密云水库为中心,从遥桥峪、白河堡水库向密云水库调水共计 6 875 万 m^3。汛末,除病险水库,各小型水库积极拦蓄雨洪尾水,截至 9 月 16 日,各小型水库共蓄水 2700 万 m^3,与去年同期基本持平。

在天津,受 2006 年第九号台风"麦莎"的持续影响,8 月中旬,滦河、海河流域大部分地区出现了强降雨。天津市抢抓机遇,利用引滦输水工程调引雨洪水,累计调水 2.56 亿 m^3,最大限度地利用了雨洪水资源,为今后一段时间的城市供水创造了良好条件。

近年来,天津市广泛开展以平原小水库、水柜、水池、山丘区水窖、塘坝为主的雨水集蓄利用工程建设。截至 2004 年底,全市已建成大、中、小、微各类雨洪水利用工程近 2.5 万处,雨洪水资源利用能力达到近 10 亿 m^3。

针对上游地区降雨较多,形成洪水经天津宣泄入海的情况,天津市有关部门在确保防洪安全的前提下,积极拦蓄雨洪水资源。到汛期结束,天津市农业蓄水达到6.54亿m^3,为1997年以来的最高水平。其中,中小水库蓄水39 424万m^3,坑塘蓄水14 885万m^3,河道蓄水11 109万m^3。

大连市水务局近年来组织有关单位,开展了城市主要水源地——碧流河水库的"汛限水位设计与运用"课题研究。通过科学分析和论证,改变传统的调度方式,在不增加水库工程投资和保证工程安全的前提下,采用动态控制调度方案,使汛限水位由原来设计的68.1 m提高到68.5~68.8 m,使兴利库容增加5 840万m^3,相当于建一座中型水库,可保证40万人的基本生活用水。据统计,2006年碧流河水库比传统调度时多蓄水4 000万m^3。

大连市"十五"以来在农建工作中建成各类主要水源工程1 190项,集雨工程133项。目前全市有蓄、引、提等工程近8 000项。这些工程措施为拦蓄雨洪资源创造了条件。据统计,到2006年汛期结束,大连市小(2)型以上水库蓄水14.64亿m^3,比去年同期多蓄水3.24亿m^3,集雨工程和各类小型水源工程蓄水5 000万m^3。有关人士称,目前大连市水库蓄水丰沛,可保经济社会发展三年无忧。

2.利用城市河湖留住雨洪,为河湖补充"生态水"

2005年汛期,北京市充分利用城市河湖拦蓄雨洪资源,改善水环境,有效节约了密云水库的环境用水。汛期通过潮白河橡胶坝、凉凤灌渠、通惠灌渠三个城区雨洪蓄滞区拦蓄雨水3 453万m^3。城市河湖拦蓄雨洪515万m^3,其中为颐和园、紫竹院等公园补充环境用水356万m^3。

3.广泛发动群众,充分利用各种集雨器蓄积雨水

2005年,北京市水务局、林业局、园林局向全市发出倡议书,采取各种措施将地面、道路、屋顶等处的雨水收集处理,回用于冲厕、洗车、道路浇洒及绿化;建设绿地雨水回收利用设施,推广绿地节水型灌溉方式,提高雨水利用效率;在路面、广场、停车场采用透水砖、嵌草砖等透水性材料进行铺装,提高雨水渗透能力,最大限度地补充地下水。

天津市本着科学管理洪水、实现雨洪水资源化的原则,不断修订完善《天津市设计洪水、中小洪水调度方案》和《天津市雨洪水利用调度预案》,在确保防洪安全、供水安全的前提下,充分利用现有水利工程和坑塘洼淀,科学合理拦蓄雨洪水,冲污压咸,以蓄代排,引蓄结合,主动、适度淹泡一些湿地,增加地表水源,补充地下水资源,逐步改善和修复水环境。

2005年9月,天津市水利部门科学引调水源,冲洗海河及与之相通的景观河道,有效改善了海河中心城区段水体水质和周边水环境。8月中旬,天津市中心城区及周边地区普降暴雨,市水利部门当机立断,及时提启独流减河工农兵防潮闸,排除囤积多年的雨污水,利用城乡沥水冲洗独流减河河道,共置换出严重超标水体7 000万m^3,使独流减河周边水环境大为改观。引调潮白河雨洪水8 500万m^3,冲洗蓟运河河道,使多年超标的蓟运河河道水质满足了农田灌溉标准,极大改善了蓟运河周边环境。

4.加强宣传教育,树立洪水利用的科学理念

雨洪利用与防洪、防止水污染一样,需要有科学理念和正确的舆论导向支持。雨洪资

源利用，对城市有特殊的意义，一方面可以增加供水水源，保障城市饮水安全和经济社会发展安全；另一方面可以增加生态用水，改善城市水环境。从另一种意义上说，雨水被蓄集起来，也减轻了城市排水的压力。北京、天津、大连等城市科学调度、有效利用雨洪资源，在汛期得了洪水之“利”。事实上，每年汛期，很多城市也都在积极开展这项工作。毕竟，对于缺水的城市来说，汛期蓄水是一个难得的机遇。

5. 加强洪水资源化研究，建立健全管理调度体制机制

洪水资源化是一个新课题，是一个复杂的系统工程。尽管近年来已有一些成功的实践或试点，但仍缺乏较系统的应用基础理论的指导。因此，在进一步提高对洪水资源化认识、加强领导、统一规划和继续加快水利信息化建设的基础上，还必须加大科研力度，组织科研院校开展洪水资源化基础理论、应用理论、管理调度体制机制等方面的研究。

依据《国家中长期科学和技术发展规划纲要（2006～2020年）》的优先主题，科技部在“十一五”国家科技支撑计划中设立了“雨洪资源利用技术研究及应用”重点项目，并委托水利部作为项目的组织部门。目前此项目已启动，将重点进行洪水资源评价体系研究及其在我国各大流域的应用、现有防洪工程洪水资源利用关键技术研究与示范、城市雨水资源利用模式研究与示范、地下储水空间雨洪资源利用模式研究与示范、雨洪资源利用的风险与效益评估方法研究、流域雨洪资源利用的技术集成化和保障体系研究。这些都是洪水资源化中的关键技术。有理由相信，理论与实践相结合，将为洪水资源化提供理论指导、技术支撑和体制保障。

第五节　现代水资源规划与人水和谐发展

一、人水和谐发展的重要性

近年来的大洪水给了我们一个重要启示，就是人类妨碍了水的出路，水也就不给人出路。“人与自然和谐相处”，是中国水利发展全部理论的精髓。它是多年来广大水利人在水事活动中反复经历成功、失败、挫折的经验总结。这一思想在前水利部部长汪恕诚《坚持科学发展观　坚定不移地走可持续发展水利之路》、《再论人与自然和谐相处——兼论大坝与生态》以及水利部发展研究中心撰写的《2004年水利发展形势分析》等重要文章中都作了详尽的阐述。

新中国成立以来，特别是党的十一届三中全会以后，我国水利事业发展迅速，大投入、大开发、大建设、大发展，一方面以优质的水资源和防洪除险为我国的经济腾飞提供了有力的支撑，做出了重大贡献；另一方面又使水灾、干旱、水污染等水环境进一步严重恶化，给人们敲响了警钟。人们痛定思痛，不得不对多年来我国治水理念、治水思路以及所谓的经验进行深刻的反思。前水利部部长汪恕诚在他的文章中分析了人与自然关系发展所经历的“依存、开发、掠夺、和谐相处”的四个时期，深刻说明了人们的治水过程是不断地认识自然、改造自然、同自然和谐相处的过程。如果人们能敬畏自然，认真研究大自然的规律，并遵循该规律去进行水事活动，那么大自然就会以她博大的胸怀和恩赐回报人类，为人类荫蔽造福；反之，只从人类的需求出发，一味地开发建设，甚至无情地对大自然进行掠

夺，造成不应有的创伤，那么大自然也就会无情地以干旱、洪涝、水土流失、生态破坏、水污染等严重恶果对人类进行报复。20世纪初，在我国水利事业遇到重要挑战和发展机遇的时候，水利部领导提出了“人与自然和谐相处”的重要思想，并得到了中央领导的充分肯定，这是对我国多年来治水理念的重要突破和重大理论贡献，它将在我国治水历史上产生重大的影响，将使我们在今后水利事业发展中由盲从转向理智，由崇尚“人定胜天”转向人水和谐发展，从急功近利转向可持续发展的水利思路，其意义极为深远。

“人与自然和谐相处”的思想，同党中央提出的科学发展观是一致的。党的十六届三中全会提出坚持以人为本，树立全面、协调、可持续的发展观，促进经济社会和人的全面发展，并强调要统筹城乡发展、统筹区域发展、统筹经济社会发展、统筹人与自然和谐发展和统筹国内发展及对外开放。把人与自然和谐发展作为五个统筹之一，表明了党中央在把握经济建设指导思想上更注重了全面性、合理性和“天人合一”完美境界的追求，非常符合我国经济社会发展的实际以及国际经济社会发展的趋势，也表达了广大水利人多年来的共同心愿。

人水和谐发展的理论不仅是水利发展理论的重大突破，同时也具有很强的实践性和针对性。汪恕诚在《再谈人与自然和谐相处》一文中就我国目前存在的“四大水问题”论证了人水和谐发展的重要性和必要性，强调了“四大水问题”就是当前按照人水和谐发展理论需要认真解决的四个核心问题。

一是给洪水以出路，解决洪涝灾害问题。新中国成立以来，我国修建了大量的以大坝、闸涵、堤防、渠道等为主的防洪工程体系，这些水利工程无疑在多年的防洪除险中发挥了重要的不可替代的作用。但是由于人们长期以来忽视人与自然的和谐相处，只注重堵，而轻视疏，致使随意侵占行洪河道，种植、设场、盖房等，堵塞河道，造成了许多洪涝灾害的悲剧。河北省1996年大洪水就因河道被侵使两个县城痛遭淹没。根据洪水灾害具有自然和社会双重属性的特点，给洪水让路，不仅要体现在抗洪期间，而要把它作为整个防洪工作的指导思想。比如在城市规划中，不能侵占行洪河道，要让出一定的宽度来，防止人为约束河道造成恶果；在堤防建设上，要统一规划，因地制宜，在一些山区、支流或非人口密集区，要适度控制堤防建设的规模；在防汛中要加强分蓄洪区建设，科学合理地运用分蓄洪区；在处理江湖关系、雨洪资源利用等一切工作中，都要按照给洪水让路的思想展开。只有这样，才能真正落实人水和谐的理念。

二是建设节水型社会，解决我国干旱缺水的问题。我国水资源短缺，特别是北方地区严重短缺，这已成为人们的普遍认识。如何应对干旱缺水，必须清醒地认识到，我国水资源总量短缺，单靠修水库、建调水工程，是不能从根本上解决问题的，建设节水型社会才是解决我国干旱缺水问题的最根本、最有效的战略举措。建设节水型社会首先要使全民树立节约水资源的意识，把节约、保护、优化、合理开发水资源变成全民的自觉行动。贯彻人水和谐的思想，建立节水型社会还必须建立以水权、水市场理论为基础的水资源管理体制，通过社会制度特别是以经济手段为主的节水机制，来提高水资源的利用率，改善水环境，达到可持续利用。

三是依靠大自然的自我修复能力来改善水土流失的状况。面对大自然，人的力量终究是有限的。因此，依靠大自然自身的力量来治理水土流失不失为明智之举。实践证明，大自然在不受人类干扰的情况下,是可以依靠自身的力量实现生态自我修复的。近几年我国在生态治理中所采取的退耕还林、封山禁牧禁伐等措施都不同程度地见到了效果。因此,我们要积极采取工程措施、行政措施、技术措施等,为大自然的自我修复创造条件,以增强其自我修复的能力。

四是认真解决水污染的问题。水污染已成为影响水环境恶化的重要部分,这几年人们已经饱尝了水污染的苦头,这也是大自然对人类的报复。解决这个问题,一方面要严格排污权的管理,采取行政的、经济的、技术的和其他一切有效措施,把水污染降到最低限度;另一方面要在宏观上充分考虑发展绿色经济,以减少对大自然的污染。

"人与自然和谐相处"这一水利发展的新理论占领了水利发展理论研究的制高点,已越来越被全社会特别是广大水利人所认识、所接受。一个理论产生不容易,发展和完善更不容易。在党中央、国务院的正确领导下,在水利部领导和广大水利人的共同努力下,人水和谐发展理论研究之路将越走越光明,水利事业将越发展、越辉煌。

二、人水和谐发展的特征

什么是人水和谐发展的特征呢?这里照录几位专家学者的论点如下。

(一)中国工程院李佩成院士的论点

在《李佩成解读人与自然和谐相处》(作者:66WEN 收集整理,来源:www.66wen.com,更新时间:2006 年 11 月 3 日)一文中有这样几段话:

谈到在构建社会主义和谐社会中如何做到人与自然和谐相处这个话题,中国工程院李佩成院士讲:人与自然和谐相处,就是生产发展、生活富裕、生态良好。人生在世有两个关系必须处理:一个是人与人的关系,另一个是人与自然的关系。所以,从古到今,政治家、哲学家、教育家都在教导人们正确处理这两个关系。当前,我国正处于高速发展时期,一个开发资源、改造自然、再造秀美山川的热潮在全国迅猛发展,伤害自然以及遭受自然报复的事件也在增加。在这种形势下,中央作出人与自然和谐发展的指示,教育人们正确地处理人与自然的矛盾,减少人对自然的破坏和自然对人的报复,从而形成一个和谐的社会。

记者:您说到要形成人与自然和谐相处的局面,需要作出不懈的、巨大的努力,这些努力包括哪些方面?

李佩成:如何做到人与自然和谐发展,有几点是十分重要的。一是要正确地认识自然,认识自然规律。"知己知彼,百战不殆",这是孙子兵法所说的克敌制胜的法宝,其实对自然的改造并达到与其和谐相处、发展也是一样的道理,首先要尽量深入地认识人们面对的自然,认识它的规律。这就需要进行调查研究,进行科学的探察,进行由表及里的分析研究,防止浮躁和粗枝大叶。这就是中央强调科学发展观,提倡调查研究的目的所在。二是在总结前人经验的同时重视科学试验。勤劳智慧的中国人民对自然有过长期的观察,积累了改造自然并与自然和谐相处、发展的丰富经验,都江堰、苏州园林、黄土高原的梯田……这些都是前人改造自然并与自然和谐相处的成功范例。它们产生于前人对客观事物的正确认识和对其规律的深入把握,也是千百年反复实践认识的结果。我们应当认真总结。在强调以史为鉴的同时,还要强调调查研究,强调科学实验,强调在继承和实践中发展，在发展中创新，不要把人与自然和谐相处口号化、简单化。三是要提倡百家争鸣。“真理越辩越明”。要想做到正确地认识自然和科学地改造自然，还有一个法宝就是学术上的百家争鸣。要让大家发表意见，让人家提问题，不要搞“一言堂”。

记者：那么，人类改造自然和人与自然和谐相处又是什么关系？

李佩成：我认为，和谐相处从哲学上讲是相对的，而矛盾和差异是绝对的。但作为生态主体的人的责任，在于正确处理人与自然之间的矛盾，建立一种互不伤害的关系。从科学层面谈，和谐相处就是按自然规律对待自然。但无论怎么说，人类对自然的改造从古到今，直至未来都是不会停止的；否则，不断增多的人类的衣食住行如何解决？所以说，改造是绝对的，不要回避，问题在于如何改造、“和谐相处”？我认为，就是在改造过程中要按自然规律办事，因势利导，在变更自然不适合甚至有害于人类生存的条件时，要排除损毁性的或引发生态灾难的粗暴行为，使人与被改造的自然对象处在相伴相生、蓬勃共荣的态势中。无数事例都可证明，科学地认识自然和正确地改造自然之间，可以实现辩证的统一，做到人与自然和谐相处，最终达到人与自然和谐相处的天蓝、地绿、山清、水秀、人富的境界。

从上述内容不难看出，人水和谐发展的特征应为：生产发展，生活富裕，生态良好。

（二）长江水利委员会主任蔡其华论“人水和谐”的基本内涵

1. 在观念上，要牢固树立人与自然和谐相处的思想

在一个更大的尺度上，人与自然都是一个复杂生态系统的组成部分。在这个系统中，人与水既有主客体的对立，更有主客体的统一。人水关系中，人是主导方面。正是因为人类不合理的活动，才加重了人水关系的紧张，激化了人水矛盾，导致人类遭受河流的报复。要改变这种对抗，必须首先牢固树立人与自然和谐相处的理念。须知，自然界的基本结构单元是多种多样的生态系统，处于一定时空范围内的生态系统，都有特定的能流和物流规律。只有顺从并利用这些自然规律来改造自然，人们才能持续取得丰富而又合乎要求的资源来发展生产，从而保持洁净、优美和宁静的生活环境。

2. 在思路上，要从单纯的治水向治水与治人相结合转变

总结长期以来的治水做法，总是“头疼医头，脚疼医脚”，片面强调治水而忽视或有意回避对人类活动的治理。例如，为了经济社会的发展，我们不惜占用本来是河流行洪的滩地和低洼地带，把厂矿企业和城镇布置在洪水高风险地区，而不去主动避让洪水。一旦遇到洪水，总是水来土掩，拼命加高加固堤防，反而带来更大的风险。又如，为了满足高耗水产业的用水需求，则千方百计地开发水资源，导致河流干涸、地下水严重超采，结果是越缺水越开发，越开发越缺水，形成了恶性循环。再如，面对严重的水资源污染和水土流失，人类最先想到的是对污染进行稀释，对流失进行治理，而忘记了正是人类活动本身才是污染和流失的根本原因。总而言之，水资源问题虽然表现在水上，根子则在岸上，在人类这个方面。采取各种技术手段治理水问题固然极为重要，但终究还是治标，只有调整人与人的关系，抓住人类活动这个中心，对人类行为进行约束，才是治本之策。

3. 在行为上，要正确处理保护与开发之间的关系

水问题看起来多种多样，但是究其根本，则是保护与开发脱节。我们必须认识到，保护与开发成为一对矛盾，乃是工业化过程中的必然。尤其是对中国这样一个发展中国家，

解决经济社会发展中的诸多制约,例如能源制约、水资源制约、生态环境制约,仍然不可避免地需要开发利用水资源。同时,开发又必须是可持续的,要把在开发中落实保护、在保护中促进开发作为一条最基本的原则。围绕这一原则需要落实一些具体的行动措施。当前特别需要加强两个方面的措施:

一是强化水资源承载能力和水环境承载能力的约束。按照不同区域、不同河流、不同河段的功能定位,合理有序规范经济社会行为。在水资源紧缺地区,产业结构和生产力布局要与两个承载能力相适应,严格限制高耗水、高污染项目。在洪水威胁严重的地区,城镇发展和产业布局必须符合防洪规划的要求,严禁盲目围垦、设障、侵占河滩及行洪通道,科学建设、合理运用分蓄洪区,规避洪水风险。在生态环境脆弱地区,实行保护优先、适度开发的方针,加强生态环境保护,因地制宜地发展特色产业,严禁不符合功能定位的开发活动。

二是建立流域共同体。流域既是一个自然单元,也是一个经济单元、文化单元。流域内各区域是以水系、流域为纽带的共同体,这种共同体不仅体现在共同保护流域的责任和义务上,而且也体现在经济社会发展的互相支持和帮助上。非保护区域、非限制开发区域、经济较发达区域,应当更多地承担起保护的责任和义务。可以设想,通过政府转移支付、征收保护基金、建立补偿机制、移民等多种方式,将生态脆弱地区对河流开发的需求转化为对河流保护的需求。

人水和谐是治水实践的更高境界。人类的治水历程大体经历了四个阶段:

第一阶段是人类利用河流并听命于河流的自然阶段,大致相当于原始社会时期。虽有保护居民区的护村堤埂,但人们对水的自然状态无力加以明显的改变,不得不听命于大自然的主宰。

第二阶段是人类利用河流并抗御河流的阶段,大约在奴隶社会和封建社会时期。人们有能力一定程度地控制洪水的威胁,也有条件兴建较大型的灌溉和航运工程。但抗御自然灾害的能力仍然有限,严重的旱灾或水灾还常常成为改朝换代或重大社会动荡的直接原因。

第三阶段是改造河流为人类服务的阶段。随着科学技术的巨大发展和生产力的迅速提高,人类支配河流的能力远远超过历史水平,但也带来对河流健康的伤害。

第四阶段是人类与河流和谐发展阶段。当主要依靠工程技术措施治水出现困境时,人们重新认识到,人类与河流的关系应该是既要改造和利用,又要主动适应和保护。人类要由河流的征服者,转变为河流的朋友和保护者。

全面建设和谐社会,把人类的治水实践推进到人与河流和谐发展的第四阶段,即人水和谐的新阶段。经过我们坚持不懈的努力,人水和谐将从抽象的哲学概念,转变为科学治水生动实践和可持续发展的新境界。

以人为本,全面、协调、可持续的科学发展观,完善发展思路,转变发展模式,加快发展与改革的步伐,注重人水和谐,着力维持河流健康生命。

对于水利行业,落实科学发展观,就是用新的治水理念、思路统筹水利工作。在新的治水理念中体现科学、和谐、创新、现代四个特性。科学发展观在水利行业的具体运用和体现,是以系统论为指导,尊重水的自然属性和自然规律,反映客观的经济规律和社会规律。和谐包括了人与水、水与自然、水与水之间的和谐，涵盖了水利与经济社会发展、水利工程与自然环境的相互协调。水利工作要注重吸纳科技发展的技术成果和手段。新时期治水理念的核心是人水和谐，重点是维持河流健康生命，目标是实现人水两利，应特别注重七个方面的环节和问题。

(1)在规划阶段，体现人本、和谐的理念。在规划编制、项目前期论证和投资安排过程中，要贯彻人与自然和谐的理念，分析投资需求与可能之间的关系，优化配置水资源，合理确定投资重点，着力解决涉及全局及人民群众切身利益的重大问题。

(2)正确认识和合理开发洪水的资源属性。辩证看待洪水，在确保安全的前提下，实行风险管理，注重洪水资源利用。合理利用雨洪资源，由控制洪水向管理洪水转变，把洪水风险控制在可承受的限度内，使人与洪水协调共存。反映在具体工作中，注意在适当防御洪水危害的同时，主动适应洪水，规范人类活动，给洪水以出路；着手研究对分蓄洪区进行分类，建立分蓄洪经济补偿机制；积极稳妥开展雨洪资源利用工作。

(3)时刻注意维持河流健康生命。河流具有生命特征的主要标志就是其流动性与连通性。过去由于盲目进行水电开发、水污染、不恰当的裁弯取直和衬砌、护砌，造成了河道断流、脱流，水污染严重，水生物减少等一系列生态问题。新时期维持河流健康生命，坚持在保护的前提下开发，考虑水资源、水环境承载能力；开发水电时，高度重视移民问题、生态问题，算好环境账，建引水式电站一定要充分考虑安排好河道的生态流量，尽量不建1 000 kW以下电站，电站开发要充分考虑航运要求；采取必要的工程措施(如鱼道)来保护生命物种，创建生态文明。

(4)坚持把事关民生的水利问题放在工作首位。把保障人民群众的生命安全和健康作为首要目标，把防汛抗旱减灾、农村饮水安全、水利血防等关系人民群众最切身利益的突出水问题作为水利工作的优先领域，不断改善人居环境和生产条件。

(5)大胆推广应用现代科技和手段改进水利工作。坚持“科学治水”，大力推广应用新技术、新材料、新工艺，提高科技成果转化率，增加水利科技含量。

(6)在设计上体现新理念。融入统筹、人本、和谐等观念，做到建一处工程，成一道风景。如对水工建筑物，在外观设计上增加美学建筑设计，与周围环境相协调。在建筑物内部，检测观察设施强调以人为本，为工作人员创造良好的工作条件。在有血吸虫的地区，兴建沿江涵闸要设计阻螺设施。

(7)统筹城乡水利和涉水事务。城市缺水已经成为制约经济社会可持续发展的重要因素。城市水利是工作的薄弱环节。加快水利服务城市建设步伐，坚持城市防洪、城市供水、城市水环境与水生态建设和城乡水利统筹兼顾，综合治理，做到城市涉水专业规划与城市总体规划相协调，城市排水和污水处理设施建设与水功能区管理相协调，城市水利管理与市政管理相协调，城市水文化与城市历史文化底蕴相协调，城市水利设施与流域和区域水利设施有机结合，城市水利工程与城市总体风貌相协调。巩固和推进水务一体化管理，对防汛、取水、用水、排污等实行统一管理。

三、建立人水和谐社会的设想

有关资料统计，目前全世界有 100 多个国家缺水，有 26 个国家严重缺水，有 40% 的人遭受缺水之苦，每年有2 500万人因水污染死亡，有10亿人喝不到干净的饮用水。我国是一个贫水国家，人均水资源量不足2 200 m^3，属于中度缺水的国家。

围绕保护水资源和促进人水和谐社会发展，目前要从以下几个方面大力推进水利的可持续发展。与传统水利重在工程本身建设，着眼解决农业灌溉、防洪、排涝不同，现代水利必须全面关注制约经济社会发展的各类水问题，做到水利工程建设与保护水资源、改善水环境同步。

（一）坚定不移地推进节水型社会建设

建设节水型社会是解决水危机的一项长期战略任务。各地要贯彻省政府颁布的各项政策法规，确定宏观控制指标和微观定额指标，突出抓好节水型社会建设试点，建立以水权、水市场理论为基础的水市场体系，运用法律等多种措施，加快节水型社会建设步伐。

（二）坚持以人为本，高度重视城乡群众饮水安全

胡锦涛总书记曾强调指出："无论有多大困难，都要想办法解决群众的饮水问题"。因此，各级水利部门要认真贯彻落实总书记批示精神，把保障饮水安全作为建设小康社会的重要内容，解决好城乡饮水问题和水量水质等问题，尤其是重点解决高氟水、苦咸水、污染水等饮用水水质不达标问题。

（三）维持河流健康生命

河流是水资源的重要载体，是洪水的主要通道和生态环境的主要组成部分。各地要从基础工作做起，积极探索实行区域水环境容量分配、生态用水和河流基流保障制度，加强水功能区管理，建立生态补偿机制，并通过建设或利用已有工程措施保护、修复河流生态系统。

（四）高度重视水利建设中的生态问题

兴修水利水电工程，要坚持兴利除害并重原则，切不可以牺牲生态为代价。水利工作者要担负起水利水电建设与生态保护的双重职责，重视生态环境保护工作，积极探索水利水电工程有利于生态的调度和使用模式。

（五）加快重点水利工程建设

在城乡供水建设上，要突出重点，多方筹资，全面启动农村人畜饮水安全工程，加快城镇水源和管网改造工程建设。在农田水利建设上，要以节水增效为核心，进一步加快基本农田建设和大中型灌区续建配套与节水改造。在水保生态建设上，要以淤泥坝建设为重点，坚持按流域综合治理，发动千家万户治理千沟万壑。同时要继续抓好病险水库改造、农田小水电和水产渔业等项建设。

（六）坚持依法治水，进一步加强社会管理

依法加强对水资源的管理，有效应对水旱灾害及涉水突发事件，为经济社会发展提供可靠保障。要加强对涉水事务管理，规范人类活动，促进人与水和谐相处。要进一步转变思想观念，在制定经济社会发展规划、安排资金投入和研究重大政策时，要特别加强社会管理的内容。在重要基础设施和工矿企业布局上，要切实注意自身的防洪安全，建设相应的防洪设施。在水资源配置上，要从以需定供逐步向以供定需转变，严格控制在水资源紧缺的地方建设高耗水项目，更不能把有污染的企业建在饮用水水源保护区。

（七）加强水文化建设，促进人水和谐发展

"水是人类文明的一面镜子"。人类自诞生之日起就与水结下了不解之缘，并在与水打交道的过程中创造了丰富的文化，书写着人类文明发展的历史。联合国教科文组织指出："水具有丰富的文化蕴涵和社会意义，把握文化与自然的关系是了解社会和生态系统的恢复性、创造性和适应性的必由之路。"

我国有悠久的水文化历史。从传说中的女娲补天到现实中的大禹治水，从李冰父子修建的都江堰到今天的三峡、小浪底水利枢纽，可以说中国几千年的文明史也是治水的历史。中华民族在长期的水务实践中，不仅创造了大量的物质文化产品，而且通过对水的认识、感悟、理解和思考，产生了许多充满智慧的哲思，留下了丰富的精神产品，构成了中华水文化的丰厚底蕴。"仁者乐山、智者乐水"，"逝者如斯夫，不舍昼夜"，"上善若水，水善利万物而不争"，"水能载舟，亦能覆舟"，"防民之口，甚于防川"，等等，这些闪耀着水文化光芒的哲人睿语，千百年来对人们的意识形态产生着深刻的影响。前人留下的众多有关水的神话传说、文学作品、治水技术、规章典籍等，不仅极大地丰富了我国文化的内容和形式，而且对后人发挥了重要的借鉴作用。

面对日益严峻的环境生态问题和水资源不断恶化的趋势，构建人水和谐，促进资源水利向可持续发展水利的转变，以水资源的可持续利用推动我国经济社会的可持续发展，是时代赋予水利工作者的重大历史使命，也是水利工作者义不容辞的责任。而要完成这一历史使命，实现人与水、人与自然的和谐相处，除了制度、经济措施，文化的作用不容忽视。因此，有必要认真总结我国水文化的优秀成果，充分发挥文化对人们意识形态的巨大影响力和先进引领作用，在大力加强水利工程建设、制度建设的同时，大力加强水文化建设，为可持续发展水利提供强大的智力支持。

水文化是人们对于水的理性思考和社会意识的体现，作为一种观念形态的文化，必然反过来作用于人们的思维和意识，进而影响人的价值理念和行为规范。水文化的作用是潜移默化的，使人们在不知不觉中接受这种渗透，改变自己的意识和价值观，产生对社会核心价值观的共同认知，并随之调整自己的行为，形成大体一致的行为规范。长期以来，人类在大规模征服自然的同时，逐渐形成了以自我为主宰的用水意识、用水习惯以及价值体系，片面强调人类的主观能动作用，认为"人类可以通过改变自然界为自己服务"，从而忽略或否定了水在自然界的主体地位，过分索取，粗放经营，带来了水资源紧缺、环境恶化等一系列生态问题，形成了人与水、人与环境相互报复的紧张局面。要改变这种局面，首先要改变人们旧有的水价值观，树立人与自然和谐相处的新型价值观。加强水文化建设，有利于发挥水文化的教育引导作用，推动社会公众水生态意识不断提高，形成良好的用水习惯，自觉地爱护水、珍惜水、保护水，逐步形成节水防污的社会理念。通过对先进的水利科学文化知识和水利行业精神的传播，鼓励一切有利于人与水和谐、促进人类自身与经济社会协调发展进步的思想和行为，促使人们在水环境治理与水资源开发利用的过程中，关注河流自身的价值与伦理，自觉地约束、规范自己的行为，有序地开发利用资源，从而形成一种与水环境友好的文化氛围，实现人与水、人与自然、人与环境的和谐发展。

水文化的作用十分广泛，水文化的力量渗透在社会生活的各个方面。只要真正去发掘，真正从思想上认识到水文化建设的重大意义，水文化就能够成为水利行业与全社会的最佳结合点，为树立水利行业的良好形象、促进全社会水环境意识的提高、实现人水和谐发展，进而为社会主义文化的繁荣和社会主义精神文明建设以及和谐社会的构建作出更大的贡献。

第六节 人水和谐发展中应注意的问题

一、同步协调发展问题

“人与自然和谐相处”，是中国水利发展全部理论的精髓。它是多年来广大水利人在水事活动中反复经历成功、失败、挫折的经验总结。这一思想在前水利部部长汪恕诚《坚持科学发展观 坚定不移地走可持续发展水利之路》、《再论人与自然和谐相处——兼论大坝与生态》以及水利部发展研究中心撰写的《2004 年水利发展形势分析》、《再谈人与自然和谐相处》等重要文章中都作了详尽的阐述。

新中国成立以来，特别是党的十一届三中全会以后，我国水利事业发展迅速，大投入、大开发、大建设、大发展，一方面以优质的水资源和防洪除险为我国的经济腾飞提供了有力的支撑，作出了重大贡献；另一方面又使水灾、干旱、水污染等水环境进一步严重恶化，给人们敲响了警钟。人们痛定思痛，不得不对多年来我国治水理念、治水思路以及所谓的经验进行深刻的反思。

二、水资源浪费问题

我国是缺水国家，而浪费也很严重。农业是水资源的浪费大户。在我国，“土渠输水、大水漫灌”的农业灌溉方式目前仍在普遍沿用，灌溉用水一半在输水过程中就渗漏损失了，灌溉用水的利用系数大多只有 0.4，和先进国家的 0.7 ~ 0.8 相比，灌区用水效率相对低下。因为现有用水设施技术落后，目前我国工业万元产值用水量为 103 m^3，美国是 8 m^3，日本只有 6 m^3，我们的用水量是发达国家的 10 ~ 20 倍；工业用水的重复利用率平均为 55%，而发达国家为 75% ~ 85%，差距十分明显，城市居民生活用水方面，不讲节约、铺张浪费的现象还十分严重。据统计，仅北京市一年跑、冒、滴、漏的水就多达 36 万 t。全国多数城市自来水管网仅跑、冒、滴、漏的损失率至少 20%。节水、污水处理回用及雨水利用还没有很好地推广。此外，由于长期以来工程维修费用不足，供水工程老化失修，严重影响了工程供水效益的发挥。

据人民网报道，瓶装水资源浪费惊人。2004 年全球瓶装水的消费量达 1 540 亿 L，较之 5 年前的 980 亿 L 上升了 57%。即便是饮用自来水安全的地区，瓶装水的需求仍不断上升，不仅消耗了大量的能源，还造成了大量不必要的垃圾。瓶装水通常并不比自来水更健康，但是其成本却是自来水的 1 万倍，甚至达到每升 2.5 美元，比石油的成本还要高。据地球政策研究所（Earth Policy Institute）消息，美国是全世界瓶装水第一大消费国，2004 年消费量达 260 亿 L，平均每人每天约合 8 盎司，其次是消费 180 亿 L 的墨西哥，中国、巴西紧随其后接近 120 亿 L，意大利、德国年消费量也超过 100 亿 L。一些发展中国家对瓶装水的消费也呈极大上升趋势，在瓶装水前 15% 的消费者中，黎巴嫩、阿拉伯联合酋长国、墨西哥呈最快的成长率,1999～2004 年人均消费量上升了 44%～50%。印度和中国增长速度也很快,分别上升了 3 倍和 2 倍,并且其发展潜力巨大。如果每个中国人一年喝掉 100 瓶 8 盎司的瓶装水(2004 年美国人均消费的 1/4 强),消费总量就达到 310 亿 L,那意味着中国很快将成为全世界瓶装水第一大消费国。欧洲、美国对自来水的水质管理规则要比瓶装水更多。美国环境保护局制定的自来水的质量标准要远比食品药物管理局制定的有关瓶装水的标准严格。

三、再污染问题

随着人口和经济总量大幅度增加,水污染的问题日益成为困扰城市经济社会发展的主要问题,由于我国大部分城市污水治理相对滞后,大部分的污水未经任何处理就直接排入水体,近年来水资源质量状况总体下降明显,部分河段受到严重污染而失去了利用价值。目前水质严重污染的河流达 80%。被污染的河段的水质恶化对当地及周边区域的供用水需求造成了威胁,流经城镇工业区、居民区的河段、河涌,垃圾、淤泥淤积严重;大部分河涌过流断面小,排水能力低,未达到防洪排涝标准,严重影响河水下泄;污水管网不完善,大量未经处理的废污水直接排入内河涌,雨、污未分流,河涌底泥又加剧了河涌污染,城市排涝时个别水源地水质受到严重的威胁;城市的水资源质量状况不容乐观。

全世界目前工业和城市排放的废水已达约 3 万亿 m^3,世界上已很难找到一条完全没有被污染的河流。在亚洲,目前的生活废水和工业废水大多不加处理便排入地表水体;在中亚地区濒临死亡的咸海沿岸,注入咸海的河流如今大部分被截流用于灌溉,其供饮用的水中仍含有有毒物质和病菌;在世界上许多地区,人类、社会和土地自身的健康正受到水质退化的严重影响。

1997 年 1 月 23 日《中国环境报》头版,记者李洪峰的文章称:七大流域污染状况令人忧心。文章说:"八五"期间,水利部组织了新中国成立以来规模最大的入河排污口调查,监测资料表明,目前我国废水排放量已经超过 20 世纪 80 年代初的 1 倍以上,主要的江河流域普遍受到不同程度的污染,前景不容乐观。此次调查覆盖了长江、黄河、淮河、海河、珠江、松花江和辽河,历时 3 年,获得数据 100 多万个。在评价的近 10 万 km 长河流中,被污染河长已经占半数。其中有 4 万 km 不符合渔业水质标准,2 400 km 河长鱼虾绝迹,80% 以上城市水域污染严重,主要湖泊的 26% 已达到富营养化,1/3 的水库水质受到不同程度的污染。全国流域水环境总体上出现区域恶化的现象。其他流域的水质污染也十分严重。

淮河独特地位居长江和黄河之间。进入 90 年代,关于淮河污染的警告不断传来,也就是说,淮河成为中国河流史上第一条被整体严重污染的河流,据 1993 年国家环保局发表的《中国环境状况公报》,淮河流域水污染较重,枯水期水质污染严重,超标河段占 82%。1993 年的警告显然如同以往一样,确切地说就是一条污水河。这条污水河中接纳的是全部未经处理的生活污水、工业污水、厂矿废渣、医院废污水,以及流失的农药和化肥。水样化验结果是,129 种首要控制污染物中,分别查出 90 种、95 种,其中致癌物高达 67 种。

淮河全流域 191 条较大的支流中,80% 以上的河水已经变得黑臭,2/3 的河段完全丧失了利用价值。

1993 年,丁集镇企业产值 3.05 亿元,制革占 86%。800 家制革厂,800 个污染源。制革污水是剧毒污水,就这样流淌在丁集镇的大沟小河,污水漫流,废渣遍地,臭气熏天。流经丁集镇的谷河的大片河滩寸草不生。含有几十种有毒物质的污水已经渗入地下,使丁集镇的地下水一样被严重污染。所有的水井已全部弃之不用,3 000 多人生活用水的唯一水源是镇政府院内 300 m 深的一眼机井。水啊水,丁集镇的人一边点着钞票的时候,一边没办法不忧心忡忡,这一眼井里的水喝光了,3 000 多人怎么活?

20 世纪 80 年代初的一则数据显示,奎河氨氮量高含量超标 80 倍,化学耗氧量超标 125 倍,致癌物亚硝酸盐超标 200 倍。奎河的污水中,氰、汞、铬、砷、酚"五毒齐全",仅以工业废水中挥发酚的最高容许排放浓度 0.5 mg/L 计,奎河中的最高含量已达 750 mg/L。灵璧县尹集镇的河面又宽又黑,岸边寸草不生,幸存的植物一概了无生机,连同该收的小麦。农民说是"该长的不长,不该长的全长",生态链被侵入、污染毒化之后,就不再有任何美丽可言,死亡已经发生,死亡还将随时发生。1933 年以来,尹集镇死亡树木 56 万株,平均每天 77 株;死亡大牲畜 869 头;全镇 65 173 人,发病人数为 11 075 人,两年中死去 665 人,其中 230 人死于癌症。

淮河流域:"水资源状况日趋严重,每年直接排入江河湖库的废污水总量已达数百亿吨,而治理速度却远远跟不上污水的排放量。"结论是显而易见的:先污染后治理的岂止是一条淮河?

海河流域:污染河长占评价河长的 69%。随意向河道排污不仅使海河流域的地表水严重污染,而且还影响到地下水质。海河流域地下水符合地下水质标准Ⅰ~Ⅲ类的水井仅占评价总井数的 22%。大中城市的地下水污染情况最为严重,一些供水源地已受到严重污染。

松辽流域:污染河长占评价河长的 60%。其污染主要在辽河流域和松花江吉林市以下。

黄河流域:污染河长占评价河长的 71%,严重污染主要分布在支流,为有机污染。

长江流域:虽然水量大,但污染河长也占评价河长的 31%,流经城市的近岸水域污染严重,出现了排污口与城市取水口犬牙交错的局面。近岸水域的污染已经对城市用水构成威胁。

太湖流域:特别是太湖湖区富营养化日趋严重。

珠江流域:该流域年降水量充沛,属丰水地区,但污染也在加重。

发表上述监测数据的 1997 年 1 月 30 日《中国水利报》还说:目前我国城乡每年的排放污水量已经超过 80 年代初的 1 倍还多,70% ~80% 未经处理的污水被直接排入江河湖库。我国目前水污染有 5 个特点:

一是江河污染主要为点源污染。一个入河排污口污染一大片,在大江大河形成岸边污染,支流小河一个工厂排出的污水能使整条河流变成污水沟。

二是城镇水污染日趋严重,尤其是乡镇企业污染向农村蔓延,影响了供水质量,使生态环境恶化。

三是地下水污染正从浅层水向深层水渗透。

四是季节性水污染有逐年增加的趋势。

五是湖泊和平原水库的富营养化直接威胁着供水安全和水生生物。

我国水资源污染日趋严重的症结何在呢？中国日益严重的水污染，是在世界缺水、中国又是绝对贫水的前提下发生并仍在发展中的。

水的警告：如果目前的状况得不到改变，“那么再过30年甚至20年之后，中国人就有可能喝不到纯净的水了”。1977年8月，联合国水资源会议上发出了一个使人震惊的多少有些不解的信息：继石油危机之后，水，将成为一场世界性的深刻的社会危机。真的到了滴水如油、水比油贵的年代吗？大河小川不是照样在流吗？1977年8月以后的每时每刻都在证明着联合国这一判断的精确度，进入90年代之后，再也没有人对此有任何怀疑了。

松花江呢？这条黑龙江最长的支流，流域面积为54.5万km^2，超过了珠江流域，占东北地区总面积的20%。如是观之，不妨说：松花江若是充盈的，东北便是充盈的；松花江若是洁净的，东北便是洁净的；松花江若是污浊的，东北便也是污浊的了。松花江正源二道白河，源出长白山主峰白头山天池，两江口以下称二道江，与头道江汇合后称松花江。以吉化公司为代表的松花江沿岸100多家用汞单位先后把149.8 t无机汞排入松花江水体，致使松花江鱼虾绝迹。目前松花江流域的汞污染源得到了控制，汞污染的警报远未从根本上消除。哈尔滨位于松花江下游，哈尔滨又是整个松花江流域唯一一个全部以地表水为饮用水源的大城市，每天需水120万t，实际供应100万t，取自松花江的为80万t。哈尔滨人说：上游配什么方，下游喝什么汤。下游喝的是什么汤呢？哈尔滨市原市委书记陈剑飞到北京参加全国人民代表大会时，随身带着两瓶哈尔滨的自来水。这是两瓶浑浊的水，确实像汤，浓浓的。陈剑飞说：“哈尔滨人喝的就是这种汤。”

确切地说，哈尔滨的自来水——哈尔滨人说的汤——是至少有14种致癌物、65种有机毒物的自杀浓汤。

珠江警告：这是一条终年温暖多雨，由亚热带季风时时吹拂的中国第四大河，广东省境内更加丰盈，可达2 000 mm，居全国大河之首；而入海水量平均每年达3 412亿m^3，为黄河入海河水总量的6倍，仅次于长江，居第二位。因为城市的面积不断扩大，乡镇企业飞速发展，林木与绿地锐减，水资源污染日益严重，闻到的是能让人晕倒的马路上的汽车尾气，看见的是见缝插针的新盖的高楼；大幅标语一律写着——建设国际化大都市——这标语下面的地上却到处是污泥、垃圾以及臭气熏天的排往珠江的河涌。广州的空气是污浊的，联合国排出的世界十大严重污染的城市中，广州位居第六。每一天，广州市排入珠江的污水为300万t，年排放污水量达10亿多吨。每一天，广州人还要向珠江倾倒40 t生活垃圾。1994年排入珠江的生活污水正好是1984年的125%，目前仍以每年10%的速率递增。广州当然要缺水了，缺的是洁净的水。1993年底，因为天旱，广州珠江河段发生“黑臭病”，几家水厂被迫停产，广州供水吃紧，每天缺口几十万吨，一时人心惶惶。广州城区通往珠江的14条河涌条条发臭，人称为露天下水道。繁荣昌盛的广州，只有一家日处理能力为15万t的污水处理厂，广州珠江河段的污染面积已达到60%。广州市民每日人均用水量为500多升，位居全国第一。

小 结

本章主要介绍了城市水资源保护规划发展现状及存在的主要问题,城市水资源保护措施及城市污水和雨洪水资源化利用的原则、途径与方法,并进一步说明人水和谐社会建立的设想以及人水和谐发展中应注意的问题。

复习思考题

6-1 城市水资源保护规划存在哪些主要问题?

6-2 城市污水资源化利用有哪些方法途径?

6-3 城市雨洪水资源化利用的原则是什么?

6-4 城市雨洪水资源化利用的方法措施是什么?

6-5 试述人水和谐发展的重要性。

6-6 人水和谐发展有哪些主要特征?

6-7 人水和谐发展中应注意哪些主要问题?

第七章　城市水资源管理

学习目标与要求

了解城市水资源管理的基本概念、任务及主要内容，明确城市水资源管理的基本原则和要求，了解城市水资源管理体制，初步掌握城市水资源管理的主要方法和措施，以及城市水资源管理信息技术和方法。

在人类开发利用水资源的全过程中，水资源管理是贯穿其中的重要问题，只有通过有效的水资源管理措施，才能比较圆满地使水资源开发利用达到其预期目标。

水资源管理以提高水资源的有效利用率、维护水资源的合理分配、保护水资源的持续开发利用、保护水源和充分发挥水工程的最大社会、经济效益和环境效益而进行的对水资源优化调度，以及对各种类型的水工程(防洪、灌溉、发电、航运、其他供水以及为任何目的而需在水域内修建的工程)的合理规划及布局进行协调与统筹安排等为主要内容。

第一节　城市水资源管理的基本概念及主要内容

一、城市水资源管理的基本概念

水资源管理的概念，学术界对其认识还没有一个统一的定义。《中国大百科全书》在水利卷中水资源管理的定义是：水资源开发利用的组织、协调监督和调度，运用行政、法律、经济技术和教育等手段，组织各种社会力量开发水利和防治水害；协调社会经济发展与水资源开发利用之间的关系，处理各地区、各部门之间的用水矛盾；监督、限制不合理的开发水资源和危害水源的行为；制订供水系统和水库工程的优化调度方案，科学分配水量。在环境科学卷中，水资源管理的定义为：为防止水资源危机，保证人类生活和经济发展的需要，运用行政、技术、立法等手段对淡水资源进行管理的措施。水资源管理工作的内容包括调查水量，分析水质，进行合理规划、开发和利用，保护水源，防止水资源衰竭和污染等；同时也涉及水资源密切相关的工作，如保护森林、草原、水生生物，植树造林，涵养水源，防止水土流失，防止土地盐渍化、沼泽化、沙化等。

水资源管理涉及水的“量”和“质”两方面，为实现管理的目标，对水资源管理的概念应当理解为：水资源管理就是对水资源开发、利用和保护进行相关的组织、协调、监督和调度，包括运用行政、法律、经济、技术和教育等手段，开发利用水资源和防治水害，协调水资源的开发利用与治理和社会经济发展之间的关系，处理各地区、各部门间的用水矛盾：监督并限制各种不合理开发利用水资源和危害水源的行为；制订水资源的合理分配方案，处理好防洪和兴利的调度原则，提出并执行对供水系统及水源工程的优化调度方案；对水量变化及水质情况进行监测与相应措施的管理等。

综上所述，水资源管理概念有狭义和广义之分，狭义的水资源管理通常是指水资源开发中所采取的实际步骤和方法，广义的水资源管理内容极其广泛，涉及经济、技术和社会的各个领域，如机构的设置和完善、有关法规政策制度和实施细则的制定和执行、水资源规划和水资源计划的安排协调与分配、水资源开发的实施运营和维护、经济和资金（包括投资、效益、水费）、技术咨询与培训、国际合作与交流，等等。从水资源的特性出发，对水资源管理还可以归纳为：对水资源的开发利用和保护并重，对水质和水量进行统一管理，对地表水和地下水进行综合管理与统一调度，以及尽可能谋求最大的社会、经济效益和环境效益，制定相应的水资源工作的方针和政策，兴利和减灾并重，重视并加强水情预报工作。水资源管理的根本目的在于实现水资源的持续利用，即满足当代人与后代人对水的需求，同时要使水资源、环境和经济相互协调、持续发展。这是与以往的传统的水资源管理的根本区别和分水岭。过去的水资源管理是经济发展模式的产物，在很长的时期内，管理单纯以追求经济效益为目标，所以只能理解为狭义的水利工程的管理，必须在现行水资源管理的基础上进行大力改革和创立新的管理体制与制度，以适应持续发展模式的水资源管理需要。

水资源管理是自然科学和社会科学的交叉科学，它不仅涉及研究地面水的各个分支科学和领域，如水文学、水力学、气候学及冰川学等，而且也和水文地质学各领域及与上述各种水体形成和活动的自然、社会、生态，甚至和经济技术环境等各方面密不可分。因此，研究并进行水资源管理，除了应用上述有关水科学的研究理论和方法，还需要用系统理论和分析方法，采用数学和先进的最优化技术，包括现代计算机技术，建立适合所研究区域的水资源开发利用和保护的管理模型，以达到管理目标的实现。

二、城市水资源管理的任务

水资源管理的任务为满足人类社会日益增加的用水需求以及防治水体污染而产生的各种水环境问题，实现水资源有序利用和保持水环境的良好状态，具体分为以下几方面：

（1）统一管理、合理分配、有效调控和有序开发水资源。

（2）保障国民经济和人民生活水平提高必需的可持续用水量和水资源作为供水水源的持续性，实现地下水资源的可持续利用，解决一切与之有关的水环境问题。

（3）保护水资源、水质和水生态系统。

（4）提高水环境控制和废污水资源化的水平。

（5）以法治水，改革管理体制，加强其能力建设。

三、城市水资源管理的内容

水资源管理的内容是由水资源管理的目的和水资源管理系统的功能所决定的。按照法律规定，可以认为一切与水有关的问题，都属于水资源管理的范围，所以水资源管理的内容涉及社会各个领域和各个方面，归纳起来主要包括有用水管理、需水管理、水质管理、水污染的防治与控制、水资源保护规划、水资源开发利用管理等，现分述于下。

(一)用水管理

1.用水管理的概念

用水管理,指国家对社会经济各地区、各部门及各单位和个人使用水资源活动的手段,通常包括由国家授权的部门或单位通过法律、政策、行政、经济及技术要求等手段对用水活动进行管理。

用水管理是国家对各项用水活动的全面管理,其任务是实行计划用水,厉行节约用水,妥善解决水事纠纷,保护公共的用水利益和用水者的合法权益,从而实现有效控制用水,实现合理用水,使有限的水资源尽可能满足社会发展需求,最大限度地发挥水的综合效益。

2.用水管理的意义

用水管理是水资源管理中重要的基本管理活动之一,是我国经济可持续发展和社会安定的客观要求,具有非常重要的意义。

首先,我国目前水资源供需矛盾十分尖锐,而我国又是一个水资源并不丰富的国家,不但数量少,且由于在时空分布上的不均匀及严重的水土流失而给水资源充分利用带来极大困难,而且国民经济各用水部分的需水要求急剧增加,解决用水不足问题已成为一项十分艰巨和复杂的工作。只有开源与节流并重,才能缓和水资源供求矛盾,而节水则必须通过加强用水管理,有效地控制用水,延缓用水量的增长速度,合理用水,使有限的水资源发挥出最大效益。

其次,我国的用水水平比较低,这是过去对水资源综合利用的重要性认识不足,用水无计划,水污染和浪费严重,用水管理措施不落实,缺乏统一管理或管理不力造成的。

再次,各用水部门之间、地区之间、单位之间都存在着需要协调的用水矛盾。

以上这些问题和矛盾的客观存在,使用水管理具有十分重要的意义。国家"实行计划用水,厉行节约用水"是一切水事活动必须遵循的基本原则,成为用水管理的基本政策。因此,在用水管理中应当推行全面节水,无论是生产和生活的各个用水环节,都应当以节约用水为基本要求,采取有效的节水措施。

3.用水管理制度

用水管理制度是关于用水的法律制度,是国家为贯彻用水政策和原则,保证用水管理任务的顺利完成,通过水立法而制定的、一切用水和用水管理活动都必须遵循的基本行为规程。它调整的是使用的行政法律关系,亦即用水管理部门与一切用水地区、部门、单位及个人之间的权利和义务关系。

用水管理制度主要包括计划用水制度、取水许可制度、水费和水资源费制度。

1)计划用水制度

所谓计划用水,是根据国家或某一地区的水资源条件、经济社会发展的用水要求等客观情况,科学合理地制订用水计划,并在国家或地方的用水计划指导下使用水资源。计划用水制度包括了用水计划编制、审批程序,计划用水主要内容要求,以及计划的执行和监督等方面的系统的法律规定。

实行计划用水制度的目的在于,通过科学合理地分配使用水资源,有效控制用水,加强节约用水,提高用水效率,减少用水矛盾并切实保护水资源,使水资源得以循环再生、持续利用。计划用水制度是实施其他用水管理制度的前提,是用水管理的一项根本制度,而其他用水管理制度对计划用水制度有促进作用。

计划用水制度要求全面的计划用水,故应在不同层次、不同方面编制和实施不同的用水计划如按行政区划等级,可以有全国、省、县乃至乡镇一级的用水计划,以及跨行政区域的用水计划;而在一定区域内按用水部门而论,可以有城市生活、工业生产、农田灌溉等各方面的用水计划;若按用水管理行政关系,可以有用水管理部门的水资源供求计划及单位或个人的用水计划等。各类用水计划应当遵循开源与节流、开发与保护、兴利与除害相结合的原则,保证重点、兼顾其他、对各项用水统一安排的原则,协调好地区、部门以及单位和个人之间的用水关系。

实行计划用水制度首先必须编制并执行各种水的长期供水计划,这是实行计划用水的基础,是用水管理部门审查和批准各用水单位的用水计划的主要依据之一。因而,水的长期供求计划对水资源合理分配,对地区(流域)经济社会发展在较长时间内的用水稳定性和可靠性,以及能否使水资源得以充分合理利用,具有决定性作用。因此,水的长期供求计划必须在科学、客观地调查评价地区(或流域)水资源,并在对其进行科学预测的基础上,严格编制、审批、执行和监督。

2)取水许可制度

取水许可制度是国家通过立法确定的,取水单位和个人只有在获得用水管理机关的取水许可,并遵守取水许可所规定的条件,才能使用水资源的一项用水管理制度。但也有不须经过许可便可直接取得用水权,这是取水许可制度的一种特殊情况,可视其为用水的法律特许权。广义而言,取水许可制度是任何单位和个人都必须遵循的制度。

取水许可制度包括以下两个方面的内容:

(1)对直接从地下或江河、湖泊取水的,实行取水许可制度。这里的“直接从地下或江河、湖泊”有3层含义:其一,指用水单位直接从地下或江河、湖泊取水作为自备水源;其二,取水单位并非为了自用,而是兴建各种供水工程为社会供水,直接从地下或江河、湖泊取水;其三,不包括任何非直接从上述水域取水的情况,如使用自来水厂和水库供水工程的水,实行取水许可制度的步骤、范围和办法,则由国务院另行规定。

(2)其他用水实行不需要申请许可而直接用水的制度大体上也包括了3种情况:其一,直接使用水工程统一供水;其二,家庭生活、畜禽饮用取水和其他少量取水;其三,从事航运、竹木流放和渔业等不消耗水量、不影响他人用水而从水域内取水的活动。

取水许可制度,是国家现代水立法普遍采用的一种用水管理制度。虽然各国在具体形式上有所差异,但总体应当包括申请取得用水许可的程序和范围、许可用水条件和期限等。

3)水费和水资源费制度

水费和水资源费制度是关于用水征费,调整国家(政府)、供水单位、用水单位(或个人)三方面权益及事务关系的法律制度。

所谓水费制度,是指凡使用供水工程供水的单位或个人,必须按规定的标准、方法、数量和期限,向供水单位缴纳水费;供水单位必须在计划供水前提下,依法合理征收、使用管理水费的用水管理制度。而水资源费制度则指依法对城市中直接从地下取水的单位征收水资源费,并依地方性法规对直接从地下或江河、湖泊中取水的单位和个人征收水资源费。

这两项制度既有联系又有不同,区别在于:①征费的直接权利主体不同。水费的直接权利主体是供水单位,而水资源费只能是国家或地方人民政府。②征收的义务主体不同。征收水费的义务主体是一切使用供水工程供应水的单位或个人,而水资源费的义务主体则是直接从地下、江河、湖泊中取水的单位。③水费包括了人们的劳动,而水资源费的标的为直接提取的天然水资源。④具体内容不同。二者在计收标准、方法和管理使用方面均不同。

实行水费和水资源费的用水管理制度,应明确以下两点:

第一,用水征费必须服从国家的政策指导和必要的行政管理。虽然从表面上看,水费制度只是供水单位与用水单位、个人间的权利和义务关系,但实际上,对于用水这样一个关乎人类生存和发展的基本活动而言,水费关系到国家、供水单位和用水单位(个人)三方面的利益。因此,既要考虑促进合理和节约用水,也要考虑用户对水费的承受能力,还要考虑国民经济和社会发展的需要,必须在有效、合理和可能范围内计征水费,保护三方面的合法利益。

第二,供用水关系并非买卖关系。水资源归国家所有,无论是供水单位、用水单位(个人)都只有水的使用和收益权。虽然水资源经由供水单位而具有商品属性,但用水征费只是国家为鼓励有效用水、减少浪费,保证供水工程必要的运行管理、更新改造而采取利用经济规律和杠杆作用的有偿用水措施。

(二)需水管理

所谓需水管理是指为防止发生或缓解水资源短缺,运用法律、行政、经济、技术手段与措施,抑制需水增长的管理行为。

需水管理的概念是在水供需关系出现紧张后逐步形成的。在20世纪后半叶,由于经济的发展和人口的增加,各类用水迅猛增长,而供水的发展常落后于需水的要求,且有的地区因天然水资源比较贫乏,即使新建的供水工程也无力充分满足需水的增长要求,不得不对用水加以限制,不是需要多少水供多少水,而是供多少水用多少水,即供需关系由原来的"以需定供"原则变成"以供定需"的原则。在这种情况下,人们就开始考虑对需水要求进行分析,使各类需水指标进一步合理化。这时水管部门的职责就不是只管按照用水户提出来的用水要求,千方百计去修建供水工程来适应这个要求,而是要对用水户提出来的用水要求进行分析,并和用户一道提出如何降低用水指标和定额,以使在有限的供水能力条件下使水发挥更大的效益。这种对需水的管理最早出现于水资源特别匮乏,而又需要加快经济发展和提高人民生活水平的地区,常因水的供需矛盾十分突出,不解决就会阻碍社会的发展。

率先对需水要求进行分析、加强管理的是中东的以色列,从20世纪后半叶以色列建国伊始就开始进行,其需水管理的核心是节水。他们通过一年一度的水审计来检查无效损失,回收废水加以利用,推广节水技术,包括城市用水和农业用水,他们的用水指标和用水定额经过对需水的反复研究,是同类条件下最先进的。在澳大利亚西部,实行需水管理较早。他们通过抓配水效率,将水损失减至最小和不断提高水资源的有效利用率、用水效率和水的替代物等节水战略,以缓和水的供需紧张局面。在我国首先对需水进行管理的是山西省。山西省是我国重要的能源重化工基地,但水资源相对贫乏,水资源供需关系十分紧张。从20世纪80年代开始,山西省加强了对水资源的管理,并在省市级率先建立了实体的水资源管理委员会,制定有关法规,积累了实行需水管理的经验。

需水管理、用水管理和供水管理是在水的供需问题中不同的环节,三者相辅相成,以达到科学用水、合理用水及节约用水的目标,需水管理是这三个环节中最根本的,是从根源上抓起,经过大量调查分析和科学试验,以提出最科学合理的各类对象的需水指标;供水管理是在供水过程中尽量采用各类措施以减少水量在输送过程中的无效消耗;用水管理则是在用水过程中尽量减少不必要的水量浪费,并不断改进工艺和设备以及操作方法,以节约用水。三者的配合,以求达到高效用水的目的,在用水效益与供水费用之间寻求适当平衡。同时,需水管理的经验是通过用水管理而归纳出来的,在用水过程中加强管理,改进技术,开展节水增效活动,并通过反复在实地的观察试验,以对现有的用水定额进行改进,提高水的利用效率。这些都应当从实际的条件出发,循序渐进,对成熟的、先进的用水经验进行归纳提高,以提出更先进的需水定额。因此,这些应是建立在科学管理、改革工艺、更新设备以及管理人员素质不断提高的基础上才能取得的,而且这些都需要资金的支持。

(三)水质管理

1. 水资源的保护

为防止水资源因不当利用而造成水源污染或破坏水源,采用法律、行政、经济、技术等综合措施,对水资源实行积极保护与科学管理的做法,称为水资源保护。水资源保护是环境保护的主要内容,是水环境保护的组成部分,又是水资源管理的一个重要方面。水资源保护一方面是对水量合理取用及对其补给源的保护,包括对水资源开发利用的统筹规划、涵养及保护水源、科学合理用水、节约用水、提高用水效率等;另一方面是对水质的保护,包括调查和治理污染源、进行水质监测、进行水质调查和评价、制定有关法规和标准、制定水质规划等。

水资源保护的目标:在水量方面要做到对地表水源不因过量引水而引起下游地区生态环境的变化,对地下水源不会引起因地下水位的持续下降而引起的环境恶化和地面沉降。在水质方面要解决使饮水水源地受到污染的问题,为其他用水保持可用的水质,以及风景游览区和生活区水体的富营养化及变臭等环境问题,并注意维持地表水体和地下水含水层的水质都能达到国家规定的不同要求标准。

2. 水质管理

水资源在利用过程中排放的废污水对地表或地下水体造成污染,严重的会使水源失去使用价值,为此要对水质进行管理,即通过调查污染源,实行水质监测,进行水质调查和评价,制定有关法规和标准,制定水质规划等。

水资源的数量和质量是不可分割地联系在一起的。水体的总特性反映在包括化学、物理、生物和生态的参数中,而自然和人为的活动也直接产生对水质不可忽视的影响,诸如土地利用、工农业生产活动、人类的经济和生活活动、水土流失、森林采伐等都对地表和地下水体水质产生影响。对水资源在总体上采取对水量和水质的控制与管理,也是保持水资源可持续开发利用的一个最基本的方面。

水质管理的目标是注意维持地表水和地下含水层的水质是否达到国家规定的不同要求标准,特别要保证对饮水水源地不受污染,以及风景游览区和生活区水体不致发生富营养化及变臭。

为达到上述目的,必须有相应的措施保证,这包括以下几方面:

(1)加强对水资源的监测和信息收集。监测主要指通过对定点(监测站)或河段有关水量和水质变化的监测,这包括健全和改善水文站网及水质监测站网规划,完善测验标准体系,建立资料和信息传递通信系统,建立有关水量和水质资料的数据库系统等。除水资源本身,整个水系统也应和环境其他要素相联系,从而可使水文监测数据和信息也成为环境总质量的有力指标。为保证监测的质量,应当对标准化工作的重要性予以重视。为此,对从事这一工作的人员制订必要的培训计划,以及对测验和试验技术的鉴定,也是非常重要的工作。

(2)定期进行有针对性的水量和水质评价与预测工作,并估计可能出现的情况,提出相应的保护对策和措施。

(3 制定水质规划,拟定一定时期内要达到的水量和水质规划的标准与目标,以及相应的技术和其他措施。规划中应当尽量采用先进的治理、评价和预测技术,并不断加强科学研究和开发新技术。

(4)制定必要的有关法规和标准,并加强监督。

在社会和经济的发展过程中,各类用水量不断增加,并随废污水排放量的增加导致进入自然界水体中的各种成分以及新的人工合成物的数量都在增加。如果不及时加强对水质的管理,水污染问题的前景是十分严重的。因此,水质管理的基本目标是:为社会和经济的可持续发展,要保证能长期持久利用的水资源;保护人民的生活和健康状态不致受到以水为媒介的疾病及病原体的影响;保护水产品不因水质被污染而出现消极影响;维持自然水体中水质的良好状态以保持生态系统的完整性,以有利于人类社会的发展。

在联合国1977年召开的世界水会议上通过的马德普拉塔行动计划中已经提到:“水资源开发项目与其造成的对自然、化学、生物、健康、社会和经济的重大影响之间,有着深刻的内在联系。已确定的环境与保健的总目标是:评价用水户对环境的影响,支持防治以水为媒介的传染病的措施以及保护生态系统”。

在联合国1992年召开的环境与发展大会上,对水资源保护问题提出:所有国家均可按照其能力及现有资源,通过双边或多边合作,包括酌情通过联合国和其他国际组织,设定以下指标:

(1)弄清可持续开发的地表和地下水资源以及其他与水紧密有关且可开发利用的资源,并制订对这些资源进行保护、养护和可持续利用的计划。

(2)查明所有的潜在可供水源,并拟定对其实行保护、养护和开发利用的计划。

(3)根据以对污染源的控制来减少污染的策略,结合环境影响评价,并针对主要点污染源和具有高度危险的非点污染源所制订的强制性实施标准,在与社会经济的发展相适应的前提下,开展有效的水污染防治措施。

(4)尽可能参与国际上有关水质监测和管理活动,例如全球环境/水质监测计划

(GEMS/WATER)、环境规划署的内陆水域无害环境管理、粮农组织的内陆区域渔业机构,以及有关国际重要性的沼泽地,特别是水禽栖息地公约(RAM—SAR 公约)。

(5)大力减少与水有关疾病的流行。

(6)根据需要和可能制定各类水体的生物、卫生、物理和化学质量标准,以不断改善水质。

(7)采取有利于水资源的持续开发的综合管理办法,并保护水生生态系统和淡水生物资源。

(8)制定和淡水、沿海生态系统有关的无害环境管理策略,包括对渔业、水产养殖业、畜牧业、农业活动和生物多样性的研究。

为实现上述目标,首先就要加强对水质的管理,并根据水质的监测结果,采取相应的措施。根据我国的实际情况,由于人口众多,地域广阔,对水质进行管理、加强监测是十分必要的。水质管理的重点是各类用水中的排水管理,对不达标的排水要规定一个达标的时间表,要求用水户采取必要的措施以实现达标要求,同时,要和用水管理一道,按要求逐步提高城镇污水集中处理和工业废水的厂内处理率,控制农田的化肥、农药等的有效利用等。

(四)水污染的防治与控制

应该清醒地认识到,随各类用水量的不断增加,导致进入自然界水体中的各种成分的物质包括新的人工合成物的数量都在不断增加,如果不加大防治的力度,水污染问题将会变得非常严重。为防止出现这种情况,必须达到如下的对防治和控制水污染发展的基本目标,即保证能长期持久地利用水资源,并不使有关的生态系统受到破坏;保护人民的生活和健康状态不致受到以水为媒介的疾病和病原体的影响;保持生态系统的完整性,主要表现为保护水产品不因水资源的开发利用而出现消极影响。

为进行这一方面的工作,需要在国家层次上制订一个水污染防治计划,并在这个计划的指导下,各地方也相应制订当地的防治计划和实施这个计划的必要程序,以及组织上、人力上和财务上的落实。为实现这个目标,应当采取下列的行动:

(1)研究制定对水质进行快速评价的方法或计算机程序,以便于基层能进行污染物的识别和定量研究。建立对排放物和大气沉降物的监测手段。进行对工业和城市排放的废污水类别的评定及对农用化肥与杀虫剂使用的鉴定。

(2)对于水环境质量可能恶化且风险较大的地区,应专门制订计划以保护水产品及生态系统不受破坏。

(3)对有关各级机构人员进行培训,以加强预防和控制污染措施的实施。

(4)采用经济手段以促进节约用水和减少污水排放,并以收取的款项用于处理废污水和加强对水资源的管理。

(5)开发污水处理技术、废水再利用技术和对水污染土地的预防与控制办法。

(6)拟定识别和控制以水为媒介传播的疾病与病原体,以维护人民的健康。

(7)对地下水含水层的保护应特别予以注意,以避免造成地下水质的恶化或导致地下水枯竭并形成沉降漏斗。

(五)水资源保护规划

为保护水质并治理已经被污染的水环境,以及合理利用水资源,需要制定水资源保护规划,以便针对当地水资源的特点及存在问题,有确定目标地进行治理与保护。

水资源保护规划通常可以水体为对象进行,如河流水资源保护规划是以河流为整体进行规划。对于在一条河流上污染最严重的河段,或有特殊要求的河段,则可以河段为对象进行水资源保护规划,但河段水资源保护规划应当服从于全河的水资源保护规划,并在其指导下进行。对于其他地表水体如湖泊、水库等对象也需制定各自的水资源保护规划。

水资源保护规划的重点是水质保护规划。在制定水质保护规划时,可按下列步骤进行工作:

(1)调查水体和水资源的现状及存在问题,包括了解目标水体的概况、特点及其功能,如水体的天然来水及排水条件、水污染现状和污染源的分布、识别主要污染源和污染物的类型及污染负荷的情况。

(2)按照目标区域内工农业及人口发展趋势,预测不同规划水平年可能出现的污染负荷的变化。

(3)按照各地具体情况对各个水体的功能进行区划,并据此拟定各水体的水质目标以及保证能达到该水质目标应采取的工程和措施的设计条件。

(4)按照水体的具体条件,计算水体的自净能力及其水环境容量的现状和规划水平年的状况,拟定各种治理方案,并在方案比较的基础上,选定可行的方案。

(5)安排方案的分期实施程序,并计算方案的投资效益。

(六)水资源开发利用管理

水资源开发利用管理涉及内容十分广泛,以上介绍的各种水资源管理内容,均属于水资源开发利用的问题。如水资源开发前要进行科学、系统的规划,利用时要考虑供水问题和节水问题,同时要注意保护水源、减免污染,充分发挥水资源兴利除害的作用。总之,水资源的开发利用应在国家有关法律的基础上,利用各种手段和方法,进行全面的科学管理,达到水资源管理的目的。

第二节　城市水资源管理的基本原则和要求

一、城市水资源管理的基本原则

由于水资源问题很突出,人们普遍认识到只有加强对水资源的管理才是正确的出路。正如联合国1977年世界水会议通过的马德普拉塔行动计划中所提到的,人类必须实现对水资源井井有条的管理,才能保障人类高质量的生活并增进人类的庄严和幸福。在1992年1月,世界气象组织在爱尔兰都柏林召开了水与环境国际会议(ICWE),会议通过了都柏林声明和报告。在都柏林声明中第一段话就是:“淡水资源的紧缺和使用不当,对于持续发展和保护环境构成了十分严重又不断增长的威胁。人类的健康和福利、粮食的保障、工业发展和生态系统,都依赖于水。但现在我们却处于危险之中,除非从现在起,在10年左右的时间内,能够采取比以往更为有效的对水的管理措施。”

这一段话把对水资源管理的重要性说得非常醒目。加强对水资源的管理是唯一的出路。在该会议报告中,进一步对如何进行水资源的综合开发和管理,提出了四项主要原则:

(1)整体性原则,即要把发展人类社会和经济,以及保护人类赖以生存的自然生态系统看做是一个整体,而水则是维持一切生命的基础。不仅要看到水在自然界的全部循环过程,即包括降水的分布、水源保护、供水和废水处理系统,以及和自然环境、土地利用等的相互关系,也要看到不同部类间的用水需求。同时,应当采取生态途径,并尊重现有的生态系统。不仅要考虑河流的整体或地下水系统问题,也要考虑水资源与其他自然资源间的相互关系,并且在跨国河流上展开合作。

(2)公众参与原则,即要由公众参加水资源的开发和管理机构,以及其工作的安排,为此应当:①由用水单位和公共大众,特别是妇女参与水资源项目的规划、执行和评定工作;②提高决策者和公众对水的重要性的认识;③与公众进行磋商;④应当在基层进行决策,以便决策者能更多地听取有关群众的意见。

(3)确认妇女在供水、水管理和保护水方面的关键作用。

(4)水资源的商品经济性,即承认水是有经济价值的商品,水资源的利用和管理应当通过水资源市场进行,这也是水资源经济管理的基础。在水资源的价格中应保证列入合理的外部费用及利润,对水资源的利用开展经济可行性研究。为此应当重视下列问题:①水对于全社会的重要性,且人人有权获得价格适当的水;②持续开发;③有效而又公平的水资源利用和管理;④环境因素;⑤在水价中应保证列入合理的外部费用及利润,以使其在财务上能具有活力和可计算性。

二、城市水资源管理的基本要求

水资源管理的目标确定应与当地国民经济发展目标和生态环境控制目标相适应,不仅要考虑资源条件,而且还应充分考虑经济承受能力。水资源管理目标的确定属于决策范畴,水资源管理的最终目标是努力使有限的水资源创造最大的社会经济效益和最佳生态环境,或者说以最小的投入满足社会经济发展对水的需求。

水资源管理的具体目标如下。

(一)《21 世纪议程》对水资源综合管理提出的目标

1992 年 6 月在巴西里约热内卢召开的联合国环境与发展大会(UNCED)上通过并签署的《21 世纪议程》,其中第 18 章“保护淡水资源的质量和供应,水资源开发、管理和利用的综合性办法”中,对水资源的综合管理应遵循的目标提出如下 4 个方面的要求:

(1)水资源管理,包括查明和保护潜在的供水水源,并采取富有活力的、相互作用的、循环往复式的和多部门协调的方式,把技术、社会、经济、环境和人类健康等各个方面都相互结合起来,统筹考虑。

(2)遵照国家的经济发展政策,并以社会各部门、各地区的用水需要和事先安排好的用水优先顺序为基础,以及根据可持续地开发利用、保护、养护和管理的原则,进行水资源的综合规划。

(3)在公众充分参与的基础上,设计、实施并评价出具有明显战略意义的、经济效益高、社会效益好的项目和方案。在这个过程中，要鼓励妇女、青年，以及当地居民、当地社会团体等参与水管理政策的制定和决策。

(4)根据需要确立或加强(制定)适当的体制、法律和财务机制，以确保水事政策的制定和执行，从而促进社会进步和经济的增长，这对于发展中国家尤其重要。概括地说，水资源管理应当以清查资源数量和质量为基础，在公众参与的前提下，制定水资源开发利用和管理的综合规划，并从体制、法律和经济方面确保规划的严格执行。

在这份文件中，还提出了有关水资源管理的一些具体活动内容，如：

(1)制订目标明确的有关水资源的国家实施计划和投资方案，并应进行成本核算。

(2)实施保护和养护潜在淡水资源的措施，包括进一步查清水资源的情况，并辅之以制定土地利用规划、森林资源利用规划和山坡、河岸保护规划，以及其他有关的开发和养护活动。

(3)研制交互式数据库、水情预报模型和经济规划模型，以及制定水资源管理和规划的方法，包括环境影响评价方法。

(4)在自然、社会和经济的制约条件下，实行最适度的水资源分配。

(5)通过需求管理、价格机制和调控措施，实行对水资源合理分配的政策。

(6)加强对水旱灾害的预防工作，包括对灾害的风险分析，以及对环境和社会影响的分析。

(7)通过不断提高公众的觉悟、加强宣传教育、征收水费以及其他经济措施，以推广合理用水的方法。

(8)实行跨流域调水，特别是向干旱和半干旱地区调水。

(9)推动开展淡水资源的国际合作。

(10)开发新的和替代的供水资源，如海水淡化、人工回用、劣质水的利用、废水的再利用以及循环用水等。

(11)对水质和水量进行综合管理，包括地表水和地下水。

(12)促进一切用水户提高用水效率，并最大限度地减少水的浪费，推动节约用水。

(13)支持用水单位优化当地水资源管理的行动。

(14)制定使公众参与决策的方法，特别是要提高妇女在水资源规划中的作用。

(15)根据具体情况，开展并加强各级有关部门之间的合作，包括发展和加强各种机制。

(16)加强对有关水资源信息和业务准则的传播与交流，广泛开展对用水户的教育，并特别在世界水日(每年3月10日)加强这一活动。

(二)《中国21世纪议程》对水资源管理提出的基本目标

在我国，对水资源的管理工作正在不断得到完善、加强和提高，在国家制定的《中国21世纪议程》中对水资源管理的总要求是：水量和水质并重，资源和环境管理一体化。在《21世纪议程》的基础上，制定了我国的水资源管理的基本目标，包括以下几方面：

(1)形成能够高效率利用水的节水型社会。即在对水的需求有新发展的形势下，必须把水资源作为关系到社会兴衰的重要因素来对待，并根据中国水资源的特点，厉行计划用水和节约用水，大力保护并改善天然水质。

(2)建设稳定、可靠的城乡供水体系。即在节水战略指导下,预测社会需水量的增长率将保持或略高于人口的增长率。在人口达到高峰以后,随着科学技术的进步,需水增长率将相对也有所降低,并按照这个趋势,制订相应计划以求解决各个时期的水供需平衡,提高枯水期的供水安全度,以及对遇特别干旱的相应对策等,并定期修正计划。

(3)建立综合性防洪安全社会保障制度。由于人口的增加和经济的发展,如遇同样洪水给社会经济造成的损失将比过去增长很多。在中国的自然条件下,江河洪水的威胁将长期存在。因此,要建立综合性防洪安全的社会保障体制,以有效地保护社会安全、经济繁荣和人民生命财产安全,以求在发生特大洪水情况下,不致影响社会经济发展的全局。

(4)加强水环境系统的建设和管理,建成国家水环境监测网。水是维系经济和生态系统的最关键的要素。通过建设国家和地方水环境监测网及信息网,掌握水环境质量状况,努力控制水污染发展的趋势,加强水资源保护,实行水量与水质并重、资源与环境一体化管理,以应付缺水与水污染的挑战。

第三节　城市水资源管理的主要方法和措施

一、城市水资源管理的主要方法

要使水资源管理达到其管理的目的,就要采取一定的方法或手段。水资源管理是一个极其复杂的多层次管理,所以管理方法也有许多。这里只介绍几种主要的方法。

(一)水资源管理的法律方法

法律是一个国家进行各种管理的重要方法,水资源管理的法律方法就是要制定并执行各种水资源法规来调整和约束水资源管理过程中产生的多种社会关系与行动。一句话,就是依法管水。

1.法律方法的特点

(1)权威性和强制性,包括水资源法规在内的一切法规均由国家制定,具有法律的严肃性。一切组织和个人都应遵守,不得对法规进行阻扰和抵制,否则,将受到法律的严厉制裁,因为法律是以强制力为后盾的。

(2)规范性和稳定性。水资源的有关法规与所有法律一样,文字表述严格明确,其解释权在相应的立法、司法和行政机构。同时法律法规一经颁布实施,就会在一定时期内有效,不会经常变动。

(3)平等性。法律面前人人平等,只要违反了法律法规,不论在任何情况下,都要受到法律的制裁。

2.法律方法的作用

我国水资源的时程和地区分布极不均匀,导致一些地区水资源丰富,一些地区水资源短缺。另外,由于国民经济的发展和人民生活水平的提高,水污染问题也更加严重,水事纠纷不断发生。为从根本上解决水资源危机,使水资源能被持续使用,维护国家的安定团结,我国颁布了《中华人民共和国水法》,标志着我国依法治水、依法管水的开始。

法律方法融于水资源管理之中，有其特别重要的作用：一是保证了必要的管理程序；二是增强了管理系统的稳定性；三是有效地调节了各种管理之间的关系；四是促进管理系统的发展。

（二）水资源管理的行政方法

行政方法是依据行政组织或行政机构的权威，在遵从和贯彻水法的基础上，为达到水资源管理的目的而采取的各种决定、规定、程序和条件等行政的措施。行政方法也带有一定的强制性。

1. 行政方法的作用

行政方法是实现水资源管理功能的重要手段，也是使国家的有关法律在不同地区、不同流域结合当地具体情况予以实施的必要方法。

由于水资源属于国家所有，这就需要政府机构对水资源采取强有力的行政管理方法，负责指导、控制、协调各用水部门的水事活动。水资源的行政管理手段必须依据水资源的客观规律，结合当地水资源的分布情况、开发利用情况和国民经济发展对水的供需情况作出正确的行政决定、规定、条例等，使水资源的管理更加符合当地具体情况。如黑龙江省宾县在贯彻《中华人民共和国水法》过程中，完善了与其配套的地方法规，制定了水资源管理、水资源收费、水利工程供水收费等规定和方法，并制定了四个水行政制度，建立和充实了水政执行组织。

长期的水资源管理实践证明，许多水事纠纷只能靠行政方法处理。为使行政机构具有权威性，《中华人民共和国水法》规定：县级以上人民政府或其授权的主管部门在处理水事纠纷时，有权采取临时处置措施，当事人必须服从。

2. 行政方法与其他管理方法的关系

行政方法虽然在水资源管理中占有重要的地位，但单纯采用这种方法，就可能在管理过程中脱离实际或事倍功半，而要求管理对象无条件服从法律法规，就必须辅以经济管理方法，发挥经济手段在管理中的作用，并加强思想教育，增加人们的水资源意识，使人们能主动配合水资源的管理工作，使管理任务顺利完成。

（三）水资源管理的经济方法

水资源管理的经济方法就是通过建立合理的水资源价格，并制定水资源投资政策，合理开发、利用和保护水资源的经济奖惩原则等，从经济上规范人们的行为，间接地强制人们遵守水资源法规，从而达到水资源管理的目的。

水资源的经济管理方法有很多，有《中华人民共和国水法》中所要求的征收水费和水资源费，还有如何合理地制定水费、水资源费、排污费等各种水资源价格；制定水资源投资方法和水环境补偿政策；采用必要的经济奖惩制度；建立健全水资源基金积累制度。

长期以来，由于计划经济的框架限制，经济方法在水资源管理方面的应用很不够。水的价格过低，不仅造成水资源的浪费，还使供水工程难以正常运行，供水能力下降。而在把经济手段用于水资源管理之后，水的浪费现象明显减少。如山西省在1982年开始征收水资源费以后，效果明显，省会太原市1979年工业总产值为36.17亿元，年用水量为25亿t，1985年工业总产值为56.75亿元，即增长了57%，而年用水量反而降至205亿t，即减少了18%。实践证明，经济方法是一种行之有效的水资源管理方法。

当然，经济方法不能代替一切，应该配合行政和法律方法，才能使管理效果最佳。

（四）水资源管理的技术方法

虽然在水资源管理中，法律、行政和经济方法起到了重要的作用，但现代的科学技术也应贯彻到管理之中。

所谓水资源管理的技术方法，是指通过现代的科学技术对水资源合理规划、开发、保护、统一调度，计划用水和节约用水，使水资源管理更加科学化。我国水资源总量虽然不少，在世界上列第6位，但人均水资源占有量却只列第110位。而在这有限的资源中，由于用水技术落后，水的浪费相当严重，如我国农业用水平均利用系数仅为0.3～0.4，工业用水重复利用率仅为20%～30%，与世界发达国家相比有相当大的差距。如何改变这种状况呢？这需要先进的科学技术来加以改变，使我国经济不断发展的同时，用水量减少，以达到水资源持续使用的目的。

二、水资源管理的保证措施

水资源管理的内容已涉及水资源的开发、利用、保护和防治水害等各个方面活动的管理。这种管理不仅表现在对水资源权属的管理，还涉及国内和国际间的水事关系。实现有效的水资源管理，必须有一定的措施保证，包括行政法规措施、经济性措施、技术性措施、宣传教育措施和必要的国际协定或公约。

（一）行政法规措施

行政法规措施即运用国家的行政权力，建立水管理机构，并制定相应水管理法规。在水的利用方面有多部门分工的情况下，也要指定国家的水行政主管部门或机构，以协调各方面有关水的工作，制定水资源综合开发规划，并监督执行有关水的法令和规章。

为了实现水资源管理的目标，确保水资源的合理开发利用、国民经济可持续发展以及人民生活水平不断提高，必须建立健全完善的法律法规措施。这是非常重要的，也是非常关键的。

加强和完善水资源管理的根本措施之一，就是要运用法律手段，将水资源管理纳入法制轨道，建立水资源管理法制体系，走“依法治水”的道路。

新中国成立后，我国政府十分重视治水的立法工作，已经制定了《中华人民共和国水法》、《中华人民共和国水污染防治法》、《中华人民共和国水土保持法》、《中华人民共和国防洪法》。

1988年《中华人民共和国水法》颁布实施，标志着我国走上了依法治水的轨道。2002年8月又重新对水法进行修订，颁布实施了新的《中华人民共和国水法》。

这些法律、法规是在我国从事水事活动的法律依据。

（二）经济性措施

经济性措施即利用经济政策和手段，达到管好、用好水资源的目的。

水价作为一种有效的经济调控杠杆，涉及经营者、普通水用户、政府等多方因素，用户希望获得更多的低价用水，开发经营者希望通过供水获得利润，政府则希望实现其社会政治目标。但从综合的角度来看，水价制定的目的在于，在合理配置水资源，保障合理生态环境、美学等社会效益用水以及可持续发展的基础上，鼓励和引导合理、有效、最大限度地利用可供水资源，充分发挥水资源的间接经济社会效益。

在水价的制定中，要考虑用水户的承受能力，必须保障起码的生存用水和基本的发展用水。而对不合理用水部分，则通过提升水价，利用水价杠杆，来强迫减小、控制，逐步消除不合理用水，以实现水资源的有效利用。

依效益合理配水，分层次动态管理，基本思路是，首先全面、科学地评价用水户的综合用水效益，然后综合分析供需双方的各种因素，从理论上确定一个“合理的”配水量。再认真分析各用水户缴纳水资源费（税）的承受能力，根据用水的费用效益差异，计算制定一个水资源费（税）收取标准。比较用水户的合理配水量与实际取水量，对其差额部分予以经济奖惩。对于超标用水户，其水资源费（税）的收取标准应在原有收费（税）标准上，再加收一定数量的惩罚性罚款，以促进其改进生产工艺，节约用水；对于用水比较合理的非超标用水户，应根据其盈余情况给予适当的奖励。这样就将单一的水资源费（税）改成了分层次的水资源费（税），实现了水资源的动态经济管理。

明晰水权，制定两套指标，保证配水方案实施。水利部曾提出“明晰水权，确定两套指标”的管理思路。

水权包括水的所有权、使用权、经营权、转让权等。在我国，水的所有权属于国家，国家通过某种方式赋予水的使用权给各个地区、各个部门、各个单位。这里所说的水权主要是水的使用权。一般来说，水的使用权是按流域来划分的。例如某流域水资源中，有多少用于生态、多少用于冲沙、多少用于各区分配及每个区用多少，这就是国家赋予他们的水权。

明晰水权是水权管理的第一步，要建立两套指标体系，一套是水资源的宏观控制体系；另一套是水资源的微观定额体系。前者用来明确各地区、各行业、各部门乃至各企业、各灌区各自可以使用的水资源量，也就是要确定各自的水权。另外，还可以将所属的水权进行二次分配，明细到各部门、各单位，每个县、乡、村、组及农户。第二套体系用来规定社会的每一项产品或工作的具体用水量要求，如炼 1 t 钢的定额是多少、种 1 hm^2 小麦的定额是多少等。有了这两套指标的约束，各个地区、各个行业、每一项工作都明确了自己的用水和节水指标，就可以层层落实节水责任，可持续发展才能真正得到保障。

（三）技术性措施

技术性措施即充分认识当地水资源的特点和问题，采取合理的技术手段，开发利用并保护好水资源。

技术性措施主要是利用现代化技术，合理运行水资源管理方案并实时调度，这包括建立水资源信息的实时传递及通信系统和实时联机水情预报系统，进行水资源工程和有关设施的监测及维护，进行水资源的合理运行调度等。关于对水资源工程和设施的监测及维护等。

（四）宣传教育措施

重点是提高全民的水资源意识，使公众自觉参与水资源的保护和管理，节约用水。

加强宣传，鼓励公众广泛参与，是水资源管理制度落实的基础水资源管理措施的实施，关系到每一个人。只有公众认识到“水资源是宝贵的，水资源是有限的”，“不合理开发利用会导致水资源短缺”，“必须大力提倡节约用水”，才能保证水资源管理方案得以实施。公众参与，是实施水资源可持续利用战略的重要方面。一方面，公众是水资源管理执行人群中的一个重要部分，尽管每个人的作用没有水资源管理决策者那么大，但是公众人群的数量很大，其综合作用是水资源管理的主流，只有绝大部分人群理解并参与水资源管理，才能保证水资源管理政策的实施，才能保证水资源可持续利用；另一方面，公众参与能反映不同层次、不同立场、不同性别人群对水资源管理的意见、态度及建议，水资源管理决策者仅反映社会的一个侧面，在作决定时，可能仅考虑某一阶层、某一范围人群的利益。这样往往会给政策执行带来阻力。例如，许多水资源开发项目的论证没有充分考虑到受影响的人群，导致受影响群众的不满情绪，对项目实施带来不利影响。

（五）必要的国际协定或公约

对于边界河流、湖泊和出入国境的河流，要根据双方的共同利益，订立协定或公约，以保护水源，合理而公正地开发利用共有的水资源。

第四节 城市水资源管理信息技术及应用

为达到科学管理水资源的目的，必须重视管理工作的技术方面，这包括建立水资源信息的实时传递及通信系统和实时联机水情预报系统，进行水资源工程和有关设施的监测及维护，进行水资源的合理运行调度等。

一、水资源信息的实时传递及通信系统概述

水资源信息，包括来水水情，即由来水区内的水文监测站发出的实时降水和河流水量变化及水质变化的信息，以及供水范围内用水信息，如工业、生活、环境等用水要求的变化，以及供水区内降水的监测和土壤墒情变化的实时信息等，都需及时传递到水资源调度管理及决策机关。为达到科学调度水资源的要求，尽可能使这些信息的取得及传递达到自动化的水平。在初期未能达到全面自动测报时，也要保证各种信息以最快且现实可能的速度，采用半人工半电传的方式，如利用有线或无线通信设备及邮电网路传递到调度决策中心机构。对水文信息的传递，最好是利用建立起来的水文自动测报系统来进行。水文自动测报系统，或称水文遥测系统，一般由在水文测站上安装的传感器和控制设备、资料传递通道即通信设备、接收站或接收中心的通信和控制处理系统所组成。有些测站是全部自动遥测且无人值守，这主要是降水观测和部分水位观测，但在中国多数水文测站是有人值守的，而作为自动测报系统中的水文站，也同样应安装传感器及控制设备，以自动取得所需的测验参数。少数流量站也能自动收集流量信息，这主要是安装了超声波测流设备或电磁测流设备的站，但多数流量站的流量实测还要靠人力进行。在有些国家如美国利用通信卫星传递水情信息，并在多数水文测站上安装资料收集平台，也有试验利用流星余迹作为传递信息的中介手段。地面通信因常受到地形的阻碍，往往在测站与接收中心之间需要设立一个或多个中继站以传递信息。

信息的传输制式通常有自报式和应答式两种。自报式是由测站定时主动发送信息，也包括事先规定的当遥测参数达到某一限定数量时就立刻向外发送数据的功能。应答式是测站随时处于待命状态，一旦收到遥测中心发给该测站的指令，就立即启动并向中心发

送信息。

水文自动测报系统的技术问题有:①遥测及通信设备的电源问题,因有些测站远离城镇及村庄,需自备电源,或保证定期更换电池,或用太阳能蓄电池。有的测站设在高山上,或交通十分不便,为减少繁重体力劳动,研制寿命长及保险系数大的电源是十分关键的,而测报设备的低耗灵敏,也是十分关键的。②遥测系统中数据采取、存储及发送控制的电子设备,容易遭受雷电的干扰及破坏,防止雷电的设施及保护信息不使被抹零的装置研究,也必须予以充分重视。

水文自动测报系统的建设需要一定的资金及技术条件,但其经济效益却是非常显著的。在发展初期多用于防汛调度,但对水资源的综合开发利用,为充分发挥水资源的多功能效益,及时的水资源信息带来的经济效益也是十分可观的。在水资源调度中心,对于供水区内的用水需水供水也要及时掌握其变化现状,以合理调整供水和配水量。

二、水资源管理信息系统

水资源管理是一项复杂的水事行为,包括的管理内容十分广泛。特别是面向可持续发展,需要收集、处理越来越多的信息,在复杂的信息中又需要及时得到处理结果,提出合理的管理方案。满足这一要求,使用传统的方法难于济事。

随着信息技术的发展,信息技术在水资源管理中的应用,实现了水资源信息系统管理的目标。水资源管理已经进入了系统化管理阶段,集中了规范化、实时化和最优化管理特点,运用系统论、信息论、控制论和计算机技术,建立水资源管理信息系统。

(一)水资源管理信息系统建设的必要性

如前所述,获取可靠而又全面的水信息,是水资源管理的基础。随着社会经济的发展,人们对自然界的开发范围及强度不断扩大,水资源系统的信息揭露得越来越多,人类影响水资源系统的动态变化也越来越大,记录的动态变化数据越来越多。这些信息都是我们科学分析水资源系统特征、合理制订水资源管理方案的依据。因此,及时乃至实时获取和处理水资源信息,并以这些信息为基础及时或实时制定水资源调度决策,就显得十分必要。

现代信息技术为实现水资源管理信息化提供了技术支撑。信息化技术,是以计算机为核心,包括网络、通信、“3S”、遥测、数据库、多媒体等技术的综合。在及时掌握水资源信息的基础上,结合先进的水量水质测报技术、水工程的运行情况,利用有关的方法、模型,实现流域水资源的合理配置,提高水资源的管理水平。

水资源管理离不开信息系统。现代复杂的水事管理,收集的大量信息,需要储存,需要处理,这靠传统的人工方法既不经济也费时间。同时,远距离的水信息的传输,也需要现代网络或无线传输技术。复杂的系统分析也离不开信息技术,它需要对大量的信息进行及时、可靠的分析,特别是对于一些突发事件的实时处理,如洪水问题,需要现代信息技术作出及时的决策。例如,防汛信息系统,由水情自动采集系统、防汛决策支持系统、防汛信息服务系统等部分组成。水情自动采集系统能够及时、可靠和全面地获取水情信息,它借助覆盖全区的监测站,通过通信网络自动获取水位、雨量、风速、风向等气象水情信息。每隔一定时间,或者雨量每变化 1 mm,水位每变化不超过 1 cm,水情信息都会自动传输到防汛信息中心的数据库。防汛决策支持系统将所有的防汛信息置于一张完整的电子地图上，通过实时获取的天气、水情信息，由计算机模拟洪水引起的风暴潮、暴雨引起的城市积水和河网水位变化过程等。防汛信息服务系统则通过网站形式为各级防汛指挥部门和相关单位提供了"运用网上多媒体信息进行指挥调度的平台"。过去获取防汛水情信息，仅依靠水文站的工作人员日夜值班，通过电话或电台将人工观测到的水文信息报告到指挥中心，信息的及时性、完整性和覆盖面都不能得到保证。而依靠现代信息技术建立的防汛信息系统，不仅拥有覆盖全区的遥测系统，还与各级有关部门全部联网，实现了资源共享和信息的高速传输，提高了预见性和精确度。

（二）水资源管理信息系统建设的目标及原则

1.建设目标

长期以来，决策主要依靠人的经验进行，属于经验决策的范畴。随着科学技术的发展、社会活动范围的扩大，管理问题的复杂性急剧增加。在这种情况下，领导者单凭个人的知识、经验、智慧和胆量来作决策，难免出现重大的失误。于是，经验决策便逐步被科学决策所代替。

水利是一个关系到国计民生的行业，有许多决策需要科学、及时作出。水利信息化是实践新时期治水思路的关键因素，是实现水利现代化的先导。通过推进水利信息化，可逐步建立防汛决策指挥系统，水资源监测、评价、管理系统，水利工程管理系统等，改善管理手段，增加科技含量，提高服务水平，促进技术创新和管理创新。

水资源管理信息系统，是水利信息化的一个重要方面。其总目标是：根据水资源管理的技术路线，以可持续发展为基本指导思想，体现和反映社会经济发展对水资源的需求，分析水资源开发利用现状及存在的问题，利用先进的网络、通信、"3S"、遥测、数据库、多媒体等技术，以及决策支持理论、系统工程理论、信息工程理论，建立一个能为政府主要工作环节提供多方位、全过程决策支持的管理信息系统。系统应达到实用性强、技术先进、功能齐全，并在信息、通信、计算机网络系统的支持下，达到以下几个具体目标：

（1）实时、准确地完成各类信息的收集、处理和存储。

（2）建立和开发水资源管理系统所需的各类数据库。

（3）建立适用于可持续发展目标下的水资源管理模型库。

（4）建立自动分析模块和人机交互系统。

（5）具有水资源管理方案提取及分析功能。

2.建设原则

水资源管理信息系统是一项规模庞大、结构复杂、功能强、涉及面广、建设周期长的系统工程。为了确保建设目标的实施，系统建设应遵循以下原则：

（1）实用性原则。即系统要紧密结合实际，使其能真正运用于生产过程中。

（2）先进性原则。即用先进的软件开发技术和开发环境进行软件系统开发，以保证系统软件具有较强的生命力。

（3）简捷性原则。开发的软件系统使用对象并非全是计算机专业人员，所以要求系统的表现形式简单、直观，操作简便，做到界面、窗口清晰友好。

（4）标准化原则。系统要强调结构化、模块化、标准化，特别是接口要标准统一，保证连接通畅。

(5)灵活性原则。一方面,是指系统各功能模块能灵活实现相互转换;另一方面,是指系统能随时为使用者提供所需要的信息和动态管理决策。

(三)水资源管理信息系统的主要功能

为了实现水资源管理信息系统的主要工作,一般的水资源管理信息系统应由数据库、模型库、人机交互系统组成。

1.数据库功能

(1)数据录入。所建立的数据库应能录入水资源管理需要的所有数据,并能快速简便地供管理信息系统使用。

(2)数据修改、记录、删改和记录浏览。可以修改一个数据,也可修改多个数据,或修改所有数据;可删除单个记录、多个记录和所有记录。

(3)数据查询。可进行监测点查询、水资源量查询、水工程点查询以及其他信息查询等。

(4)数据统计。可对数据库进行数据处理,包括排序、求平均值以及其他统计计算等。

(5)打印。用于原始数据表和计算结果表打印。

(6)维护。为了避免意外事故发生,系统应设计必要的预防手段,进行系统加密、数据备份、文件读入和文件恢复。

2.模型库功能

模型库由所有用于水资源管理信息处理、统计计算、模型求解、方案寻优等的模型块组成,是水资源信息系统完成各种工作的中间处理中心。

(1)信息处理。与数据库连接,对输入的信息有处理功能,包括各种分类统计、分析。

(2)水资源系统特性分析。包括水文频率计算、洪水过程分析、水资源系统变化模拟、水质模型以及其他模型。

(3)社会经济系统变化分析。包括社会经济主要指标的模拟预测、需水量计算等。

(4)生态环境系统变化分析。包括生态环境评价模型、生态环境系统变化模拟模型等。

(5)可持续水资源管理优化模型。这是用于水资源管理方案优选的总模型,可以根据以上介绍的方法进行建模。

(6)方案拟定与仿真模型。可以对不同水资源管理方案进行拟定和优选,同时可以对不同方案的水资源系统变化进行仿真。

3.人机交互系统功能

人机交互系统是为了实现管理的自动化,实现良好的人机交互管理,而开发的一种界面。目前,开发这种界面的软件很多,如 VB、VC 等。

在实际工作中,人们希望建立的水资源管理系统至少具有信息收集与处理、管理决策功能,并具有良好的人机对话界面。因此,水资源管理信息系统与决策支持系统(Decision Support System,DSS)比较接近。DSS 是以数据库、模型库和知识库为基础,把计算机强大的数据存储、逻辑运算能力和管理人员所独有的实践经验结合在一起,它将管理信息系统与运筹学、统计学的数学方法及计算模型等其他方面的技术联结在一起，辅助支持各级管理人员进行决策，是推进管理现代化与决策科学化的有力工具。同时，DSS也是一个集成的人机系统，它利用计算机硬件、通信网络和软件资源，通过人工处理、数据库服务和运行控制决策模型，为使用者提供辅助的决策手段。

面向可持续发展的水资源管理信息系统，是以水资源管理学、决策科学、信息科学和计算机技术为基础建立的辅助决策者解决水资源管理中的半结构化决策问题的人机交互式计算软件系统。它具有DSS的基本特征，同时又拥有自身的独特性。它面向流域、面向可持续，为实现流域水资源可持续利用与区域可持续发展的总目标服务，为决策者进行水资源科学管理决策提供辅助支持。

面向可持续发展的水资源管理信息系统，一般包含收集社会、经济、环境、生态及水资源方面的基础信息资料的软件系统，还有根据一定的原理或规律制作的概化模型，对基本信息进行加工和整理，进而提出各种水资源开发和调度对策；有灵活方便的人机交互系统将这些对策提交给决策者，帮助决策者进行客观的判断。因此，水资源管理信息系统主要由数据库管理系统、模型库管理系统和人机交互系统三部分组成。如图7-1所示。

三、水资源运行调度

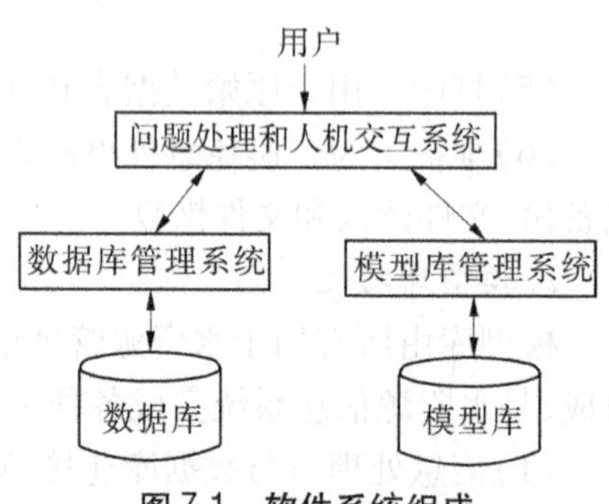

图7-1　软件系统组成

水资源运行调度的基本原则与水资源规划中的调度问题基本一致，都是要经济、有效地利用水资源，使其发挥最大的经济效益和社会效益。但在运行调度中与规划阶段的调度设计最大的不同点在于，规划阶段所使用的水文资料系列是已知的，即使用历史水文实测资料进行分析，或利用基于已知历史水文资料的特性，用人工生成的方法所制造的人工水文系列进行分析。而在运行调度中对于当时以后将要发生的水文情况则属于未知的状态，且水资源系统包括来水、供水及其相应地区的具体情况均是当时的实际情况而不是设计的情况，并且就要及时根据这些具体情况作出调度决策。在这种情况下，实时水资源信息及其预报就显得十分重要。

实时水文预报，又称实时联机水文预报，是把根据水文遥测系统传送来的信息数据，自动输入计算机进行处理，并按一定预报模型作出某地点某时的水情预报。通常实时联机预报的水文模型应具有实时修正功能，即具有实时追踪参数变化能力的自适应功能，并能对所接收信息中的随机干扰进行滤波，即从包含噪声干扰的信息中提取最有用信息的功能，其中应用较广的有卡尔曼滤波方法。

四、水资源管理信息技术的应用实例介绍

这里，仅以新疆博斯腾湖流域水资源管理信息系统开发为例，来说明水资源管理开发过程及主要应用。

基于博斯腾湖水资源可持续利用调度系统研究理论成果，应用Visual Basic6.0和数据库Access开发该流域的管理软件。

（一）软件框架设计及特点

根据软件开发目标和原则，结合本软件系统开发内容，考虑软件开发的技术要求与习惯，设计的博斯腾湖水资源可持续利用调度系统软件框架如图7-2所示。

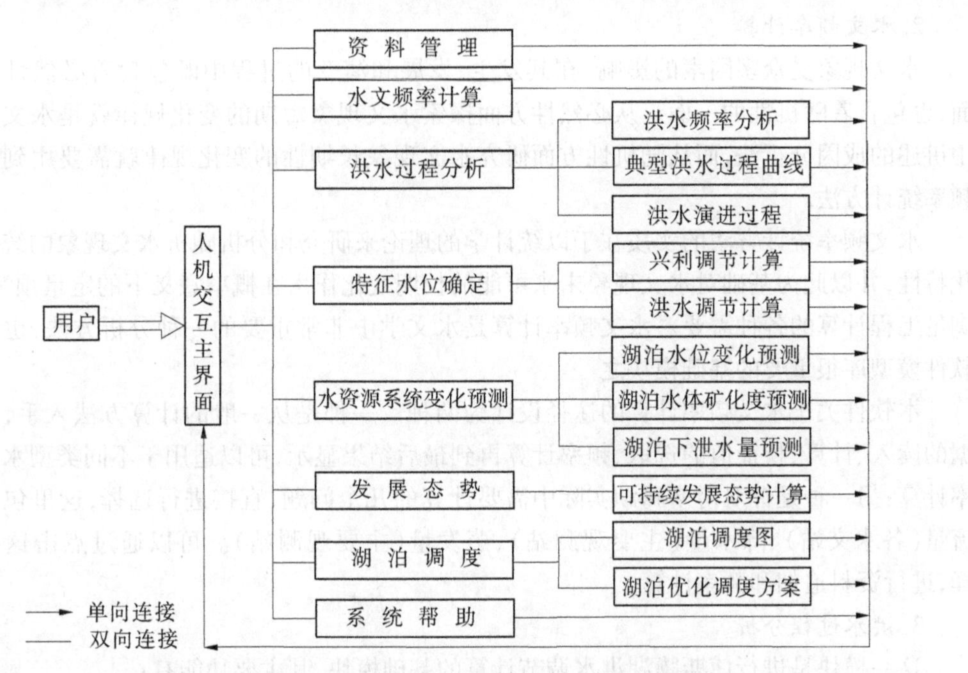

图7-2 博斯腾湖水资源可持续利用调度系统软件框架设计图

本系统软件开发的基本指导思想是：程序模块化，人机交互界面友好，操作方便。采用功能强大、使用普遍、面向对象的Visual Basic6.0和Access等作为系统软件开发工具，选用Windows2000作为软件开发平台。

本次开发的系统软件明显具有以下特点：

（1）具有功能齐全的资料浏览、添加、修改、查询等管理功能，可以作为水资源管理的工具软件，进行动态管理。

（2）系统管理与决策相结合。该软件不仅有管理功能，而且可以进行水文频率计算、洪水过程分析、特征水位确定等一些常规的分析，同时还具有湖泊水位变化、矿化度变化、下泄水量计算等预测功能以及湖泊调度的决策功能。

（3）模块化管理、工作流程清晰。在软件开发方面，采用模块化的开发思路，对每一模块均按实际的工作流程，实现工作流程计算机化。

（二）软件功能及流程

根据以上确定的系统框架，开发了该软件，它具有以下功能。

1.资料管理

在水利工程的勘测、设计、修建及后期运行管理过程中，都要用到与之相关的数据资料，包括降水量、径流量、蒸发量等，我们都可以将其看做是该流域内的水资源基础信息的一部分。可以说，一个工程或研究课题的全过程都是建立在这些数据的基础之上的，所以对这些数据的收集、统计、分析及整理就显得尤为重要。

从类型上划分，本软件在资料管理模块中包括降水量、蒸发量、径流量、博斯腾湖芦苇状况、水质（矿化度）、灌溉面积、引水量及其他社会经济发展指标。其功能包括资料浏览、数据添加、数据修改、数据查询。

2. 水文频率计算

水文现象受众多因素的影响，在其发生、发展和演变的过程中既包含着必然性的一面，也包含着随机性的一面。从必然性方面探索水文现象短期的变化规律就是水文预报中讲述的成因分析法，而从随机性方面研究水文现象长期性的变化规律就需要用到水文频率统计方法。

水文频率统计方法的实质在于以统计学的理论来研究和分析随机水文现象的统计变化特性，并以此为基础对水文现象未来可能的长期变化作出在概率意义下的定量预测，以满足工程计算的各种需要。水文频率计算是水文学中非常重要的一种分析方法，也是本软件模型库很重要的基础模块之一。

本软件关于水文频率计算的途径设计为两种。一种是从一般的计算方法入手，从数据的读入、计算、特征值的选取、频率计算再到最后结果显示，可以适用于不同类型水文频率计算；另一种是针对博斯腾湖实际中需要计算的几个问题，直接进行选择，这里包括径流量（各水文站）、降水量（主要观测站）、蒸发量（主要观测站）。可以通过点击这些选择，进行资料追加和频率计算。

3. 洪水过程分析

这一模块是进行博斯腾湖洪水调节计算的基础模块，其主要功能有：

(1)洪水频率分析。可以选择最大一日洪量或最大一月洪量，采用水文频率计算方法，对其进行频率分析。

(2)典型洪水过程线确定。根据历史上发生的洪水，按照一定频率确定不同水文站的典型洪水过程线。

(3)洪水演进过程。根据洪水演进模型，计算上游洪水演进到入湖时的时间和洪水量大小。通过这一计算，可以随时预报入湖洪水的时间和大小，对湖泊调度和防洪有十分重要的意义。

4. 特征水位确定

根据特征水位的确定方法，这里主要有两种重要计算：一种是兴利调节计算；另一种是洪水调节计算。分别计算不同的特征水位和特征库容，包括兴利库容、正常蓄水位、防洪库容、防洪限制水位、防洪水位等。

5. 水资源系统变化预测

合理计算不同条件和调度运行下的湖泊变化，是一项十分重要的工作。这里包括湖泊水位变化预测、湖泊水体矿化度变化预测、下泄水量预测。其计算是在其他基础条件一定的情况下，通过水量水质模型计算，得到不同的输出结果。

6. 发展态势计算

根据态势隶属度计算方法，可以实时计算不同年份的可持续发展态势隶属度，并具有资料追加、修改、删除等操作。

7. 湖泊调度

这一模块又包括以下两个子模块:

(1)湖泊调度图。这是常规的水库调度方法,根据计算确定的特征水位,考虑历史的湖泊水位变化过程,根据调度图绘制方法,绘制常规的水库调度图,作为博斯腾湖水资源调度的参考依据。

(2)湖泊优化调度方案。根据对该湖泊水资源可持续利用的研究,采用优化调度函数方法,确定该湖泊的优化调度方案,主要包括下泄流量确定、湖泊适宜水位确定,并确定相应的调度对策,主要包括防洪或抗旱的确定、调度策略等。

8. 帮助系统

专业水平的软件通常都带有联机帮助功能,无论写出来的程序是给少数专业人员使用,还是给大量非专业用户使用,我们都应该为用户提供详细的、易于理解的联机帮助文档。

本软件是采用 Microsoft 公司的 HTML Help Workshop 来协助创建的帮助系统,内容包括对各种功能以及软件的使用说明。

(三)软件运行与使用

本软件是用 Access 作为后台数据库支持系统的单机版本,利用 Visual Basic6.0 系统开发,可在多个操作系统平台如 Windows98、Windows2000 下安装,运行环境为 586 以上多媒体微机,使用方便,操作简单。

本软件安装与一般的 Windows 应用程序安装方法一致,主要过程为:启动 Windows,并将系统安装光盘插入 CD - RAM;从安装光盘上找到安装文件(setup. exe),点击后就可以一步一步地安装。在安装过的计算机中,就可以从“开始”菜单中运行该软件。软件运行时,有一段美妙的音乐伴随您进入系统人机交互主界面。

主界面既是系统的入口,也是系统的出口,反映系统的整体功能概貌。通过主界面,用户根据需要可进入到系统所具有的所有功能模块,并可方便地实现各功能模块之间的转换。系统主界面由标题栏(显示系统名称)和文件管理、资料管理、水文频率计算、洪水过程分析、特征水位、水资源系统变化预测、发展态势、湖泊调度以及系统帮助等功能模块组成。关于本软件的详细使用说明可以查阅本软件的帮助系统。

五、水资源管理中的不确定性与风险

在水资源管理工作中,人的因素十分明显,因为一切管理活动都要由人来操作运行。对于水资源进行管理常常通过政府主管机构或半官方的机构进行,但管理的目标则是如何能取得最优的效益。问题的难点在于目标中的各有关方面常常不能具有相同的效果,即单纯从单项最优的效果并不一定能体现总体最优。所谓的“质量最优且数量最多”往往不能简单作为总体最优的标准。这也和规划中的问题一样,水资源管理应当追求的目标,也往往是各方都还比较“满意”的目标,但不是各方的最优解。

在水资源管理中,也和在水资源规划中一样,许多重要的水资源目标中常伴随有不确定性和风险。不确定性首先来自对来水的估计上。尽管通过水文预报可以获得对今后来水的估计,但当前的水文预报技术只能给出在某一信度内的预报数值,且预见期越长,其可信度越小。同样,对今后用水的估计上,也常常因一些偶然的,或受气候影响的因素而出现与原来预计不完全一致的地方等,从而使具体运行结果不能达到原来计算的保证程度,或出现原来未预计到的来水现象。出现这种与原预计不符合的情况,也就是说,运行是在承担一定风险的情况下进行的。因此,由于不确定性因素的存在,在运行管理阶段实际调度的结果,其保证程度不一定和在规划阶段按照已发生的水文资料及预计的用水情况所设计的调度图进行调度的结果一致。对于这种差别,目前并无有效的检验办法,特别是在规划阶段,如果也是用长系列逐年操作或使用人工合成水文系列的统计试验法确定的调度图,对实际运行阶段更没有有效的检验办法。但在实际运行操作中的风险也是客观存在的,对此应予以充分估计。

在水资源管理中常遇到的不确定因素有多种,其中属于机遇性质的有水文的不确定性、经济发展的不确定性、人口增长特别是城市和农村人口比例变化的不确定性等;还有不受机遇规律控制的因素,如社会上的不安定因素,包括发生骚乱及战争等,以及由于自然界的偶然变化,如降水的时空变化、下垫面的不均匀情况所引起的不确定性,还有对自然现象尚未能认识清楚,因而不能确知今后一段时间内将发生的降水和径流的确切数量及发生时间、地点等所带来的不确定性,等等。由于水资源问题常常不具有唯一目标,如何选定合适的目标,也常因对其中一些问题不够十分清楚,而使在选定目标时带有不确定性。与规划一样,水资源管理也是为了达到一种优化解,但由于不确定性的存在使这种寻优过程变得极为复杂,以致只能寻求一种满意解来代替优化解,且必须排除最劣解的发生。

因此,为了应付在水资源问题中必然存在的不确定因素,人们常常使水资源的预报方法具有一定的灵活性或宽松性,以便在遇到一些事先未能料到的情况时,方法也能运转。但这样做的结果也会遇到在实际过程中出现不能实现原设定目标的情况。事实上,尚无对所有含有不确定性问题的适宜解法,还有待于人们今后的努力。

第五节 城市水资源管理体制

水资源问题涉及千家万户、国计民生,需要建立一定的管理体制进行管理。但因各国的自然、社会和经济状况不同,世界各国对水资源的管理体制并无统一的模式。通常可将水资源管理模式分为两种类型:集中管理和分散管理,且在不同时期采取不同形式。所谓集中型管理,是指由国家设立专门机构对水资源实行统一管理,或由国家指定某一机构对水资源实行归口管理,其用意都是由于在一般情况下,水的利用分属不同部门,常因争水源或水域而发生矛盾,为此需由一代表国家的机构来协调各有关部门对水资源的开发利用。而分散型管理则是指由国家各有关部门按分工职责对水资源分别进行有关业务的管理,或者将水资源的管理权交地方当局执行,国家只制定有关法令和政策。当前世界各国的水资源管理形式主要有国家和地方两级的行政机构为主体的水管理形式、设定独立性较强的流域(或区域)水管理形式以及其他类型的管理形式(如城市水务局)。许多国家在水资源管理方面多经历了不同阶段,体制和形式也在不断变化。

一、国外流域水资源管理体制

(一)美国水资源管理体制

在20世纪初期美国的水管理形式十分分散。随着水利工程的不断增加及提出综合多目标开发水资源的构想,在1933年美国政府授予田纳西河流域管理局全面负责该流域内各种自然资源的规划、开发、利用、保护及水工程建设的广泛权利,使这个流域管理局既是美联邦政府部一级的机构,又是一个经济实体,具有相当大的独立性和自主权。在其开发初期以解决内河航运和防洪为主,结合发展水电,后来由于电力需求的增长而本流域水电资源有限,又大力发展火电、核电,并开办了化肥厂、炼铝厂、示范农场、良种场和渔场等,并通过工程建设,在防洪、航运、发电、工业、农业、林业、渔业和旅游业等方面均取得了巨大的经济效益,成为美国河流流域综合开发的一个典范。至今田纳西河流域管理局仍以原来由国会赋予的形式和权利存在。

虽然田纳西河流域管理局在治理方面取得了巨大成效,但是这种形式在美国并没有加以推广,这也是美国迄今唯一的流域管理局。美国的其他河流流域上再没有采用这样的管理形式,原因在于该管理局的管理囊括了当地的主要经济领域,成了独立于流域所在各州的经济实体,不利于各州的财政和行政管理。在成立之初,各州经济力量较薄弱,无暇顾及该流域,成立管理局的阻力并不大,但随着各州逐渐发展,对本州的行政管理力度逐渐加强,这种分权的机构就难以获得州政府的首肯了。

在20世纪50年代以前,美国对河流水资源的管理主要是通过大河流域委员会,在1965年鉴于水资源的分散管理形式不利于全盘考虑水资源的综合开发利用,由国会通过了水资源规划法案,成立了全美水资源理事会(Water Resources Council),又改建了各流域委员会,使其职能侧重于水及其有关土地资源的综合开发规划,并向水资源理事会提出规划及实现规划的建议。水资源理事会由美国总统直接领导。在此期间,美国的水资源管理倾向于由分散走向集中。但这样由美联邦政府集大权的水管理形式又和各州政府产生一定矛盾。到80年代初,美联邦政府又决定撤销了水资源理事会,成立了国家水政策局,只负责制定有关水资源的各项政策,而不涉及水资源开发利用的具体业务,把具体业务交由各州政府全面负责,因而对水资源的管理形式又趋向于分散。

(二)英国水资源管理体制

英国在20世纪30年代设立各河流流域局,负责排水、发电和防洪。40年代后期改设各河河流局,增加了渔业、防止污染和水文测验等职责。自60年代起英国开始改革水资源管理体制,改河流局为河流管理局,在英格兰和威尔士共设29个河流管理局和157个地方管理局。到70年代进一步对水资源实行集中管理,把上述河流管理局合并为10个水管理局(Water Authorities),实行其管辖范围内地表水和地下水、供水和排水、水质和水量的统一管理。而伦敦采用这种机构管理城市水资源,其对水事务的统一管理被认为是世界上最好的,得到联合国的肯定和推荐。为进一步加强对水资源的集中统一管理,在1973年英国也成立了国家水理事会(National Water Council),负责全国水资源的指导性工作。但就在美国撤销了美国水资源理事会后不久,1982年英国也撤销了其国家水理事会,同时加强了各河流水管理局的独立工作权限,各河流水管理局则直接由政府环境部领导。在各水管理局中以泰晤士河水管理局最大,职能也最全,常被誉为流域管理的典范。泰晤士河水管理局统一负责流域治理和水资源管理,包括水文站网业务、水情监测和预报、工业和城市供水、下水道和污水处理、水质控制、农田排水、防洪、水产养殖和水上旅游等。河流水管理局的财政收入主要来自收取水费和排污费,以及农田排水、环境服务、旅游业等综合经营收入,政府只在防洪工程方面拨款,但所占比例不大。由于经济独立,自主权大,所以水管理局在执行管理水资源职责时不受地方当局的干涉。在英国对于这种按产业经营方式来经营水资源的做法,取名为"水业"(Water Industry),与电业、煤气业同样作为公用事业对待,这和在英国本土上供水对象主要是城市和工业,而农业供水占比重不大的实际情况有关系。英国的河流水管理局和美国田纳西河流域管理局在业务范围上最大的不同在于,英国河流水管理局未将河流上发电、航运的经营包括进来,也不在业务范围内包括经营水之外的其他工业和企业,这样就和地方当局的矛盾不突出。

(三)法国水资源管理体制

法国对水资源管理基本上采取以流域机构为主的方式,负责保护水资源、监测水质、防止污染、征收排污费和水费。各流域机构设立董事会,由地方社团、政府代表和用水户代表组成,基本属于分散管理的形式。

(四)日本水资源管理体制

日本对水资源的管理形式由多个部门分管,在中央政府下设的有关部门有建设省、农林水产省、通商产业省、厚生省和国土厅等。对于河流的管理则按照《日本河川法》的规定,一级河流由建设大臣任命的建设省河流审议会管理,二级河流由河流所在都、道、府、县知事管理。农林水产省负责灌溉排水工程的规划、施工和管理。通产商业省负责工业用水和水力发电。厚生省负责城市供水和监督水道法的实施。国土厅设有水资源部,负责水资源长期供求计划及有关水资源政策的制定,并协调各部门间的水资源问题。因此,日本的水资源管理属分部门、分级管理的类型。

二、我国水资源管理体制

(一)我国城市水资源管理的体制和现状

我国的水资源管理在相当长一段时间内属于分部门和分级管理的类型,直到20世纪80年代初期,由于"多龙治水"局面影响到水资源的综合开发利用效益,国务院规定当时的水利电力部归口管理,并于1984年成立了由水利电力部、城乡建设环境保护部、农牧渔业部、地质矿产部、交通部和中国科学院负责人组成的全国水资源协调小组,协调解决部门之间水资源立法、规划、综合利用和调配等方面的问题。1988年1月由全国人民代表大会常务委员会审议通过了《中华人民共和国水法》,规定了在我国实行对水资源的统一管理和分级、分部门管理相结合的原则,并在当年重新组建水利部时,明确水利部作为国务院的水行政主管部门,负责全国水资源统一管理工作,各省、自治区、直辖市也相继明确了水利部门是省级政府的水行政主管部门,同时成立了由国务院副总理任组长并由有关11个部委负责人参加的全国水资源与水土保持工作领导小组,负责审核大江大河流域规划和水土保持工作的重要方针、政策及重点防止的重大问题,以及处理部门之间有关水资源综合利用方面的重大问题和省际重大水事矛盾。1994年国务院再次明确水利部是国务院主管水行政的职能部门,统一管理全国水资源和沼泽、水库、湖泊,主管全国防汛抗旱和水土保持工作,负责全国水利行业的管理,受国务院委托协调处理部门间和省、自治区、直辖市间的水事纠纷。同时明确要逐步建立起水利部、流域机构和地方水行政主管部门分层次、分级管理的水行政管理体制。

虽然国家对水资源管理作出了相应的规定,但是目前我国城市水资源的管理仍然存在诸多问题,一些大城市的水资源管理状况是“多龙管水,政出多门”。如北京是水利局、地质矿产局、规划局、公用局、市政工程管理处和市环保局“六龙”管水。这样,水源地不管供水,供水的不管排水,排水的不管治污,治污的不管回用,工作交叉,责任不清,政企不分,效益不佳。第一,多龙管水人为地增加市政管理的难度,如天津,水资源的管理通常涉及数个部门和两个主管口,有时甚至要常务副市长或市长出面协调。第二,没有部门对供需平衡负责,有专家指出,北京原始生态不缺水,关键是没有统一管理,因此难以从水资源系统以及水资源系统与社会经济发展系统之间关系的观点出发来认识和研究水资源问题。由于每个部门工作的侧重点不同,考虑的重心也不同,如从防洪角度考虑应当是弃水保安全,而来年可能发生的旱情就不是防洪部门要考虑的主要问题。第三,这种管理体制难以从根本上节约水资源,没有哪个部门真正负责节水工作,“卖水的自然想多卖”。据调查,如实行统一管理,通过联合调度和厉行节约,北京每年至少可节水 4 亿 m^3,天津可节水 1 亿 m^3。第四,无法有效地控制污染,控制污染的基本原理是污染总量不能大于由江河湖库决定的纳污总量,而目前的纳污总量由水利部门制定,排污总量由环保部门确定,没有部门对枯水期生产排污高所造成的水质急剧恶化负责。第五,没有部门负责河道积累污染治理等生态环境问题,治理污染目前只是考虑减少现有污染量,但我国没有部门对已经积累的污染和因此产生的二次污染的治理负责。第六,无法建立统一的管理。东京、巴黎和柏林的水资源管理经验证明,由于水资源分归不同的部门管理,很难出台统一的水资源管理法规,即使有相应的法规,也将因无执法主体而无法有效实施。第七,无法定出合理的水价,目前各城市都在提水价,20 世纪 50 年代巴黎和目前的北京、上海处于同一发展阶段时,水价提高 10%,就节水 5%,但是提价幅度和增加的收入在各部门之间的分配问题以及如何保证提价后服务的质量有相应提高都是要解决的难题。

(二)我国城市水资源管理的发展方向

当前,以工程建设为主的工程水利向以资源优化配置和环境生态平衡为系统目标的资源水利转变已是当务之急。资源水利的分析基础是以流域为系统,对大气水、地表水、地下水和污水进行系统分析与统一规划,在此基础上科学地开发、利用、治理、配置、节约和保护。水务局就是在城市区划内防洪、水资源供需平衡和水生态环境保护的城乡统一管理体制的执行机构。我国深圳市 1991 年闹水荒,市区连续 7 天停水,10 万居民连饮用水都难以保证,有人用矿泉水煮饭,以饮料洗漱,许多工厂停产,直接经济损失达 12 亿元,仅仅是食品、饮料和纺织行业就损失产值 1.0 亿元。1993 年又发涝灾,直接损失 14 亿元,自借鉴香港经验于 1993 年成立水务局以来取得了很好的效果。在行政区划内尽可能大的范围内统一管理水资源,就是尽可能地遵循“加强流域水资源统一管理和保护”的原则。具体来说,城市水资源的管理主要包括三项内容:防洪、保证水资源供需平衡和保护水生态环境。当前城市范围不断扩大,如上海和天津的主要水源地都不在城区,仅从水源地保护和供水来看，就必须城乡统一管理才能保证供需平衡；城区地域狭窄，人口密集，不能构成科学的生态圈，更谈不上生态平衡，必须城乡一体化考虑。一些特大城市如北京和上海的上游地区的污染都触目惊心，如果上游污染治理和本地治理水平不在一个层次上，将会事倍功半，无法达到治理水环境污染的目的，因此不仅要城乡一体化管理，还要在此基础上与上游省区协调统一。基于我国水资源现行管理体制中存在的种种问题以及我国个别城市或地区借鉴国际先进经验的成果，水利部的有关专家认为，可以以水务局的形式作为我国城市水资源管理的主要机构。成立水务局就是要对水资源实行统一管理，为城市可持续发展提高水资源保障。不仅包括持续的水资源供需平衡，也包括抵御突变破坏、洪涝灾害等，还包括水环境与生态的维护。在统一管理的前提下，要建立三个补偿机制：谁消耗水量谁补偿；谁污染水质谁补偿；谁破坏水生态环境谁补偿。同时利用补偿建立三个恢复机制：保证水量的供需平衡；保证水质达到需求标准；保证水环境与生态达到要求。水务局应当是这六个机制建设的执行、运行的操作者和责任的承担者。水务局是城市可持续发展水资源保障的责任机构、水资源相关法规的执行机构。自来水厂、污水处理厂等单位则根据缺水程度等具体情况，可以是公用事业机构，也可以是水务局宏观调控的企业。其中水务局局长对市长负责，保障城市水资源可持续利用程度和发展。水务局的具体职责是：

(1)水源地的建设与保护。负责本地水源地的建设与保护，负责监测上游供水和水质与水量，负责提出与上游水源地优势互补、共同可持续发展的方案。

(2)供水(输水)的保证。负责市内各输水沿线的水质、水量监测与保护，保证达到水质要求的水量进入自来水厂，达不到就进行自来水的再处理。

(3)排水的保证。保证城市排涝，保证污染物达标排放进入河道或污水处理厂。排水是供水的延伸，供水、排水和统一管水是现代化城市水管理的基本经验。

(4)污染处理。根据污染总量合理布局建立污水处理厂，并根据水的供需平衡有偿提供达标的污水回用量，提高污水利用率，使污水处理厂的经济实现良性运行。大力开发治污技术，尤其是生物治理等高技术。

(5)防洪。堤防建设达标，根据来年水平衡综合考虑决定是否弃水。还应考虑在保护水源地的前提下，提高水库的经济利用效率。

(6)水环境与生态。依据水功能区划分要求，保护水环境与生态，对航运、旅游、养鱼等所有改变(破坏)水环境与生态的活动建立补偿恢复机制。

(7)节水。制定行业、生活与环境用水定额，使之逐步达到国际都市标准，大力开发节水技术，尤其是高技术。

(8)水资源论证与环境影响评价。对市内所有重大项目和工程进行水资源论证和水环境影响评价，据此发放取水许可证，不达标的一票否决，同时作为城市产业结构调整的一项重要衡量指标。

(9)水价。适时适度提出水价提高方案，做到优水优价，累进水价，不同用途不同价格。其中主要考虑水资源费、自来水厂成本利润节水投入、污水处理厂运行费用。以水价为杠杆调控水资源优化配置。

(10)法规。及时提出水资源的法规或管理条例草案，重点在于适度的罚则，经人大或政府批准后依法执行。

三、国内外流域水资源管理发展趋势

在1992年的都柏林国际水与环境会议的会议报告中,对于水资源的管理体制有这样一段话:“集中的分部类(自上而下的)开发和管理水资源的办法,已被证明不能解决地方水资源管理问题。应当调整政府的作用,改为保证人民和地方机构积极参加……基本原则仍然是在特定情况下,应由最低层面来管理水资源。要承认水资源管理与土地利用和管理相结合,与环境保护和其他部门利益相结合,尤其应对居民点、农业和工业的需要加以管理,并根据人民和环境的总需求加以平衡。”

但在会议报告中也同时指出,在国家一级上应当有相应的机构来主管水,如国家水管局等。国家机构的职能在于将经济社会和环境决策过程与拟定的水资源政策和规划互相结合起来。其他职能也包括协调和管理数据、管理国家监测网、拟定规章、技术转让、人才开发以及促进管理、持续开发水资源、便利公众的参与各个方面的水资源活动等。

水资源管理的形式因各国和各地区情况不同,并没有一种确定的最佳模式,但对水资源管理体制和形式的总趋向是:针对各国的具体条件,采取不同的形式。分层和分级的管理体制比较适合跨越不同地区的流域水资源。一般而言,一个国家应当有一个负责全国水资源管理的机构,但高层次机构的主要职责应侧重于重大政策、规划和具有全国意义的重大工程的决策;而不同层次的水管理机构负责解决其管理范围内的水资源问题。不同部门之间对水资源利用方面应分工明确,但应在统一规划思想的指导下,采用一定的组织形式,协调好水资源的综合利用,避免出现或尽量减少因不同用水要求而引起的矛盾,使水资源的综合利用效益最优,且各部门都比较满意。

小 结

本章主要介绍了城市水资源管理的基本概念、任务及主要内容,城市水资源管理的基本原则和要求,城市水资源管理的主要方法和措施,并进一步介绍了城市水资源管理信息技术和应用,以及城市水资源管理体制。

复习思考题

7-1 城市水资源管理的基本概念是什么?其主要任务有哪些?

7-2 城市水资源管理的基本原则和要求是什么?

7-3 城市水资源管理的主要方法和措施有哪些?

7-4 城市水资源管理体制有哪些基本形式?我国存在哪些水资源管理体制?

7-5 简述城市水资源管理信息技术及应用。

第八章　水资源规划与节水型城市建设

学习目标与要求

通过本章的学习，要求了解我国国情、水情和经济社会发展对水资源的需求，充分认识节水的必要性和紧迫性，深入分析节水现状、主要存在的问题及节水潜力；理清发展思路，明确奋斗目标，全面规划节水工作，对于指导、推进我国节水事业的发展，实现水资源可持续利用，保障经济社会可持续发展，都具有十分重要的意义和作用。

第一节　城市节水概论

一、城市节水的含义

节水的含义值得深入讨论，如单从字面上理解，往往被认为就是节约用水，实际上，节水的含义深广，并不局限于用水的节约。它包括水资源（地面水和地下水）的保护、控制和开发，并保证其可获得的最大水量进行合理经济利用，也有精心管理和文明使用自然资源之意。所谓城市节水，应当是在满足使用要求和给排水系统正常运行的前提下，加强管理，依靠科技进步，采取先进措施，提高水的有效利用率，减少无用耗水量。无用耗水量是对水资源的巨大浪费，会给十分紧张的城市供水带来更大困难。

节约用水除有节省用水量的直接意义，应有更深广的合理用水之意。在我国，节约用水已约定俗成为“合理用水”或水资源的“合理利用”。其内涵为：在合理的生产结构布局和生产运行的前提下，为实现一定的社会经济目标和社会经济的可持续发展，通过采取多种措施对有限的水资源进行优化配置与可持续利用。节约用水的内容是多方面的。

一是对已用水的节约或对用水需求的控制及削减，这是节约用水最直观的效果。例如，据统计，全国城市1983～1997年通过计划用水管理累计节约水量243亿m^3，约相当于平均减少720 m^3/d的供水量，相当于同期平均年增日供水能力的85%。由此可见，节约用水对缓解我国城市缺水状况，特别是干旱年份或高峰期用水紧张状况的重要作用。还应该看到，由于取得上述节水效果的措施（包括节水设施）大多是长久性的，如果运用得当，其节水能力也会长期发挥作用。

二是因节水而减少对有限水资源的占有所产生的效果。浪费水资源，不仅提前使用和消耗宝贵的水资源储备及资金，使其不能有效发挥对社会经济发展应有的支持作用，而且会使缺水地区将来为取得新的水资源付出更大的代价。据估计，每节省10%的用水量即相当于每年减少约3%供水系统的固定资产投资，其长期累计数值是可观的。

三是节约用水所产生的直接和间接经济效益。节约用水的直接经济效益主要表现为所节省的相应供水设施投资和运行管理费用。如以现值计算，上述节水规模总计可节约140亿元左右的资金，为此所需的节水资金投入仅占所节约资金的20%～30%。节约用水的间接经济效益范围甚广，由于减少了用水量而相应减少了排水量，从而减少了污水管道和处理系统设施及其他市政设施的投资与运行管理费用，其值估计在200亿元以上。以上两项费用之和约相当于1997年全国城市给水投入的3倍。节水的间接效益还包括因节水保证生产或社会经济正常运作而产生的社会纯收入及节能效果等。

四是节约用水而产生的环境、生态效益。节水与实行清洁生产、控制废水和污染物质排放是密切相关的，因此会取得良好的难以估量的环境、生态效益，会相应提高人民群众对节约用水和保护生态环境的观念意识。

综上所述，从本质上讲，节约用水是不断促进有限水资源合理分配与利用的优先对策和必要条件，是保证和推动社会、经济可持续发展的基础。

二、我国城市节水现状

长期以来，我国经济社会发展一直走的是粗放型资源利用的模式。表现在用水方面，即为普遍存在用水浪费和利用效率不高。2000年，我国万元GDP用水量为610 m^3，是世界平均水平的4倍左右，是美国的8倍左右。具体到农业、工业、城镇生活用水，其情况如下。

农业用水绝大部分为农田灌溉用水，主要由各类水利工程供水，形成分布于全国的大、中、小型灌区。据分析，全国灌区农业用水利用率只有40%左右，部分地区灌溉单位用水量偏高，仍存在大水漫灌现象，而发达国家农业用水利用率可达70%～80%。

全国工业用水重复利用率不到55%（含农村工业），而发达国家则为75%～85%，2000年全国工业万元产值用水量78 m^3，工业万元增加值用水量288 m^3，是发达国家的5～10倍。

城镇生活用水，一是供水跑、冒、滴、漏现象相当严重，据分析，全国城市供水漏失率为9.1%，北方地区城市供水平均漏失率为7.4%～13.4%，有40%的特大城市供水漏失率达12%以上；二是节水器具、设施少，用水效率较低，如北方地区245个城市1997年人均家庭生活用水为123 L/d，已接近挪威（130 L/d）和德国（135 L/d），并高于比利时（116 L/d），而这三国的经济发展水平和生活条件远高于我国，说明我国用水浪费严重。

我国农业节水发展较早。为了提高农业用水效率，20世纪50～60年代我国就开展节水灌溉技术研究，70年代初重点对自流灌区土质渠道进行防渗衬砌；70年代中期开始，试验推广喷灌、滴灌等节水灌溉技术；80年代对机电泵站和机井灌区推行节水节能技术改造；80年代中期到90年代初，在北方井灌区推广低压管道输水技术；从90年代开始，逐步实现工程技术、农业技术和管理技术的有机结合。

工业节水和城市生活节水工作开始于20世纪70年代末80年代初。随着我国北方一些城市和地区出现供水形势紧张局面，90年代以来，节水作为一种有效缓解供水紧张局面的措施得到了广泛重视和推广。

三、我国城市节水的必要性

从全球看,水的开发与利用和水资源严重缺乏的矛盾已日益突出。在我国600多座城市中,有400多座城市缺水,108座城市严重缺水,日均缺水1 600万 m^3,2000年这些城市年缺水达200亿 m^3,每年因缺水损失的工业产值上千亿元,水已成为制约我国社会和经济发展的主要因素之一。节约用水应是防止水资源危机,解决供需矛盾的长期的必要的方针。我国国情、水情和经济社会发展的需要决定节水是我国的一项重大国策。

(一)水资源不足是我国的基本国情,节水是缓解当前城乡缺水矛盾的长期硬性措施

我国水资源短缺首先表现为人均水资源少,不足2 200 m^3,约为世界人均水资源占有量的1/4。其次是我国水资源分布不均衡,与土地、矿产资源分布组合不相适应。南方水多,耕地矿产少,水量有余;北方耕地矿产多,水资源短缺。再次是水资源年内年际变化大。降水及径流的年内分配集中在夏季的几个月中,连丰、连枯年份交替出现,造成一些地区水旱灾害出现频繁、水资源供需矛盾突出、水土流失严重以及开发利用困难等问题。

目前,全国正常年份缺水量近400亿 m^3,其中灌区缺水约300亿 m^3,平均每年因旱受灾的耕地达2 000多万 hm^2,年均减产粮食200多亿 kg;城市、工业年缺水60亿 m^3,影响工业产值2 300多亿元。2000年全国663个城市中有400多个城市缺水,其中110多个严重缺水。2000年我国北方地区发生大面积干旱,粮食损失约600亿 kg,减产量相当于近年平均年总产量的11%。据不完全统计,当时全国有136座城市已经发生水危机或出现供水紧张状况。以往实践表明,缓解我国城乡严重的缺水矛盾,必须把节水作为一项长期的硬性措施。

(二)节水是保障我国经济社会可持续发展必须坚持的一项重大国策

从现在起到21世纪中叶,是我国实现第三步发展目标的关键时期。这一时期,我国人口在2030年前后将达到16亿人。人均水资源量只有1 750 m^3,将列入严重缺水的国家。我国实际可利用的水资源量为8 000亿~9 500亿 m^3。《全国水中长期供求计划》预测,全国遇中等干旱年要实现水资源大致供需平衡,在考虑采取节水措施的基础上,2010年总需水量为6 988亿 m^3,2030年为8 000亿 m^3 左右,2050年为8 500亿 m^3。这就是说,21世纪中叶,我国的用水可能接近可利用量的极限值。

从社会经济发展保障情况看,即使我国在21世纪中叶实现了8 000亿~8 500亿 m^3 的供水目标,人均年用水量也只有500 m^3(比目前仅增加50 m^3),这实际上是目前中等发达国家人均年用水量的下限值。为此,我国必须坚持开源节流并举,把节流放在首位的方针,实现以提高用水效率为核心的水资源优化配置,关键是把节水放在突出位置,以水资源的可持续利用来保障经济社会的可持续发展。

(三)治理、改善和保护我国水环境迫切要求加强节水工作

我国日益恶化的水环境已影响到经济社会的可持续发展。局部地区地下水大量超采。据全国地下水资源开发利用规划调查分析,全国地下水多年超采量高达92亿 m^3,已形成164个区域性地下水超采区,总面积达6万多 km^2,部分地区已经发生地面沉降、海水入侵现象。

全国的废污水排放量在快速增长。据统计,1980年全国废污水年排放量为310多亿

t,2000 年为 620 亿 t,大量未经处理或不达标的废污水直接排入江河湖库水域。2000 年全国九大流域片的 700 多条河流有 41.3% 的河段水质在Ⅳ类以上,其中劣Ⅴ类水占 17.1%。据调查,90%以上的城市水域遭到污染,对水资源造成严重破坏,加剧了水资源的紧缺程度。

另外,我国还存在严重水土流失、土地荒漠化以及沙尘暴等问题。由于水资源过度开发和不合理利用产生的这些环境问题,要通过节水加以遏止。

(四)实施西部大开发战略,促进社会稳定也要求加强节水

实施西部大开发战略,缩小西部与东中部的发展差距,关系到我国今后经济社会可持续发展和第三步战略目标的实现。水资源是西部地区最具战略性的资源,是否能解决好水资源问题是西部大开发成败的关键,而解决西部的水资源问题,必须立足于节水。西部开发,节水先行。

西部 11 省(区)中,西北 6 省(区)和其他 5 省(区)的一些丘陵山地,缺水非常严重,问题不少。"水荒"在一些城乡不断出现,给人民生活造成极大不便,也严重影响了当地改革开放的形势和经济发展。全国目前 2 000 多万贫困人口主要分布在这些地区,干旱缺水是造成他们贫困的主要自然原因。从全国情况看,因缺水引发的矛盾冲突已成为社会稳定的隐患。例如,1990~1999 年 10 年间,全国共查处水事违法案件 20 多万起,调处水事纠纷 8 万余起。

出现上述问题的主要自然原因是水量不足,解决这些地区的缺水问题,加强节水工作,应是根本性措施之一。

四、节水工作存在的主要问题

当前的节水工作与经济社会发展要求仍然相距甚远。从 1980 年到现在,我国总体缺水形势未得到缓解,水资源质量总体呈恶化趋势未得到控制。节水工作在总体上对缓解缺水和水环境恶化问题显得乏力。节水工作存在的主要问题如下:

一是节水理论不够清晰。我国节水的指导思想是什么?必须认真研究。要针对我国水资源短缺的具体情况,形成建设我国节水型社会的理论,科学地指导节水工作。

二是节水目标不够明确。我国水资源总量供需平衡定在什么范围?必须分子系统分析。全国总的节水目标应以流域和区域水资源的供需平衡为基础,与开源相协调,对不同的流域、区域按照不同时期资源状况和产业结构的调整进行目标分解,以指导不同地区和不同行业的节水工作。

三是规划不够系统。目前没有全国节水的总体规划,造成了一些节水目标不配套的混乱现象。由于城市和农村水资源管理的分割,工农业、城市生活用水的矛盾,对于节水问题还没有进行全面的系统分析。

四是工作重点不够突出。从水的需求来看,生活和生产用水都在抓节水,但目前重点不够突出。生产用水应以行业万元增加值用水定额为纲,逐步与国际接轨,促进产业结构调整;城市生活用水应向国际节水型国家看齐;生态用水也应该节水,主要是系统规划,提高用水后的生态系统改善效益。

五是法律监督机制不够健全。国家有关节水管理的法规,只有国务院转发的"城市节水管理规定”,全面节水管理还没有法律依据,监督力度更无从谈起。

六是市场激励机制不够完善。目前提高水价已成为大势所趋,但合理水价机制远未形成,水价的提高必须适时、适度、适地,才能真正形成激励机制,才能使节水形成产业,形成市场。国家和各级政府对农业节水有些投入,对工业和城镇生活节水尚无投资渠道。

七是节水的科技进步不够及时。节水的高新技术和节水的监测、管理、实施手段都很落后,与当前高新技术蓬勃发展,有益于水资源的高技术产业迅速形成的局面形成反差。

八是管理体制不够集中有力。节水应该是地域、流域和行业提高用水总效率的统一体,应该由权威机构在统一的法规和政策指导下,互相配合、相互衔接、互为补充、优化配置,才能实现用水总效率的科学提高。而目前全国节水管理仍处于分割状态,管理力度不够。

上述问题中,最主要的是机制问题。节约用水涉及各行各业、千家万户,单靠政府行为,没有市场推动,节水必然动力不足,行之不远;单靠市场推动,没有政府引导,节水也必然难见成效。只有强有力的政府推动和切实有效的广大用水户的积极自觉行动相结合,才可能开创我国节水工作的新局面。

第二节 节水规划原则、目标和方法

一、节水规划原则

(1)制定节水规划,应密切结合我国经济社会发展的需要,贯彻党的“十五大”提出的“资源开发和节约并举,把节约放在首位”的可持续利用战略方针,坚持开源与节流并重、节流优先、治污为本、科学开源、综合利用,以水资源的可持续利用来保障经济社会的可持续发展。

(2)节水规划要求具有全局性、阶段性、科学性、可行性与指导性,因地制宜,分清阶段,明确目标,统一协调。

(3)节水规划必须以水资源优化配置和高效利用为核心,协调开源与节流,农业与工业、城镇生活、生态用水,水与经济、社会、环境的关系,实现需水与供水节水,农业节水与工业、城镇生活节水,节水发展与经济社会发展,节水与生态环境的总体平衡。

(4)节水规划提出的措施应是综合配套的。

二、节水规划目标

(一)总量控制目标

不同水平年节水力度总体上要与需水和开源相配合,协调生产、生活和生态用水,共同建立安全可靠的水资源供给与节水型经济社会发展保障体系,达到区域水资源供需的基本平衡。根据水资源开发利用规划,至2005年,全国节水力度应使总用水量控制在6 200亿 m^3 左右,至2010年,全国节水力度应使总用水量控制在6 600亿~6 700亿 m^3;其中,要求未来工业用水增长的一半靠节水解决,要求农业灌溉面积发展主要靠节水解决,要求生活用水发展控制在与经济发展水平和生活条件相适应的用水标准内。与全国相应,各流域、各省(自治区、直辖市)的节水力度也要与开源协调,按供需平衡要求提出总量控制目标,并进一步把控制目标分解到地区和各用水部门。

(二)主要发展目标

1. 农业节水

至2005年,重点对大型灌区进行节水改造,建设节水增效示范项目和节水增效示范县市;新增工程节水灌溉面积666.7万hm^2;农业灌溉水有效利用系数再提高3~5个百分点,多数地区达到0.45,大中城市郊区达到0.5以上;全国平均综合每公顷毛灌溉用水量较现状减少15~20 m^3。到2010年,在全国灌溉总用水量基本不增加的情况下,再新增节水灌溉面积666.7万hm^2,全国节水灌溉面积占总灌溉面积的比重提高到55%以上;农业灌溉水有效利用系数争取达到0.50左右;全国平均综合每公顷毛灌溉用水量在2005年基础上,再减少300~450 m^3。

2. 工业节水

重点行业是火力发电、石油及化工、造纸、冶金、纺织、建材、食品等;规划期内在工业增加值年增长10%左右的情况下,通过产业结构战略调整和企业技术改造,取用水量的增长控制在每年1.2%以内,其中黄淮海和内陆河流域不超过1%。至2005年,全国工业用水重复利用率(含农村工业)由目前不到55%提高到60%,工业万元增加值取用水量下降到170 m^3以下,新增海水及苦咸水利用量达到50亿m^3;再生水替代率达到2%,其中黄淮海和内陆河流域争取达到5%,国家重点工业企业全部达到节水型企业标准。至2010年,全国工业用水重复利用率达到70%,间接冷却水循环利用率达到95%以上,工业万元增加值取用水量下降到120 m^3。

3. 城镇生活节水

重点是推广节水器具和减少输配水、用水环节的跑、冒、滴、漏。至2005年,全国城镇人均用水(含公共用水)控制在每天230 L以内(2000年为219 L),至2010年控制在240 L以内。要求到2005年城市新建民用建筑全部使用节水器具,城市单位原有建筑的不符合节水标准的用水器具要全部更换为节水型器具,杜绝跑、冒、滴、漏;力争到2010年对浪费水严重的用水器具(包括民用住宅)基本改造完毕,城市公共设施全部采用节水器具,空调冷却用水的循环率达到96%。

4. 农村生活节水

重点推广生活节水器具,至2005年,全国农村人均综合生活用水控制在每天105 L左右(2000年为89 L),至2010年控制在127 L以内。

到2010年,应在全国建成健全的节水管理体系、法制体系和技术推广服务体系,建立起适应社会主义市场经济体制的节水运行机制和节水产业,全民节水意识普遍得到增强。全国农田节水灌溉工程达到《节水灌溉技术规范》要求,其他农田用水效率有较大提高;工业主要用水行业按节水型企业进行改造,达到节水目标;全国城镇生活用水和服务业用水基本使用节水器具和设备;生态用水得到保证;建立用水总量控制与定额管理相结合的节水管理体制;水资源紧缺地区城市达到节水型标准,初步建成节水型社会。

三、节水规划编制要求

(1)规划要以国民经济和社会发展计划、国土整治规划为依据,按照水资源可持续利用和人口、资源、经济、环境协调发展的要求，与水资源开发利用规划相配合，提出不同水平年水资源供需基本平衡的节水实施方案，为经济社会发展提供支持保障。

（2）规划要以流域（及区域）水资源评价和水资源供求计划为基础，按省（自治区、直辖市）行政单元分析研究水资源合理配置和节水发展模式，其中县（区）级节水规划是基础。

（3）规划要分区、分行业、分类型进行，提出总量控制目标和定额管理方法，统一分析考虑地表水、地下水和其他可利用或可替代水源的配置和节约。缺水地区要限制新建高耗水的工业项目，禁止引进高耗水、高污染工业项目，限制和逐步减少现有水稻种植面积，并要求全面规划与重点区域、重点项目规划相结合。

（4）规划要坚持政府行为与市场行为相结合，工程措施和非工程措施并重。新上的用水项目应规划采用节水的先进用水技术和设施，已有的用水项目应规划进行节水技术和设施的更新改造，逐步提高用水水平。非工程措施是规划的重要组成部分，要研究提出有利于促进节水事业和节水产业发展的管理体制与机制，使节水投资渠道多层次、多元化。要重视管理措施，以水权理论为指导，以取水许可制度为载体，建立用水总量与定额管理相结合的节水管理体系。

（5）重视采用新技术、新方法，提高成果的科技含量，保证规划的先进性。采用新的基础资料，分析和充分利用原有规划、研究成果，根据近几年水资源利用的新情况、新问题和新思路，经过科学论证、经济分析和环境评价，形成新的规划成果。

四、城市工业节水规划

（一）工业节水发展概况

我国正在努力实现工业现代化，工业作为国民经济的主要增长点，历来发展速度较快，相应的全国工业用水量也一直在增加，到2000年已占全国总用水的20.7%。工业用水因增长较快、要求保证率高、集中、水质好，一直是我国水资源供需矛盾的焦点，推进工业节水对保障我国经济社会可持续发展意义重大，是节水发展的重点。

与农业节水不同的是，工业节水不仅有水量问题，而且有水质问题。工业节水不仅相对复杂，而且发展需求动力是多方面的，不只是为了缓解当前的缺水和解决今后的供水。

从水量看，当前我国辽河中下游与辽东半岛、黄淮海平原、山西能源基地、山东半岛、天山北麓和河西走廊、黄土高原等水资源比较贫乏的地区，需要较严格地限制发展耗水量大的工业用水项目，以水定规模、以水定产，强化工业节水措施，协调好与农村节水的关系，从总体上把握水资源供需平衡，努力建成节水型的工业。

从水环境看，当前全国江、河、湖、库水环境恶化主要是一些工业废污水不经处理随意排放所致。在国家和地方加强水环境治理和保护以及城市对水环境要求愈来愈高的情况下，向工业部门征收的用水水费和超标排污费也不断增加。国外一些发达国家如日本、美国工业节水经验表明，为了保障水资源可持续利用和提高人民的生活环境质量，严厉的排污控制政策是促进工业节水的主要动力。

从工业自身发展的情况看，当前在经济全球化和知识经济不断发展的情况下，我国工业面临全面的产业结构战略性调整和工业技术水平升级，以及工业产品的更新换代。西部大开发已经启动,东、中部工业重新调整已经开始,面临加入 WTO 的新形势。这些情况都将影响工业节水的发展。

(二)工业节水发展总体设想及基本对策

考虑上述工业节水发展的需求特点,我国工业节水发展总体设想是:工业节水在地区上不仅应考虑与农业节水及城市化发展的协调,按水资源供需平衡的原则实行用水总量控制,而且应与水环境的治理、改善和保护的要求相配合,同时考虑工业自身的产业结构调整、技术水平升级以及产品的更新换代。节水重点是那些用水大户、污染大户。应按节水标准规划发展,并由点到面,逐步推进。加强节水目标规划管理和协调,水源较好的局部地区用水可较大增长,但总用水增长率应做到逐步降低,缺水地区争取实现零增长。为此,应采取以下基本对策:

一是控制生产力布局,促进产业结构调整。加强建设项目水资源论证和取水管理,限制缺水地区高耗水项目上马,禁止引进高耗水、高污染工业项目,以水定产,以水定发展。积极发展节水型的产业和企业,通过技术改造等手段,加大企业节水工作力度,促进各类企业向节水型方向转变;新建的企业必须采用节水技术。逐步建立行业万元国内生产总值用水量的参照体系,促进产业结构调整和节水技术的推广应用。工业用水重复利用率低于 40% 的城市,在达标之前不得新增工业用水量,并限制其新建供水工程项目。

二是拟定行业用水定额和节水标准,对企业的用水进行目标管理和考核,促进企业技术升级、工艺改革、设备更新,逐步淘汰耗水大、技术落后的工艺设备。

三是推进清洁生产战略,加快污水资源化步伐,促进污水、废水处理回用。采用新型设备和新型材料,提高循环用水浓缩指标,减少取水量。

四是强化企业内部用水管理和建立完善三级计量体系,加强用水定额管理,改进不合理用水因素。

五是沿海地区工业发展海水利用。

(三)重点工业行业节水技术

工业节水发展主要从行业本身的具体情况出发,既要考虑水源供给限制,又要考虑环境保护,还要考虑行业自身的技术改造升级以及产品更新换代等多种因素,有针对性地选择适宜的节水技术,并抓住重点。

从用水角度,特别是从节水角度看,今后重点应抓好火电、石油及化工、造纸、冶金、纺织、建材、食品、机械行业的节水发展,这八大行业用水占工业总用水的近 80%(含农村工业),有较大的节水潜力。各行业节水技术重点分述如下。

1. 火力发电行业

(1)加强对中小容量电厂主辅设备的节水技术改造,继续关停小火电厂,并建立闭路循环用水方式,减少耗水量,提高重复利用率。

(2)加强汽机循环冷却水浓缩倍率的研究,开发新型药剂,到 2010 年,循环冷却水的浓缩倍率应普遍达到 2.5~5 倍,提高用水循环率。

(3)根据分质供水的原则,将工业废水和化学废水分别处理回用于间接冷却水系统及冲灰水系统。

(4)对冲灰水系统尽可能实施干式除灰、浓浆成套输灰、利用劣质水输灰或实现冲灰水的闭路循环。

(5)在我国华北及西北严重缺水地区,应尽可能采用空冷机组。

(6)沿海地区火电厂要充分利用海水资源。

(7)在缺水地区建设火电厂时,应建设城市污水及电厂废水再生使用的节水型火电厂。

2. 石油及化工行业

(1)提高生产系统的用水效率,主要是开发新型药剂,增加循环冷却水的浓缩倍数,推行废污水处理回用和海水利用技术;提高生产用水循环利用率和水的回用率;推广应用节能型人工制冷低温冷却技术,开发应用高效节能换热技术;石油化工行业开发和完善稠油污水深度处理回用,锅炉、炼化污水深度处理回用、注聚合物采出污水处理等技术;对华北和西北严重缺水地区推广空冷技术。

(2)推行清洁生产战略,提高工艺节水水平。

(3)加强化学工业水处理技术和设备的研究开发。

(4)应在继续推行化学工业可持续发展战略和实行清洁生产战略的基础上,通过改变化学工业原料政策与原料路线,改进生产工艺,调整产品结构,发展经济生产规模以及加强管理等,使工艺节水水平有较大提高,降低万元增加值取水量及单位产品取水量。

3. 造纸行业

(1)坚决取缔设备落后、污染严重、经济效益差的小型企业,新建和改造大中型企业,降低单位产品取水量,减少环境污染。

(2)开发和完善低卡伯值蒸煮、氧脱木素、无元素氯漂白、高得率制浆和二次纤维的利用、蒸发污冷凝水回用、中浓筛选等先进的节水制浆工艺技术。

(3)完善高效黑液提取设备、全封闭引纸的长网纸机等设备。

(4)推广制浆封闭筛选、中浓操作、纸机用水封闭循环、白水回收、碱回收等技术。提高工序间的串联利用率和水的重复利用率。

4. 冶金行业

(1)开发新型药剂,增加循环冷却水的浓缩倍数,降低运行成本,提高循环率。

(2)推广耐高温无水冷却装置,减少加热炉的用水量。

(3)推广干熄焦工艺,减少炼焦用水。

(4)推行干式除尘技术。

(5)以企业为节水系统,开展工序节水,开发和完善外排污水回用、轧钢废水除油、轧钢酸洗废液回用等技术,推行一水多用、串用、回用技术和水-气热交换的密闭循环水系统。

5. 纺织行业

(1)加强行业内部的产业结构调整,对经济效益差或无经济效益的小纺织企业实行关、停、并、转,变小纺织为大型或集中纺织生产企业,逐步实行集团化管理,以便于能源及水资源的合理分配和使用,便于废水的集中处理和回用;而众多的乡镇和村办小纺织企业逐步转变为纺织制品的加工企业。

(2)对于印染业,开发和完善超临界二氧化碳染色、生物酶处理、天然纤维转移印花、无版喷墨印花等技术;推广棉织物前处理冷轧堆、逆流漂洗、合成纤维转移印花、光化学催化氧化脱色等节水型新工艺、新技术。

(3)以企业为节水系统,开展工序节水,提高工序间的串联利用量。

6.建材行业

(1)进一步加快水泥、玻璃工业和水泥制品、石棉水泥制品业的技术革新改造步伐,水泥工业优先发展以预分解技术为中心的水泥新型干法工艺、设备,提高新型干法工艺比例,加快进行湿法窑改造,特别是小水泥企业的改造,用企业生产技术的进步,带动企业及整个行业的节水技术进步。

(2)全面推广建材行业污水处理、冷却废水回收利用、锅炉冷凝水回用等先进节水技术,提高水的重复利用率。

7.食品行业

(1)对酒精制造业,采用双酶法淀粉发酵工艺和节水型冷却设备,开发应用高温酵母菌,节约冷却水。推广应用细菌发酵工艺。

(2)对啤酒制造业,引进先进生产工艺,减少冷却水用量。推广高浓度糖化发酵技术,减少冷却水用量。分工序设置原位清洗系统,实行清洁生产制度,减少用水损失。

(3)对罐头制造业,推广先进的节水罐装技术和高逆流螺旋式冷却工艺技术。采用节水的清洁和灭菌工艺。

8.机械行业

(1)尽可能将直流用水系统改为循环用水、循序用水或串联用水。

(2)研究和发展含酚、电镀、含铅等废水处理回用技术及逆流漂洗技术,提高污废水回用率,积极推广全排放废水处理回用技术。

(3)通过采用各种无毒、无害或低害原材料和采用无污染或少污染的新工艺或新设备,提高工艺节水水平。

五、城镇生活节水规划

(一)城镇生活节水发展概况

城市化进程在我国改革开放以来呈快速发展的趋势,预计21世纪中叶以前,我国城市化水平将可能达到60%,城镇人口将增加至9.6亿人左右。与城市化发展相应,市、镇的增多,人口的聚集,使我国城镇生活用水总量不断增加,2000年已占全国总用水量的5.2%;生活和居住条件的改善,公共设施的完善,又使人均用水定额不断提高,而且对公用设施和生态用水也提出了更高的要求。与世界各国的做法一样,我国把保障人民的生活用水放在优先位置。

与工业节水发展有类似之处,城镇生活节水发展既有水量问题,也有水质问题,促进节水需求发展的因素是多方面的。

就水量而言,城镇生活用水虽然占全国总用水比例不大,但供给量集中,水质要求高,水量增长快,因此在一些水资源缺乏或水质不好地区,解决难度较大,节水显得尤为必要。

从水质来讲,城镇生活污水不经处理随意排放也是造成我国水环境不断恶化的主要原因之一。征收生活用水排污费促进了节水的发展。

从城镇生活用水本身看，管理的加强、水价的调整、节水设施的建设推广等，都会对城镇节水产生影响。

（二）城镇生活节水发展总体设想及基本对策

基于上述城镇生活节水发展特点，我国城镇生活节水发展总体设想是：城镇生活节水要与城市化发展和人民生活水平相适应，同时考虑我国人口和资源条件，对水资源的需求和供给加以适当限制。节水重点在城市，应按城市生活节水标准规划发展，并由城市向市镇推进。为此，需采取以下基本对策：

一是实行计划用水和定额管理。通过水平衡测试，适时对城市居民用水推行计划用水和定额管理制度。针对不同类型的用水，实行不同的水价，以价格杠杆促进节约用水和水资源的优化配置，强化计划用水和定额管理力度。鼓励用水单位采取节水措施，并对超计划用水的单位给予一定的经济处罚。居民住宅用水彻底取消“包费制”，全面实现分户装表、计量收费，逐步采用阶梯式水价或两部制水价方式，提倡合理用水，杜绝跑、冒、滴、漏等浪费现象。

二是全面推行节水型用水器具，提高生活用水节水效率。强化国家有关节水政策和技术标准的贯彻执行力度，制定推行节水型用水器具的强制性标准。螺旋升降式铸铁水龙头和一次性冲洗量在9 L以上（不含9 L）的便器水箱，所有新建、改建、扩建的公共和民用建筑中均不得继续使用；城市各单位现有房屋建筑中安装使用的不符合节水标准的用水器具，截至2005年，已全部更换为节水型器具。制定鼓励居民家庭更换使用节水型器具的配套政策，大力推广“节水型住宅”，引导居民尽快淘汰现有住宅中不符合节水标准的生活用水器具。针对用水量大的环节，如座便器、洗衣机等，开发研制新的节水型器具，尽可能减少不必要的用水。城市绿化要推广节水喷灌技术和利用“中水”。

三是加快城市供水管网技术改造，降低输配水管网漏失率。研究确定城镇自来水管网漏失率的控制标准和检测手段，并明确限定达标期限。20万人口以上城市已在2002年年底前，完成了对供水管网的全面普查，建立完备的供水管网技术档案，制订管网改造计划。对运行使用年限超过50年以及旧城区严重老化的供水管网，已在2005年前完成了更新改造工作。

四是加大城镇生活污水处理和回用力度，在缺水地区积极推广“中水道”技术。在城市改建和扩建过程中，积极改造城镇排水网，设市城市都要建设生活污水集中排放和处理设施。到2005年，50万人口以上的城市，污水处理率达到60%以上；到2010年，所有设市城市的污水处理率都不低于60%，直辖市、省会城市、计划单列市以及重点风景旅游城市的污水处理率不低于70%。缺水地区在规划建设城市污水处理设施时，同时安排污水回用设施的建设；城市大型公共建筑和供水管网覆盖范围外的自备水源单位，都应建设中水系统，并在试点基础上逐步扩展居住小区中水系统建设的推行实施范围。

五是在城市工业产业布局逐步合理、产业结构逐步优化的前提下，实现城市及郊区水务统一管理。资源统一规划、综合利用，做到上、中、下水设施统一建设，小区集中处理，大区之间连通协调，市区郊区合理串供，努力建成蓄水、集水、节水、减排、清污、回用的城市节水清洁型供用水体系。逐步改变过去一个水系、一个水库、一条河道的单一水源向城市供水的方式，采取“多库串联、水系联网，地表水与地下水联调，优化配置水资源”的方式。

六、国内外城市与工业节水概况

节水作为解决城市水资源短缺问题的优先对策，是受到广泛关注的世界性议题，无论是经济发达国家还是发展中国家都概莫能外。从下面列举的一些国家城市节水概况中，不难看到许多可供借鉴的经验。诸如，城市节水的实际意义和作用，实现城市节水的计划、途径、措施和步骤，城市水资源与节水管理体制等。

（一）我国节水水平和节水效果

从宏观上来说，节水效果主要反映在对用水总量和用水定额的影响以及对水资源供需平衡的作用方面。

1. 节水延缓了总用水量的增长

我国用水主要在新中国成立以后得到很大发展，随着人口的增加和经济社会的发展以及水资源开发利用活动的加强，全国总用水量已从1949年的1 031亿m^3，发展到2000年的5 500亿m^3左右，增加了4倍以上。其中1949~1957年年增长8.9%，1957~1965年年增长3.7%，1965~1980年年增长3.3%，1980~1990年年增长2%，1990年以后缓慢波动增长，平均年增长1%左右。1980年后，在国民经济基本保持8%左右的年增长率的情况下，全国人均用水量基本稳定在440 m^3左右。

从分部门用水看，节水对农田灌溉用水量的影响最大，1949~1980年，全国农田灌溉用水量从956亿m^3增加到3 580亿m^3，平均年递增率为4.34%，而1980年后，虽然前期有一定增长，但后期逐渐趋于稳定，特别是“九五”期间，农田灌溉用水总量基本维持不变，而全国平均每年新增灌溉面积80多万hm^2，粮食从4 665亿kg提高到5 000亿kg，农、林、牧、渔、果、菜、茶全面增收。

2. 节水使农业、工业用水定额减少，用水效率提高

1980年我国农田实灌面积4 092万hm^2，灌溉用水量3 580亿m^3，平均每公顷实际灌水量8 749 m^3。到1993年，实灌面积4 320万hm^2，灌溉用水量3 440亿m^3，平均每公顷实际灌水量为7 963 m^3。与1980年相比，粮食总产增长42.4%，用水量却下降3.9%，平均每公顷灌水量和吨粮用水量分别下降了8.9%和32.5%。2000年我国农田实际灌溉面积4 827万hm^2，灌溉用水量3 466亿m^3，平均每公顷实际灌水量7 181 m^3，比1980年下降了1 568 m^3，年节水729亿m^3；与1993年相比，平均每公顷实际灌水量下降了782 m^3，年节水376亿m^3。

据统计分析，工业通过产业结构调整和采用其他节水措施，万元工业增加值用水量已从1980年的2 288 m^3（含火电）下降到2000年的288 m^3。全国工业用水重复利用率（含农村工业）从1983年的18%，提高到1993年的45%，再提高到2000年的53%，其中城市工业用水重复利用率（不含火电）1997年达63%。

3. 节水使全国水资源供需形势保持了基本的稳定

根据1980年全国第一次水资源评价资料分析，全国遇中等干旱年，缺水为389亿m^3；1993年全国水中长期供求计划资料分析，缺水量虽为225亿m^3，但可供水量中有一定数量的地下水超采量和一部分超标污水直接用于灌溉，实际总缺水量300亿~400亿m^3，缺水总量基本与1980年持平。

（二）美国节水概况

美国节水的重要性是：第一，确保用水量低于供水量；第二，减少费用。因此，美国通常采取如下步骤或措施。

1. 确立节水目标

确立节水目标的简易方法即是从当前的供水量与未来需水量的差距中寻求目标，发现一定时期内在水的供给和需求中所需解决的问题。例如，若2005年需建立一个水库以满足增长15%需水量的要求，这样减少15%的需水量，便可能成为城市节水目标，节约这部分用水量即可推迟或减少相应的投资和运行费用。

2. 确定当前和将来的用水情况

确定当前和将来的用水情况的目的在于通过分析用水情况来精心选择节水对象，并获得最大的节水效益。通常用水情况包括以下几种：

（1）各类用户（家庭、工业企业等）当前和未来的平均用水量，最大日、最大时用水量。

（2）用水地区（市区、郊区等）。

（3）用水结构（组成）。

（4）未计量水量。

（5）各类用户对供水的要求（包括供水可靠性）。

城市节水主要针对水的3种供需情况：长期、干旱期（短期）和非常时期。

3. 针对不同供需情况采取不同的对策

（1）针对水的长期供需情况，主要应采取能为用户接受且行之有效的节水设施。实际情况表明，这类设施的节水效果可高达10%～15%，但必须合理选用，如选用不当也会事与愿违。例如，20世纪70年代，美国曾提倡使用低流量沐浴喷头，起初人们表现出很大的积极性，但10年以后的调查表明，大部分低流量沐浴喷头已被拆除。

（2）针对干旱期供需情况，应更加注重节水宣传教育的短期效果。例如，使人们了解水的供需状况并积极响应。1976～1977年间，在加利福尼亚的短期节水效果达60%。显然，短期节水的关键是事前的周密计划和明确有效的措施。

（3）非常时期通常指系统故障、水源污染或灾害等情况而言。这时可能出现短期供水不足或完全中断。应付这种状况的关键在于采取应急措施，迅速进行宣传教育、传播信息。

4. 采取节水措施

（1）住宅节水措施包括：①调查了解住宅用水情况，如确定用水大户，判定其用水和用水器具状况，并提出改进建议与措施；②采用节水器具，如节水型水龙头、沐浴喷头、冲洗水枪和节水型卫生洁具等。

（2）公共市政用水节水措施，如限制庭园绿化用水，限制商贸服务业用水，节约游泳池、公共卫生间、公共浴室用水，等等。

（3）节约工业用水，包括改进生产工艺、改造用水设施等。

（4）减少未计量水量，包括在输配水过程中的管网漏失水量、给水系统自用水量、非法用水量等。

(三)韩国节水概况

韩国的年可用水资源量仅为全部水资源量的22%,1990年总计用水量约282亿 m^3,其中灌溉用水占54%,市政用水占17%,工业用水占9%,维持河流流量占20%。

面临水资源匮乏、河流水质恶化和更高的供水水质标准,节水是绝对必要的。为此,韩国政府于1990年制定了一项由建设部负责的节水规划,以加强水的需求管理、节约用水和水污染控制。

据称,韩国目前尚处于节水的初级阶段,其主要做法是:废水回用;减少未计量水量;开展节水设计。进一步的节水措施是:对污水回用潜力作出评价;鼓励工业节水;改变水的价格政策;确立节水系列产品;宣传教育;对潜在节水措施进行费用效益分析。

1. *污水(废水)回用*

污水回用是节约用水的主要途径,回用水主要用做冲洗卫生间、浇洒道路、景观用水和工农业用水。对于生活污水,可分为"灰水"(洗浴排水)和"黑水"(卫生间排水)两部分,并采用一种分流系统将"灰水"处理后用于冲洗卫生间(约可节水20%)。韩国政府于1992年规定:

(1)确立一项全国范围的10年供水规划,其中包括水的循环利用和回用节水计划。

(2)在上述规划基础上,每个行政区将制定一项相应的10年供水规划。

(3)鼓励用水量超过500 m^3/d 的城市公用事业用户和1 000 m^3/d 工业企业实行水的回用。

(4)对回用水系统的投资者予以鼓励(如贷款、降低水费等)。

(5)制定设计标准和运行操作规程。

为此,已由隶属于建设部的半官方机构——韩国住房公司建立公寓楼的回用水(实为中水)示范工程。"灰水"采用过滤—活性炭吸附系统处理,可提供263 m^3/d 用于冲洗卫生间的回用水。另在韩国最大的综合企业——洛特世界(包括购物街、百货商场、旅馆、民俗村、体育中心、室内游乐场、湖畔花园)建立了一个1 850 m^3/d 的回用水系统,以提供冲洗卫生间和冷却用水。该回用水系统投资回收期为3年。此外,还建有5个先进的回用水系统(设于2座旅馆、1个工业企业、1个医院和1个休闲中心)在运行使用,其处理能力为200~600 m^3/d。

通过上述措施,韩国的污水(废水)处理率可望由1990年的31%提高到1996年的65%,并拟开展污水处理厂出水回用的可行性研究。

2. *减少未计量水量*

未计量水量通常包括漏失、水表漏计、冲洗管网、消防、非法取用、因水质不佳而被排放和因水表损坏而未计量的水量。据1991年分析,全国未计量水量占总供水量的比例达34.7%,其中管网漏失量为20.2%。

为此,韩国建设部确定了一项减少未计量水量的10年计划,以求至2001年将未计量水量减少到20%,管网漏失水率由20.2%降至12%。其主要措施为:

(1)减少管网漏失水量。

(2)采取预防措施,包括建设"无漏失管网",测绘1/500的管网图(分布、材质、使用时间),采用水泥衬里的球墨铸铁管、不锈钢管或铜管等室外室内管道,控制管网水压

(0.15 ~0.4 MPa)，及时更换水表，对用户进行宣传教育和培训。

(3)早期检漏，建立经常性的维修制度，加强维修。

(4)采取行政手段，如建立漏失监测控制部门，在汉城44个区内昼夜服务，对检漏人员实行补贴，建立检漏处理专业公司，采取防止非法用水的措施等。

3. 实行阶段累进收费的水费制度

使水费接近于其真正价值，以达到节水和控制水污染的目的。季节性收费制度也将予以考虑。

4. 采取各种节水措施，推广节水器具

针对不同用水部门，制定相关的节水政策和措施，鼓励推广使用先进的节水器具。

5. 宣传教育

从1986年起即开始在学校和社会实施从少儿开始的节水宣传教育，使他们从小就认识水的价值，以树立强烈的节水意识，并促使家庭节约用水。广泛开展社会节水宣传教育活动，韩国水资源发展公司宣布每年7月1日为节水日。

(四)以色列节水概况

由于水资源极度匮乏以及经济发展对水需求的增长，节约用水在以色列受到高度重视。以色列的节水工作主要依靠推行一系列行政、法制和技术措施。

以色列已将全国水资源统一成一个综合服务于全国所有地区的供水网络。各种水源包括回用水，在很大程度上都按其可用性及对水的需求加以利用，几乎不考虑其空间分布。因此，以色列实际上已建立了"最小系统损失，最大整体利用率"的全国水资源管理系统。

由于全国95%的天然水资源已被开发，因此国家水资源的增加主要依靠高度而复杂的管理及开发非常规水源，如废水回用、含盐水和海水淡化。一旦废水被全部回用(目前已达70%)，则实行更大规模的人工降雨、开发小型天然水源、含盐水或海水淡化将更为可行。

以色列政府一直致力于加强水资源的控制及其有效利用，先后颁布了以水法为中心的一系列法规，如水计量法、水灌溉控制法、排水及雨水控制法等。这些法规对用水权、水计量和水质控制等有一系列的严格规定。

以色列国会授权农业部负责水的有关事务，实施水法。由政府指定专员领导的国家水务委员会负责执行水法规条款，其工作涉及规划、运行、用水效率、用水分配、用水控制、经济纠纷及其他事务。此外，水务委员会还通过城市水务局、以色列水工程设备中心而发挥作用，另有许多公众团体，如水协会、计划委员会、水务法庭也参与水务管理。

1990年，以色列的城市用水量约为4.5亿m^3，其中75%为居民生活用水，其余为公共市政用水，预计2000年城市用水将达到6.4亿m^3，人均用水量标准190 L/d，其中住宅用水量仅60 L/d。

控制住宅用水，无论从法规或行政措施上讲比控制其他用水更为复杂。这方面的措施，除实行用水计量，还包括节水宣传教育、建立累进收费制、开发实用有效的家用节水器具。

经验表明，如果没有制度的保证，宣传教育的效果通常难以持久，而它又是采取其他节水措施的先决条件。例如以色列在1986～1987年、1990～1991年开展的两次节水宣传教育群众性活动都使城市用水量显著下降，但是公众节水意识随后再度淡化，用水量又迅速回升。不过，即使是1986～1989年3年的短期节水效果，节约水费也高达5 700万美元，并且推迟了一条长而昂贵的输水管线的建设，其作用仍不容忽视。

城市节水的措施除对公共场所及机构实行按用水定额供水，还包括水费机制和技术措施。

（1）在水费制度上，法令规定有3种水费：基本配给水费、超过基本配给水量的附加水费、更高的水费（基本配给费的3倍），另对带有花园的住宅实行特殊收费。

（2）在节水措施上，主要为推广应用节水器具，如规定所有卫生间一律设置冲洗水箱（较冲洗阀节水50%）；推广两挡式冲洗水箱（4.5 L和9 L），约节水40%；拟推广小容量两挡式冲洗水箱（3 L和6 L）；引进限流沐浴喷头（8～10 L/min），节水7%～8%；设置水龙头流量调节器；改进水龙头，使漏失量最小且便于安装、维修；采用带有蒸发冷却器的回流泵。

据估计，城市地区总的未计量水量占12%～13%。为加强城市用水（节水）管理，设立由国家水务委员会、内政部和地方水务局联合组成的城市水务局，其任务是：推进市政水资源部门的组织，实现供水系统现代化，为地方主管部门提供技术支持，监督市政水工程规划建设、审批市政部门制定的总计划。

（五）日本节水概况

日本国土总面积约37万 km^2，人口约1.2亿人，其中城市人口占70%以上。日本水资源较丰富，人均年水资源量为5 020 m^3，城市供水较充足，人均城市生活用水量300～400 L/d，但仍很重视节约用水，并将节约用水与水资源开发看做是保证城市正常供水和国民经济稳定发展的两个可靠支柱。这是在经历20世纪50年代、60年代严重缺水后得来的经验教训。

早在1973年，日本政府基于水是有限而贵重的资源的考虑，提出“控制水道水需求措施”，之后于1985年在“控制水道水需求”委员会的基础上发展建立了“推行建立节水型都市”委员会，积极推进节水工作。面对21世纪建成节水型城市，大力开展以下几方面工作。

1.广泛开展节约用水宣传教育工作

（1）规定每年6月1日为全国节水日，每逢节水日，各城市以市长为首的政府官员都要走向街头开展各种宣传活动，做到“家喻户晓、老幼皆知”。以6月1日为节水日，喻意节水应从儿童做起，节水是关系子孙后代的大事。

（2）平时以多种形式的节水宣传品开展节水宣传教育活动。节水宣传品的类型包括小册子、报刊、以建立节水型城市为目标的“节水指南”等。

（3）设立水道纪念馆，纪念馆中陈列日本水道从江户时代起的发展历史，现代水道事业的发展（如东京都水道纪念馆展示关东地区模型、利根川水系及其水库群模型、日供水182万 m^3 的金町净水厂模型、图示19 000 km配水管道和大量零部件的宏大规模等），使人们安心饮用清洁水的净水工艺，以及重点介绍的各种节水措施（如东京都更换7 800 km旧管道，使漏失率每年下降0.12%～0.39%等）。此外，还有震灾预防计划与应急供水设施(如东京有21座能维持每人每日饮水的基本需求的应急供水站)。这种纪念馆有计划地组织各界人士特别是学生参观,收效显著。

(4)制作各类节水宣传标志,例如在学生的文具用品、美术作品、家庭主妇用围裙上均有相应的节水宣传内容;在中小学课本中有专门的生动活泼的节水教育内容,介绍关于"人、森林、文明"、"地球有多少水"、"中国的黄河治理"等方面与节水有关的知识。

(5)摄制节水影片。

2.制定保护水资源、节约用水方面的规章制度

例如,福冈市制定了《福冈市节约用水纲要》,要求植树造林、涵养水源,设立水源森林基金,鼓励使用节水型用水器具,要求建设大型建筑时采用中水系统、安装节水器具设备。

3.制定节水型水费体制

按日本厚生省确定的原则,实行按供水管管径和用水量累进计算水费的办法收费。水费中除日常用水水费,还有所谓基本水费,它是为装表、查表和保持正常供水由用户缴纳的一次性费用。对于企业,尚应缴纳所谓的"加入金"(类似于我国的"增容费")。

4.推广应用"中水"

在日本,"中水道"多集中于东京、福冈两地。据称,其污水(废水)回用率可达20%。

污水(废水)处理回用有三种情况:建筑物自身的生活杂用水处理回用;建筑群或建筑小区污水(废水)经二、三级集中处理后由水再利用中心供用户冲厕用,据称其最大处理能力可达8 000 m^3/d;城市污水处理后回用。在第三级处理工艺中多为砂滤池过滤,也有用活性炭过滤的。此外,还有防止水漏失和筹备建立节水型城市等。

第三节 城市节水潜力分析

一、节水考核指标

节水考核指标是衡量城市与工业用水(节水)水平的尺度。为了全面衡量城市与工业节水的水平和发展,通常需用若干节水考核指标组成的指标体系进行评价。对于工业用水,目前已形成较完整的指标体系,而适用于城市的节水考核指标体系实际上并未最终确立,常用类似于工业节水的考核指标反映城市节水状况。实际上,由于这方面的基础工作薄弱,情况复杂,常用的节水考核指标非常有限,数据的可比性差以及城市情况差异很大,因此下面引用的节水考核指标值均无绝对比较意义。本书所涉及的部分节水考核指标的定义如下。

(1)用水量(Q_t)。用水量有时亦称总用水量,它是计算期内某用水系统中的用水总量,包括重复利用水量和补充水量。对城市住宅生活用水而言,因水都直接使用、排放,故习惯上全部为补充水量——取水量或新水量。

(2)循环水量(Q_{cy})与循环利用率(P_{cy})。循环水量亦称循环利用水量,它是计算期内某用水系统中循环用于同一用水过程的水量。在工业用水系统中大量的水被循环利用。水被循环利用的程度通常以循环利用率(P_{cy})表示。

(3)回用水量(Q_s)与回用率(P_s)。回用水量是计算期内被用过的水在一定条件下再用于系统内部或外部的其他用水过程的水量。水的回用程度通常以回用率(P_s)表示。习惯上所说的串联用水量,即经第一次使用后被依次利用的水量,也属回用水量。

(4)重复利用水量(Q_r)与重复利用率(P_r)。重复利用水量包括同一用水系统中的循环水量与回用水量。水的重复利用程度通常以重复利用率(P_r)表示。由于用水系统是相对的,有时难以区分循环水量与回用水量的界限,而笼统地以重复利用率表示某一用水系统水的有效利用程度。

(5)取水量或新水量(Q_f)。它是计算期内某用水系统利用的新鲜水量。在此,取水量有别于给排水工程中所谓的取水量。

(6)工业用(取)水量指标。工业万元产值取水量(V_{wf})或用水量(V_{wt})、万元国民生产总值取水量(V_{GNP})或国内生产总值取水量(V_{GDP}),它们均属同一范畴用水(节水)综合考核指标,其值可按不同考核范围选取计算。

(7)用水定额。它是以用水核算单元规定或核定的用水水量限额。核算单元,对于工业生产可以是某种单位合格产品、中间产品、初级产品……对于城市用水可以是人、床位、面积……用水水量可以是上述各种水量。如为新水量,则可以 V_f 表示,也可以是城市综合用水量、工业用水量、生活用水量等。

(8)城市综合用水量。城市综合用水量,是国内外用以考核城市总体用水水平的宏观经济指标之一,以一定期间内城市人均总取水量或新水量(m^3/a 或 L/d)表示。为提高城市综合用水量的可比性,指标中的取水量原则上应限于城市规划区内的城市生活与工业取水量,其中人口数应以城市固定人口计。显然,由于城市所在国度或地域及其规模、性质、经济发展水平与产业结构、用水节水水平等不同,城市综合用水量指标只具有宏观和相对比较意义,如果考虑到城市的诸多因素亦可大致反映其用水、节水水平。

在上述节水考核指标中,水的循环利用率、回用率和重复利用率都属相对考核指标,无绝对比较意义。其余水量考核指标虽属绝对考核指标,仅在一定条件下具有相对比较意义。

二、城市工业节水状况与潜力分析

城市是工业的主要集中地。据《城市建设统计年报》资料,1997 年全国城市总用水量(不含火力发电用水)为 432.2 亿 m^3,其中工业总用水量为 257.52 亿 m^3,约占城市总用水量的 60%。在工业总用水量中约 80% 由工业自备水源供给,其余 20% 由城市供水系统供给,其值约占城市总供水量的 18%。由于工业用水量大、供水较集中、节水潜力相对较大且易于采取节水措施,因此工业用水一直是城市节水的重点。

(一)工业节水基本类型

根据工业生产特点,工业节水的基本类型大致分为三类。

(1)系统节水。为提高生产用水系统的用水效率,即通过改变生产用水方式提高水的复用率,简称"系统节水"。系统节水一般可在生产工艺条件基本不变的情况下进行,故较易实现。

(2)管理节水。为通过加强用水(节水)管理减少水的损失,或通过利用海水、苦咸水或其他低质水（如雨水等）、大气冷源、人工制冷等减少淡水用量或冷却水量，提高用水效率。这类节水有时简称为“管理节水”。

（3）工艺节水。通过实行清洁生产、改变生产工艺或生产技术进步、采用少水或无水生产工艺和合理进行工业生产布局，以减少水的需求，提高用水效率，此即所谓的“工艺节水”。工艺节水涉及工业生产原料路线与政策，涉及生产工艺方法、流程与设备，涉及工业产品结构、生产规模、生产组织及生产布局，总之几乎深入涉及工业生产的各方面。因此，工艺节水是更为复杂、更加长远的根本节水类型。工艺节水效果主要由绝对节水考核指标反映，也会对相对节水考核指标产生间接影响。

上述三种节水类型在节水水平分析评价上往往互相影响，有时甚至难以区分。从长远看，在前两种节水类型特别是系统节水的作用逐渐减弱之后，工艺节水的作用将日益突出，其节水效果也会日渐明显。因此可以说，工艺节水是影响深远、蕴涵极大潜力的节水途径。

（二）工业节水状况

目前我国主要工业的单位产品取水量指标，除纯碱、合成氨与国外同类先进指标值相当，其余绝大多数高出同类先进指标值的 2 ~ 3 倍，部分行业的差距更大；从复用率看，总体上现状值超过 80% 的不多，国内外也存在差距。此外，在国内同行业的企业之间，用水（节水）水平的差别甚大，发展极不平衡。由于单位产品取水量或万元产值取水量大体上可综合反映包括系统节水、管理节水和工艺节水措施在内的各种因素对生产用水状况的影响，因此可以说，目前国外先进用水（节水）指标值即为我国各工业行业今后 10 ~ 20 年甚至更长时间可达到的用水（节水）水平。据此判定，经 10 ~ 20 年的努力，我国工业生产用水的节水潜力或用水效率大致可提高 2 ~ 3 倍或更多。考虑到今后系统节水与管理节水的作用将逐渐减小，节水工作的重点应逐步转向工艺节水，节水进程将主要依赖于工业企业改造与生产技术进步，节水性质会更趋复杂，难度亦会增大。在这种情况下，单纯依靠行政、计划手段恐难奏效，加强经济杠杆与市场机制作用，即加大促进企业节水动力的措施势在必行。

（三）工业节水潜力分析

据统计，从 1983 ~ 1997 年，我国城市工业用水复用率从 20% 上升到 63%，万元产值取水量从 495 m^3/万元下降到 89.8 m^3/万元。据此估计，取得这种节水效果的贡献份额大致是：系统节水约占 65%，管理节水和工艺节水共占 35%。可见，如果扣除管理节水的贡献，15 年来工艺节水的份额是很有限的。按照我国城市 2010 年节水技术规划，若 2010 年工业用水复用率平均达到 75%，工业万元产值取水量平均下降 50% ~ 70%，则除去份额很少的系统节水与管理节水的贡献，今后绝大部分节水效果应通过工艺节水实现。后者节水潜力范围广泛，且无止境。现将有关情况概括如下。

1. 系统节水潜力

目前，就复用率而言，除钢铁、火力发电、石油化工等行业接近饱和，多数工业行业的复用率在今后 10 ~ 20 年总体上能提高 5 ~ 15 个百分点不等，即可使万元产值取水量相应下降 6% ~ 20%，系统节水的潜力有限。考虑到工业用水系统的实际用水效率可能低于统计指标值、系统运行状况不佳以及节水工作发展极不平衡，因此今后系统节水仍应受到关注,且应常抓不懈。根据工业行业的用水特点,系统节水措施应各有侧重。例如:对于大量工业节水基础薄弱的中小企业首先仍是提高冷却水循环利用率。对于已具备一定节水水平而进一步提高冷却水循环利用率受到客观条件限制的行业,应考虑加强废水回用(如机械行业、冶金企业)或改进冷却方式和冷却设备以提高冷却效率(如食品饮料行业)。对于水的复用程度已很高的行业,如火力发电、石油化工和钢铁联合企业,应考虑增加浓缩倍数、循环比以减少新水补给量。发展汽化冷却技术(如冶金行业)、空气冷却技术(如火力发电),可以成倍地减少冷却水量,其节水潜力将突破上述由提高复用率所能达到的节水限度。此外,实行工业用水系统外部废水回用,即将处理后的城市污水作为工业用水系统特别是循环冷却水系统的补给水,也可较大幅度地替代新水量,其节水潜力为工业生产用水的5%~10%或更多。

2. 工艺节水潜力

如上所述,在今后10~20年内,工艺节水的潜力为:总体上应使单位产品取水量减少25%~60%或更多(扣除系统节水潜力)。随着科学技术进步与生产技术发展,工艺节水的潜力应该是无限量的,不过从目前生产技术状态出发影响工艺节水潜力因素大致有以下几点:

(1)采用新工艺方法、流程和设备。这是节水最主要的影响因素。例如,在食品饮料行业的发酵工艺中(味精、酒精、啤酒业),采用新菌种或其他新工艺可使单位产品取水量减少50%~70%。在氯碱生产中,以离子膜法替代隔膜法,可使单位产品的取水量减少50%左右。在一些工业冷却、洗涤工艺中,采用物料冷却、逆流洗涤流程,可节水60%~70%。在罐头、化工生产工艺中,采用高效冷却器约可节约冷却水30%。

(2)少水、无水生产工艺。目前在制革、纸浆等工业中已有应用,但还有节水潜力,从长远看,在其他一些工业行业中仍有推广前景。

(3)清洁生产。无疑会有相当大的节水效益,考虑到清洁生产与其他工艺节水因素密不可分,其节水潜力难以单列,但从水污染治理角度看,清洁生产的意义将远超过其节水效益。

(4)发挥经济规模效应。这是我国工业技术改造与发展所普遍面临的问题。可以说,目前我国几乎所有工业行业都为企业小而多、工艺技术与管理落后、生产低效高耗等问题所困扰。从总体上估计(而不是单个行业或企业),其节水潜力在25%~30%以上。

(5)产品结构、工业布局及其他因素。从节水角度看,主要影响水资源合理利用,如是否有利于串联用水的组合和废水集中回用,其节水潜力可另作专门研究。

3. 管理节水潜力

通常可纳入系统与工艺节水管理范畴,因此难以单独估计其节水潜力,管理节水对于老企业、小企业仍值得重视。

从总体上讲,上述节水潜力同今后10~20年节水规划目标要求基本一致,经努力届时可使目前的工业取水量与工业发展对水的需求相适应。从更长远发展看,由于在水资源有效利用程度上,我国同经济发达国家相比差距还很大,若按单位国民生产总值取水量计算高出3~10倍,因此从包括城市与工业在内的更大范围而言仍有相当大的节水潜力。

三、城市生活节水状况与潜力分析

(一)城市生活用水人均标准偏低

由表8-1～表8-5可见,随着城市化进程发展、城市人口增长以及城市第三产业的崛起,近几年来我国城市生活用水量迅速增长;另一方面,同国外相比我国城市生活用水特别是居民住宅用水标准还偏低(见表8-6、表8-7)。以特大城市为例,国外城市人均生活用水约为250 L/d,明显高于我国北方特大城市水平,约同南方特大城市水平相当。而欧洲各国人均住宅生活用水量为160～180 L/d,远高于我国北方城市人均住宅生活用水量。这种情况显然与我国城市发展,特别是城市居民居住水平低有关,但今后还会因城市化水平和人民生活水平的提高而有所增长。

表8-1　我国城市人均生活用水量

年份	城市总数(个)	城市生活用水量(亿m^3)	用水人口(亿人)	城市人均生活用水量(L/d)
1991	476	115.0	1.62	196
1992	514	117.3	1.73	186
1993	567	128.3	1.86	189
1994	622	142.2	2.01	194
1997	668	175.7	2.25	213

资料来源:《全国城市用水统计年鉴》(1992～1998年)。

表8-2　我国南北方地区不同规模城市的各种生活用水量　(单位:L/d)

城市类别	城市生活用水量		居民住宅用水量		公共市政用水量	
	北方	南方	北方	南方	北方	南方
特大城市	177.1	260.8	102.9	160.8	74.2	94.0
大城市	179.2	204.0	98.8	103.0	80.4	101.0
中城市	136.7	208.0	96.8	148.0	39.9	59.0
小城市	138.0	187.6	79.3	148.5	58.3	39.1

表8-3　我国南北方地区不同规模城市的生活用水量构成

城市类别	居民住宅用水量/城市生活用水量(%)		公共市政用水量/城市生活用水量(%)	
	北方	南方	北方	南方
特大城市	58	62	42	38
大城市	55	50	45	50
中城市	71	72	29	38
小城市	57	79	43	21

表 8-4　我国部分城市生活用水构成

城市	北京	石家庄	秦皇岛	沧州	太原	大同	青岛	淄博
公共市政用水量/城市生活用水量(%)	75.3	42.6	65.1	41.5	41.5	27.1	58.5	25.2

表 8-5　我国城市居民住宅用水构成

用水类别	卫生设备状况					
	公共水栓	有给水无排水设施	有给排水设施,公厕	有给排水无沐浴设施	有给排水沐浴设施	有给排水、浴室、集中供热
	用水构成(%)					
冲洗卫生洁具				38	32.6	36.5
洗浴	35.7	39.7	24	14.8	27.2	35.8
洗衣	20	15.9	24	14.8	12.7	7.6
炊事、烹调	35.7	28.6	34.2	18.3	18.3	10.8
饮食	8.6	6.8	4.2	2.5	2.2	1.3
清扫卫生			8.2	5.3	4.3	2.5
其他		9	5.4	3.3	2.9	5.5
人均用水量(L/d)	78	53	75 ~ 90	130 ~ 145	140 ~ 145	230

表 8-6　部分国外城市人均生活用水量

城市	人口（万人）	人均生活用水量（L/d）	城市	人口（万人）	人均生活用水量（L/d）
曼谷	625	172.6	贝尔格莱德	117.1	243.9
首尔	1 090	181.6	华沙	165.6	263.5
索菲亚	122	186.4	开罗	652.9	275.9
马德里	361	193.0	哈瓦那	209.6	299.9
布加勒斯特	239	200.3	基辅	257.0	329.0
布达佩斯	202	237.1	莫斯科	887.6	494.6

表 8-7　欧洲部分国家人均生活用水量

国家	人均居民住宅用水量（L/d）	国家	人均居民住宅用水量（L/d）	国家	人均居民住宅用水量（L/d）
瑞士	260	西班牙	181	英国	161
奥地利	215	丹麦	170	芬兰	150
意大利	214	荷兰	173	德国	135
瑞典	195	挪威	167	比利时	116
卢森堡	183	法国	161		

（二）城市生活用水仍有一定节水潜力

水的有效利用程度低是我国水资源开发利用中普遍存在的问题。对于城市生活用水则主要表现为水的有形与无形浪费。

1. 居民住宅用水浪费较大

虽然从总体上讲，我国城市居民住宅用水水平还偏低，但仍然存在较大浪费。表 8-8 列出部分国外住宅用水构成情况，可供比较。

表 8-8　部分国家及我国部分城市居民住宅用水构成

用水类别	用水构成（%）						
	英国		美国	挪威	日本	北京	河北省12个城市
	某地	威尔士					
冲洗卫生洁具	23.8	31.5	41	17.7	16	34	32
洗浴	20.8	31.5	37	23.8	20	30	27.2
洗衣	7.9	8.5	4	14.6	24		12.7
炊事、烹调	6.5	8.5	6	11.5			18.1
饮食	4.8	2.9	5	4.6	18		2.1
清扫卫生			4		15		4.3
浇洒庭院							
洗车	9.5	5.8	3	4.6	7		
其他							2.9
损失	26.8	11.3					
人均用水量（L/d）	168	175	195	130	250		138

室内卫生设备水平直接影响住宅生活用水量标准。今后随标准提高而增加的水量将主要用于冲洗卫生洁具、洗浴和洗衣。同国外情况相比，虽然不尽相同，但我国目前这方面的比例是偏高的。例如，据对华北地区城市的典型调查，在居民住宅用水中冲洗卫生洁具用水比例达 32%（约人均 45 L/d 以上），洗浴用水占 27%。此外，在住宅用水量中占较高比例的炊事、烹调用水，虽然反映国内外居民生活习惯方式不同，也说明因我国社会服务水平低而形成的一种水分散性浪费。从基本相同的室内卫生设备条件看，我国有给排水、浴室和集中供热住宅的人均居民住宅用水量已达 230 L/d，相比之下，也是偏高的。

2. 公共市政用水浪费严重

表 8-9 为我国公共建筑用水调查情况。由表中所列数据看，除中小学外其余用水部门都已远超过有关用水标准，表明存在水的严重浪费。另外，从表 8-3 和表 8-4 中过高的公共市政用水比例（其中市政用水占 10% ~25%）也可看出，我国城市的公共设施用水量是偏大的。此外，建筑空调用水循环利用率低。据对 219 个公共建筑空调用水的抽样调查，其用水量占总用水量的 14.3%，而水循环利用率仅 53%，且均以新水补充。大量公共建筑的生活杂用水也很少回收利用。

表 8-9　公共建筑用水调查结果　（单位:L/(人·d)）

公共建筑类别	北方	南方	深圳	公共建筑类别	北方	南方	深圳
机关事业单位	158.1	226.8	280	医院	890	1 390	1 740
高档宾馆	950	1 910	1 990	大专院校	264.7	378.7	
中档宾馆	890	1 510	2 380	中小学校	18	36.0	1 540
一般旅社	730	690	1 340	人均		94	204

四、其他方面节水状况与潜力分析

随着传统淡水资源(地表水、地下水)日趋紧张和科技手段不断进步,国内外纷纷把节水目光转向非传统水源,我国在这方面有较大潜力。

一是污水处理回用是一条重要的节水途径。2000 年全国废污水排放量达 620 亿 m^3,各城市陆续开始对居民生活用水征收污水处理费,建设排水渠道的清污分流设施和污水处理厂,城市污水再生处理水平将会有较大提高。尤其是缺水地区的一些城市,正在全面规划污水资源化的行动,城市清污排水设施和污水处理厂的建设将全面得到发展,城市污水处理率将会显著提高,回用量将进一步增大。

二是利用海水替代一部分淡水是沿海地区节约淡水的一条重要措施。我国的大陆海岸线长达 18 000 多 km,沿海遍布城市、港口和岛屿,有利用海水的较好条件,随着经济社会的发展和淡水资源供应紧张,海水淡化、直接利用海水替代冲厕、冷却水等利用海水事业也得到一定的发展。2000 年利用海水 141 亿 m^3。

三是微咸水利用有一定前景。我国微咸水面积分布很广,数量很大。如华北平原含盐量为 2 ~ 5 g/L 的微咸水就约有 22 亿 m^3。西北微咸水分布面积也很广。沿海城市地区微咸水面积也不小,如天津范围微咸水面积就约达 8 000 km^2。咸水体的大量存在不仅给土地带来严重的盐碱化,影响作物产量,也使地下水长期处于饱和状态,占有地下库容,不能调蓄,影响抗旱、防涝和治碱。因此,对微咸水不仅有一个利用问题,也有一个治理改造问题。在直接利用微咸水抗旱方面,我国新疆、宁夏、甘肃、河南、河北等农村都有长期利用微咸水浇地获得一定高产的经验。

四是雨水利用为干旱缺水地区开辟了一条节水新路。由于世界性的水资源危机,许多国家,特别是处于半干旱地区的国家和一些岛屿,对雨水利用给予高度重视。我国西北和华北部分地方的群众大搞水窖等雨水集蓄工程,西南和中南等地方的群众大搞水池、水柜、水塘等小微型蓄水工程,中西部 10 多个省(自治区、直辖市)目前共建成集雨水窖、水池、水柜、水塘等小微型蓄水工程 460 多万个,不仅解决了 2 300 多万人的饮水困难,而且为 146.7 多万 hm^2 农田抗旱提供了水源。

综上所述,我国用水效率较低,水资源配置还不太科学、合理。不论农业、工业,还是城镇生活用水都存在严重的浪费现象,节水潜力很大。

第四节　城市节水规划与节水型城市建设

一、节水型城市的创建

建立节水型城市,已成为很多国家的努力目标,我国也不例外。虽然节水型社会和节水型城市的内涵与定义目前尚无确切的统一提法,但至少应满足下列基本要求:

(1)对水资源进行合理开发利用和科学管理。

(2)具有明确的节水发展目标、规划和阶段性要求。

(3)具有较高的用水效率,其各项用水(节水)考核指标应高于同类型社会与城市的平均先进水平。

应该看到,节水型城市的建立是一个长期的努力过程,对节水型城市的建立实际上并不存在某个绝对限度或标准,只有相对的阶段性目标。它是相应范围内各个局部节水的集约化与整体化的渐进发展过程,其涉及面广、情况复杂,应该有计划、有组织地推进,除采取技术、计划、行政、法制和宣传教育手段,应特别重视发挥经济杠杆和市场机制的作用。由此可见,所谓节水型城市,是指一个城市通过对用水和节水的科学预测与规划,调整用水结构,加强用水管理,合理配置、开发、利用水资源,形成科学的用水体系,使其社会、经济活动所需用的水量控制在本地区自然界提供的或者当代科学技术水平能达到或可得到的水资源量范围内,并使水资源得到有效的保护。

二、创建节水型城市的目的和意义

(一)创建节水型城市的目的

发展节水型经济、创建节水型城市,形成科学、合理地开发和利用城市水资源的管理体系,缓解城市供用水矛盾,不断提高城市节约用水的管理水平,是我国节水工作的主要方向,也是创建优良人居环境的要求。通过创建节水型城市,可使有限的水资源最大限度地满足城市经济可持续发展和人民生活水平的需要,实现水资源的合理配置,提高水的综合利用效率。

(二)创建节水型城市的意义

节约资源是我国的一项基本国策。提倡节约是中华民族的传统美德。水是人类赖以生存的宝贵物质基础,是农业的命脉、工业的血脉。能否保证城乡的有效供水,关系到人民群众的生产生活,关系到城市经济社会的可持续发展,关系到整个社会的稳定。因此,党和国家历来非常重视节约用水工作。胡锦涛总书记专门强调:“节水,要作为一项战略方针长期坚持。要把节水工作贯穿于国民经济发展和群众生产生活的全过程,积极发展节水型产业,建设节水型城市和节水型社会。”在《中华人民共和国水法》中,对节约用水问题也作了明确的规定,提出了具体的要求。在国家“十一五”经济社会发展规划纲要中,把节约用水工作列为建设资源节约型和环境友好型社会的一项重要任务。可见,节约用水,建设节水型城市意义深远。

1. 建设节水型城市是缓解我国水质型缺水的现实需要

近年来，我国在改善水环境质量、合理节约用水方面做了大量的工作，取得了一定成效，特别是无锡蠡湖水污染治理经验已向全国推广。节约用水，提高用水效率，既可以缓解用水压力，又可以有效减少污废水排放量，是我国实现用水良性循环，有效预防、控制和化解水资源水质型短缺矛盾的一条有效途径。

2. 建设节水型城市是实现我国"三城同创"目标的前提条件

为深入贯彻落实科学发展观，全面推进和谐社会建设，全面增强城市综合竞争力，我国政府作出了创建全国最佳人居环境城市、创建国家生态园林城市和创建国家生态城市"三城同创"的决策部署。"三城同创"的任务和要求涵盖了节水型城市建设的大量内容，特别是申报的"全国最佳人居环境城市"，对城市水环境治理、水资源的有效合理利用提出了具体的要求，并以是否建成"国家节水型城市"作为重要的参评必备条件。因此，对已提出"三城同创"的目标，在城市节水上采取有力的措施，从根本上提高城市水资源利用率，促进人水和谐，使城市的水资源环境得到根本的改善。

3. 建设节水型城市是实现科学和谐发展的内在要求

进入"十一五"发展期间，我国强调要以科学发展观统领经济社会发展全局，推动经济社会发展，切实转入全面协调可持续发展的轨道。水资源一旦紧缺将严重制约经济社会的发展，势必影响到我国"十一五"发展的进程，影响到"基本实现现代化"目标的实现。对此，我们必须给予足够的重视和关注，我们要通过广泛深入全面地开展创建节水型城市活动，提高城市有效供水的保障能力，进一步改善城市水环境，这对于缓解当前及今后面临的水资源约束，对于我国"十一五"时期科学发展、和谐发展具有十分重要的意义。

三、节水型城市建设现状

迄今，我国开展城市节约用水活动已经走过了近30年的历程。在采用行政、经济、技术和宣传的手段推动节约用水中积累了丰富的经验；制定标准，有计划地开展创建"节水型城市"也有了10年的历史，已创建了29个"节水型城市"。开展创建"节水型城市"活动，不仅产生了巨大的节水效益，同时也为推动我国转变用水模式，建设节约型社会，发挥了重要作用。

开展创建节水型城市以来，全国城市（据纳入节水统计的349个城市统计）10年（1996～2005年）来共节水327.4亿m^3，相当于北京2005年城市用水（14.48亿m^3）的22.6倍；相当于北京全市用水（35亿m^3）的9.4倍。

全国城市节水量由1996年的28.52亿m^3增加到2005年的37.61亿m^3，每年的节水量相当于北京城市用水量的2～2.6倍。加强了计划用水管理，全国城市计划用水量由1996年的233.56亿m^3增加到2005年的267.64亿m^3。城市用水人口和城市建成区面积大幅度增长，城市用水总量却平稳增长，开展城市节约用水活动，显现了巨大的节水效益。

1990年与2005年相比，全国城市由467个增加到661个，全国城市用水人口由1.56亿人增加到3.27亿人，增长了1.1倍；城市建成区面积由12 856 km^2增加到32 521 km^2，增长了1.53倍；城市用水普及率由48.0%增加到91.1%；而同期城市总供水量由382.34

亿 m^3/a 增加到2005年的502.1亿 m^3/a,仅增加了31%。城市总供水量在1990~1994年期间增长较快,1994年达到489.46亿 m^3,曾出现过负增长,此后一直平稳增长。城市大幅度调整产业结构,提高水价,加强节水技术改造和计划用水管理等节水措施发挥了明显效益。城市用水效率不断提高。

全国城市人均综合用水量(包括生产经营用水、公共服务用水、居民家庭用水和其他用水)是综合表征城市用水效率的指标。全国城市人均综合用水量由1990年的230.47 m^3/(人·a)(631.43 L/(人·d))持续下降到2005年的153.43 m^3/(人·a)(420.34 L/(人·d)),下降了30%左右,说明城市用水综合效率有了显著提高。北京、上海、成都和太原等节水型城市,10年来城市人均综合用水指标有了较大幅度的下降,分别下降了45.8%65.3%、31.2%和30.8%;大连、青岛、徐州、天津和唐山等节水型城市多年来该数字保持在低于全国平均值的1/3~1/4的先进水平。

全国城市生产运营用水在1994年达到其峰值313.61亿 m^3 后,持续下降,到2005年降至209.8亿 m^3,生产用水占城市总用水量的比例也由68.8%下降到41.8%;城市居民家庭用水由1996年的108.7亿 m^3 增加到2005年的172.7亿 m^3,所占比例由25.3%上升到34.4%;公共服务用水则由58.4亿 m^3 增加到71亿 m^3,这些数字表明,城市生产运营用水对城市节约用水贡献率最大;城市生产用水的持续下降和居民家庭生活用水的增加,综合形成了多年来城市总用水量用水平稳变化的结果,城市工业生产用水重复利用率大幅度提高,城市工业重复利用水量由2001年的388亿 m^3,增加到2005年的567亿 m^3,工业用水重复利用率由75.7%增加到83.6%,增加了7.9个百分点。

国家节水型社会建设"十一五"规划要求,到2010年全国"累计创建50个全国节水型城市和150个省级节水型城市"。开展创建"节水型城市"活动必将为我国建设资源节约型、环境友好型社会,走可持续发展道路,产生更加深远的影响。

四、创建节水型城市的作用

结合我国城市综合节水的重大技术发展需求,城市节水规划以开源、节流和减污为核心,综合节水措施和非常规水源开发利用为重点,通过节水规划政策、技术标准、供水厂综合节水、供水管网渗漏预警与控制、城市用水用户端综合节水、再生水景观水体利用等方面的关键技术研究、集成应用和综合示范,提出全面推动城市综合节水的系统方案、成套技术和可供推广借鉴的综合示范,以提高城市用水效率,推进循环用水。节水规划是创建节水型城市的有力保障。

(一)促进城市节水规划的制定和完善节水管理,规划先行

根据城市经济和社会发展的目标,通过城市节水规划深入研究当地水资源的状况,对水资源的开发利用、优化配置、全面节约、有效保护、综合治理等提出了可操作、前瞻性的对策建议,以水资源的可持续利用支持城市经济和社会的发展。

(二)促进城市健全节水机构

完善各项法规、制度,以适应城市节水管理体制出现的新情况,使城市节水管理工作更到位,借创建节水型城市之机,加强节水管理机构的设置。

(三)促进城市开展用水定额的编制和管理工作

实践证明,计划用水管理是城市节水的重要手段,而定额是实行计划用水管理的依据。国务院办公厅在《推进水价改革促进节约用水保护水资源的通知》(国办发[2004]36号)中指出,要"科学制定各类用水定额和非居民用水计划,严格用水定额管理,实施超计划、超定额加价收费方式,缺水城市要实行高额累进加价制度"。

(四)促进城市加强地下水管理

由于城市经济的快速发展,用水量急剧加大,伴随着地下水开采强度的不断增大,有许多城市和地区出现了大小不等的地下水降落漏斗,同时引发地下水污染、地面沉降、海水入侵、湿地萎缩等一系列环境地质问题,引起全社会的普遍关注。

(五)促进城市节水管理科学化

1.节水统计规范完善

随着节约用水管理工作的不断深入,严密的量化管理越来越重要,加强基础台账管理,是做到科学管理、科学用水、明确责任的基础和保障。全国各省、市节水办开展了较为规范、全面的节水统计工作,主要指标包括年(月)用水量、重复利用率(间冷循环率、工艺水回用率、冷凝水回用率、污水处理率)、万元产值取水量等一系列统计指标。这些统计报表均经过统计部门的批准,统计的类目和计算方法规范,符合国家创建节水型城市的要求。许多城市还非常注重运用计算机进行节水统计信息化管理,如宁波市建立了宁波市水资源信息系统。

2.节水管理人员定期培训

人是一切事物的关键。培养一支具有较高管理水平和业务知识的节水队伍是夯实创建节水型城市的基础,也是城市节水工作得以持续的保障。各地有计划地对全市的节水管理人员开展了节水法规、政策、基础知识、统计报表、水平衡测试、冷却塔维护等各种形式的培训,使得节水管理队伍的整体素质得到明显提高。

3.水平衡测试全面开展

水平衡测试是帮助企业(单位)掌握用水现状、分析用水合理性、制定用水定额、检测损漏并加以整改的有效的节水基础手段。

4.间冷水循环率提高

间冷水量占工业用水量的比重很大,也是重复利用水量的重要组成部分。

5.节水技改力度加大

有计划、有组织地进行节水设施建设和节水技术改造是创建节水型城市的重点。各省、市的企业(单位)积极建设节水设施和节水技术改造,取得了显著的经济效益和社会效益。

6.促进城市节水型企业(单位)的创建

作为组成节水型城市的细胞,节水型企业(单位)的创建无疑起着领跑、标杆的作用。

7.促进城市节水器具的推广

城市居民家庭生活用水节水效益显著。随着城市居民家庭生活水平的不断提高,热水器和洗衣机的普及,城市人均家庭生活用水量多年来持续增加,每人由1996年的135.4 L/d增加到2001年的峰值153.5 L/d,从2002年开始出现了历史上首次下降的局面,2005 年下降到 144.6 L/d。这是由于水价的提升,节水器具的推广和全民节水意识增强,使得在城市用水人口急剧增加并保证生活水平不断提高的情况下,出现了人均家庭生活用水有所下降的好局面。(据分析,人均家庭生活用水有所下降的另一原因,也可能是新增的部分用水人口中是城市郊区、城镇原有用水水平还较低的人群。)

8.促进全社会节水意识的提高

宣传教育是提高人的思想认识,做好节约用水工作十分重要的基础性工作。各地在创建过程中广泛地采取各种形式,如"节水进社区、节水进家庭"、节水知识问卷调查、节水 6+1、节水知识讲座等对全社会进行水资源教育、科普教育、方针政策教育、法制教育,让广大人民群众和各界人士明白计划用水、节约用水的目的和意义,真正做到节约用水、人人尽责,形成节约用水光荣、浪费用水可耻的社会氛围,最终实现人人用水、人人管水、人人节水、时时节水、生产上节水、生活上节水,从而使社会各个领域都认识到节水的重要性和紧迫性,并有效地开展节水工作,达到节水型城市创建的真正目的——人与水和谐相处,节水意识深入到社会活动的每个细节。

五、创建节水型城市的工作措施

(1)切实加强对创建节水型城市工作的组织领导。创建节水型城市是一项复杂而庞大的社会系统工程,涉及城市建设、环境保护、城市社区和居民生活的各个方面,实施难度大,需要全社会的共同参与和支持。

(2)加大创建宣传力度。各级领导、各个单位要充分认识创建节水型城市工作的重要意义,采取各种形式、利用各种媒介进行节水宣传和报道,提高居民节水意识,在全国形成人人关心水、人人节约水的良好氛围,为创建工作提供有力的群众基础和精神动力。

(3)建立和完善节水管理网络。一是在城市总体规划和各专业规划中体现城市供水和节约用水的有关要求,适当限制耗水量大的工业项目建设;二是要进一步建立和完善各项节水法规,使其具有较强的权威性和可操作性;三是要建立科学合理的水价体系,运用经济杠杆节水;四是加强地下水资源管理,严格控制开采量,做到开发、利用、保护相结合;五是积极开展创建节水型企业(单位)活动,为创建节水型城市奠定基础。

(4)加大投入,提高水资源的循环利用率。一是要有计划地建设一批节水重点工程和设施,提高我国节水总体水平;二是加大节水技改投入,鼓励企业进行节水技术改造,提高企业尤其是工业用水大户用水循环利用率;三是依靠科学进步,开发推广节水设备和器具。

(5)强化环境保护措施,防止水源污染和水环境恶化,避免城市水质性缺水现象的发生。一是强化建设项目环境管理,杜绝污染源的产生;二是强化水污染源治理工作,实现工业污染达标排放;三是加快城市污水处理设施建设,增强城市污水集中处理能力;四是强化饮用水源的保护。

小 结

创建节水型城市是我国城市建设和发展的一项重要内容,对进一步改善城市投资环境,促进城市可持续发展,提高市民生活质量,都具有极其重要的意义。各级政府和城市节水工作者必须按照创建"节水型城市"的要求,积极行动、不懈努力,把我们的城市真正建设成为资源节约型、环境友好型、人水和谐的"节水型城市",以水资源的可持续利用来支持城市经济的永续发展。

复习思考题

8-1　名词解释:节水;城市节水;节水型城市。

8-2　试述城市节水的重要性。

8-3　节水的规划原则和目标有哪些?

8-4　节水规划编制要求有哪些?

8-5　工业节水的对策有哪些?

8-6　城镇生活节水的对策有哪些?

8-7　试述家庭节水的措施,并分析其节水潜力。

8-8　试述如何创建节水型城市。

第九章 “3S”技术在城市水资源规划与管理中的应用概况

学习目标与要求

掌握“3S”技术的基本概念，理解“3S”技术在水资源规划与管理中的应用状况及存在的问题，了解“3S”流域水文模拟和水资源评价，基于GIS的水资源利用状况分析、生态耗水分析、水资源评价及管理等方面的应用。

第一节 “3S”技术概述

所谓“3S”，是指遥感技术（Remote Sensing，RS）、地理信息系统（Geographical Information System，GIS）、全球定位系统（Global Positioning System，GPS）三种信息技术的简称。“3S”技术诞生于20世纪60年代，是在计算机、通信、卫星、测量、航天等高新技术飞速发展下，逐步成熟，并被广泛应用的。

水资源规划与管理涉及地理、水文、水资源、生态、环境和社会经济等多种与空间位置有关的学科，不可避免地要与空间数据相关联，这就需要有一种空间数据管理、分析、预测和辅助决策的技术，作为技术支撑，同时，也需要有快速、准确、实时、大范围观测的水资源信息，作为基础和前提条件，包括对水资源系统变化（如洪水、干旱）的监测、对生态环境变化的监测。20世纪80年代，伴随着空间技术和计算机技术而迅猛发展起来的“3S”技术实现了这一愿望。因此，现代水资源规划与管理需要“3S”技术的广泛参与和使用。同时，“3S”技术在水资源规划与管理中的应用也为现代水资源学的发展奠定了坚实的基础，注入了新的血液。

一、遥感（RS）

（一）遥感的基本概念

遥感（RS）是20世纪60年代随着空间科学、近代物理学和计算机科学的发展而诞生的一门综合性探测技术。它是一种以非直接接触方法对远距离目标性质进行探测的技术。遥感技术系统由遥感平台、传感器、遥感介质、数据处理和应用五部分组成。通过搭载在飞机上或卫星上的遥感器，获取目标物反射或辐射的电磁波信息，来判定目标物的存在和性质。遥感的物理基础是：“一切物体，由于其种类及环境条件的不同，因而具有反射或辐射不同波长电磁波的特性。”遥感数据的使用方式主要是纠正处理后的影像，根据影像解译编制专题图件和数字数据。

1. 遥感平台

遥感平台是将传感器运到适当位置以便获取目标有关信息的运载工具。根据运载工具的不同，可将遥感分为以人造卫星等为平台的航天遥感、以飞机等为平台的航空遥感和以汽车等为平台的地面遥感。

2. 传感器

当前最常用的传感器有照相机和多光谱段扫描仪两类。照相机依靠太阳光照射摄取目标形象;而光谱扫描仪则通过对目标形象进行扫描,记录目标反射和辐射电磁波的信息。照相机和扫描仪都具有被动地接收来自目标信息的特点,这类遥感方式称为被动遥感。主动遥感则是由传感器首先向目标发射一定波长的电磁波,然后记录反射波的信息,如气象雷达和侧视雷达等。

3. 电磁波谱和遥感波段

电磁波是在真空或物质中通过传播电磁场的振动而传输电磁能量的波。电磁波按波长的长短排列起来构成电磁波谱。电磁波谱可以按不同的波长区间划分成许多波谱段,简称波段。如可见光波段(0.4~0.7 μm)、近红外波段(0.7~1.3 μm)等。

自然界中,不同物质有不同的辐射、反射和吸收电磁波的特性。正是根据这一原理,传感器被设计成记录目标综合光谱、单波段光谱和多波段光谱的各种探测仪器。

4. 遥感数据处理

目前我们所用的遥感资料主要是遥感影像。这些影像有些由传感器直接得到,如摄影机和录像机得到的影像。有些传感器得到的是数字数据,对这些数据需要进行一定的处理才能得到影像,如多光谱扫描影像、雷达影像等。遥感数据处理,不仅包括由数字到影像的转变,还包括对遥感数据的各种纠正和校改,如去噪声、大气辐射校正、地理坐标纠正和影像增强等。

5. 遥感数据应用

遥感技术不仅可以用来探测目标的属性,还可以用来探测目标的空间位置。遥感影像是反映目标属性和空间位置的较好方式。在影像上,目标的波谱特性反映在数据处理后的影像色调上。形态特征反映在具体的形象上,空间位置则由地理坐标标识。

在遥感影像上,将具有同一形象和相同波谱特性的目标以图斑的形式勾划出来,分别编制出诸如土壤类型、植被类型和地貌类型等反映水循环环境的各种专题地图,也可以编制出云系分布、土壤水分分布和洪水淹没范围等反映水循环状态的各种专题图件。

(二)遥感数据的特点及类型转换

遥感获得的数据具有空间性和时间性,这是其具有广泛应用的重要特征,并且遥感数据类型可以互相转换,为其应用提供很多便利。

1. 遥感数据的空间性

在遥感影像中,以扫描方式得到的数据,原本就是以栅格方式分布的。光学摄影影像在扫描输入计算机时,数据被重新采样和量化,也呈栅格状。在一个地区的数据系统中,每个栅格都以固定的地理坐标描述自己的空间位置。栅格的大小依不同数据源而定。每一栅格所覆盖目标的面积越小,分辨率越高,数据的精度越高。

2. 遥感数据的时间性

自然界各种可见物都是在不断变化着的。任何遥感数据所记录的大都是探测目标的瞬间状态。要想了解探测目标的动态过程,则必须进行多次探测。在一定时间内,探测的次数越多,获取的数据间隔越短,描述事物发展过程的精度就越高。

3. 遥感数据类型转换

遥感数据结构类型转换具有三方面的含义：第一，扫描影像数据的结构呈栅格型，可以按照实际工作需要通过解译编绘成矢量结构的专题图件；第二，在信息系统中，矢量型数据结构与栅格型数据结构可以相互转换；第三，位于每一栅格上的事物特征与属性都可以数字化，以适应实际工作的需要。

二、全球定位系统(GPS)

全球定位系统(GPS)最初是由美国陆海空三军联合研制的以空中卫星为基础的无线电导航定位系统。GPS是一个高精度、全天候和全球性的无线电导航、定位和定时的多功能系统。在海空导航、精密定位、大地测量、工程测量、动态观测、速度测量等方面具有十分广泛的用途。

(一)GPS基本系统

GPS的基本系统由GPS卫星星座、地面监控系统和GPS信号接收机三部分构成。GPS卫星星座共有24颗卫星，其中21颗是工作卫星，3颗是在轨的备用卫星。这些卫星分布在6个倾角为55°的圆形轨道上。卫星的平均高度为2万km，运行周期为12恒星时(718 min)。星座的这种分配确保地球上任何地点，都能同时在地平线10°以上区域内，接收到导航定位必需的4颗卫星的GPS信号，从而实现全球的三维定位和导航。

(二)GPS导航、定位原理

在地面监控系统的支持下，GPS星座的卫星向广大用户连续不断地发送导航定位信号并报告自己和其他卫星的位置。由于GPS卫星在空中的位置是已知的，这样用户只需用GPS接收机同时测得某一时刻接收机到现场中三颗GPS卫星的距离，就可以用距离交会的方法求解用户所在地的三维坐标。因此，全球定位系统是一种采取距离交会法的卫星导航定位系统。

GPS能准确地确定某一实体的空间位置，从而为该实体获得信息源的定位提供强有力的技术手段。在利用GIS系统建立矢量地图时，首要任务就是进行图像的配准，这需要十分准确的空间坐标。为了达到精度要求，必须使用GPS定位技术进行现场定位。另外，遥感解译结果的野外校正也需要GPS提供精确的空间位置。

在水利工程方面，目前GPS已广泛应用于江河、湖泊、水库的水下地形测量，以及大堤安全监测、堤防险工险段监测、泥石流滑坡预警监测等方面。

三、地理信息系统(GIS)

(一)GIS的基本概念

GIS由四部分组成：①管理和使用GIS的人；②描述地球表面空间分布事物的地理数据，包括空间数据和属性数据；③管理与分析空间数据的软件；④输入、存储、处理和输出地理数据的硬件，如工作站、微机、数字化仪、扫描仪以及自动绘图仪等。显然这是一种广义上的GIS。

狭义上的GIS是一个具有多种功能的计算机软、硬件系统。它是一个具有空间数据的采集、存储、检索、分析和可视化的数据库管理系统。

(二) GIS 的主要功能

GIS 的出现,为人们提供了一个地理信息管理和空间分析的先进工具,它的基本功能有五项:

(1)数据采集与编辑功能。GIS 的核心是一个地理数据库,建立 GIS 的第一步就是将地面上的实体图形数据和描述它的属性数据输入到数据库中,并由数据管理系统提供数据编辑功能。

(2)地理数据库管理功能。对庞大的地理数据,需要数据管理系统来管理。对于数据库管理系统,应具备数据定义、数据库的建立与维护、数据库操作、数据通信等功能。

(3)制图功能。GIS 是一个功能极强的数字化测图系统,它可以提供全要素地图,也可根据用户需要分层提供专题图,如行政区划图、土地利用图、道路交通图、植被图、土壤图、水资源图、水利工程布置图等,而且通过分析还可以得到地学的分析地图,如坡度图、坡向图、坡面图等。特别应该提到的是,由于 GIS 的数据可以很方便地更新,所以地图更新很容易,可以永远保持地图的现势性。

(4)空间查询与空间分析功能。空间查询和空间分析是指从 GIS 目标之间的空间关系中获取派生的新信息和新知识,并得出预测结论。GIS 提供的专业分析模块,可进行路径分析、土地适应性分析、农业布局合理性分析、城市布局合理性及道路选线分析等,还可进行人口、资源、环境、粮食产量等分析。

(5)地形分析等多种功能。地形分析功能包括数字高程模型的建立和地形分析两项,地形分析有对等高线的分析,对透视图的分析,对坡度、坡向的分析,对断面图的分析,以及对地表面积和挖填土石方体积的计算等。

从以上介绍的 GIS 主要功能来看,GIS 技术在水资源规划与管理中具有广泛的应用前景,涉及水资源规划与管理的各个方面。

四、RS、GIS 和 GPS 的有机结合成为高新技术发展的大趋势

目前,RS、GIS 和 GPS 的有机结合已成为高新技术发展的一大热点。遥感(RS)可以快速、准确地提供丰富的资源环境信息;地理信息系统(GIS)又为遥感信息加工、处理和应用创造理想的开发环境;全球定位系统(GPS)为空间测量、定位、导航及遥感信息校正、处理等提供空间定位信息。因此,RS 技术、GIS 技术和 GPS 技术相结合,已成为地球信息提取与空间分析最有力的技术方法,具有更加强大的功能。这也是目前经常把 RS 技术、GIS 技术和 GPS 技术统称为“3S”技术的原因,也是目前经常同时采用三种高新技术的原因。

第二节 “3S”技术在水资源规划与管理中的应用

一、水资源管理的目标

我国是一个水资源严重短缺的国家,同时,由于水资源时空分布不均,与人口、耕地资源分布以及经济发展的格局不匹配,加剧了水资源的紧缺和供需矛盾。水资源监控管理

就是利用先进的技术手段对水资源的数量、质量及其空间分布进行实时监测、调控和管理,实现对水资源的实时监测、评价、预测预报和调度管理,为水资源的合理配置和动态调控提供决策支持。

二、水资源管理系统功能

(一)系统功能概况

流域水资源管理系统是一个动态的交互式计算机辅助支持系统。系统的主要内容包括水资源实时监测、水资源实时评价、水资源实时预报、水资源实时管理和实时调度,如图 9-1 所示。

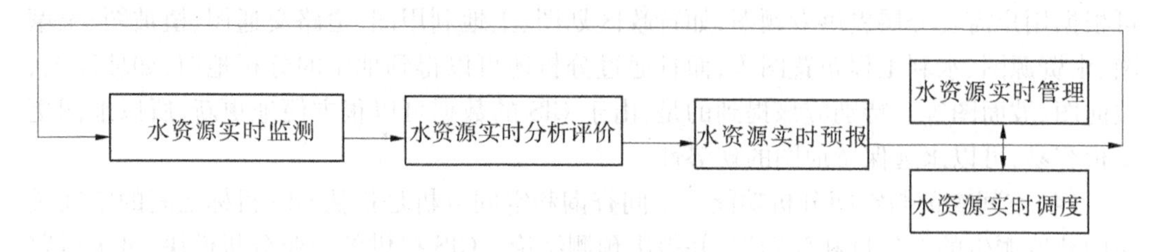

图 9-1　水资源管理系统功能示意

水资源实时监测内容主要包括水量、水质、墒情和其他信息。系统需建立和完善统一的水资源监测站网和监测系统,以及进行各取水口水量、开采机井抽水量的监测等。各监测站网将为水资源实时监控系统快速、准确地提供监测数据资料。

水资源实时分析评价主要指在时段初对上一时段的水资源数量、质量及其时空分布和水资源开发利用状况进行实时分析和评价,确定水资源及其开发利用形势和存在的问题。

水资源实时预报主要包括来水预报和需水预报两部分,来水预报又分为水量预报和水质预报。水量预报包括地表水资源预报和地下水资源预报。需水预报分为工业、农业、生活和生态环境需水预报。

利用水资源实时评价和实时预报结果,通过水资源实时管理模型计算,结合领域专家或决策者的知识、经验,同时应用供水协议、水价政策等经济调节作用,最后提出水资源的实时管理方案。确定水资源优化调度规则,根据各时段水资源的丰枯情况和污染态势,通过建立水资源优化调度模型,确定水资源实时调度方案。

(二)结构流程

区域水资源管理系统是一个以计算机、通信、网络、数据库、遥感、GIS 等高新技术为支撑的对区域水资源进行实时监控和综合管理的决策支持系统。该系统包括水资源实时信息的采集、传输、处理、分析,同时应用数学模型和专家知识进行水资源的合理配置,整个系统的结构流程见图 9-2。

数据采集提供区域内相关水资源监测数据的采集和数据处理,其重点是对地表水和地下水的动态监测,包括监测数据的采集、可靠性分析等。信息管理是指存储和管理各种监测项目的数据信息,提供数据输入、存储、整编、查询与传输等功能。分析与决策支持模块对数据信息进行综合分析处理,运用相应模型对监测数据资料进行综合分析,形成水资

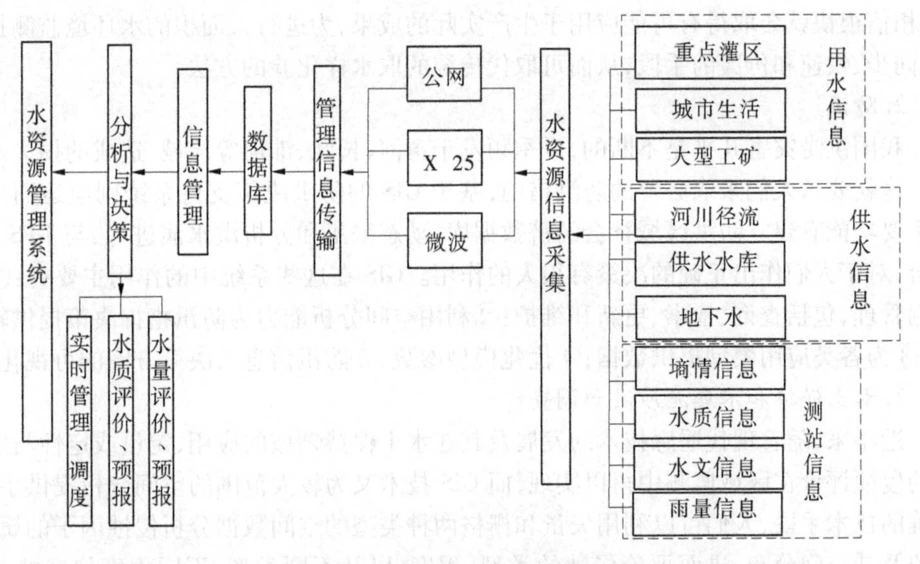

图 9-2　水资源管理系统结构流程

源动态状况的分析成果，生成辅助决策报告。数据库是整个系统的基础，目的是准确高效地采集并实时处理大量监测信息。应用模型模块提供分析模型和计算方法，包括水量评价模型、水量预测模型、水质评价模型、水质预测模型、需水模型、水资源调度管理模型等。

三、"3S"技术在水资源规划与管理中的主要作用

（一）水资源调查评价

在区域水资源与生态环境状况调查中，应用遥感技术可以迅速获得广大地区全面、客观、准确的而且是动态的第一手资料，这是以往传统手段高投入、长周期、低效率所无法比拟的。

目前，遥感等"3S"技术在这方面的应用很广泛，主要应用于流域水文模拟和水资源评价、基于 GIS 的水资源利用状况分析、生态耗水分析、水资源评价及管理等。

1. 水环境监测

"3S"技术在水环境监测和分析处理方面也有相关应用。综合利用 RS、GPS 及常规监测技术，以 GIS 为信息处理平台，可实现对水域分布变化和水体沼泽化、水体富营养化、泥沙污染等进行监测。利用"3S"技术对水环境进行监测的应用有：①对河流水质、水量的监测，包括对污染河流的各种污染源的监测，利用微波遥感和 GIS 技术对河流断流、洪水泛滥等进行监测；②对由水环境恶化引起的各种灾害进行监测。利用 GIS 和 RS 技术对水土流失、地下水降落漏斗、土地沙化和盐碱化、森林和草场的退化与消失、海水入侵、黄河断流等进行监测，利用 GIS 和 GPS 技术还可以对由于过量开采地下水导致的地面沉降进行实时监控。

在水质遥感监测方面，近几年来，对构成水的质量的一些要素进行定量监测的研究有了一定的进步，这些要素包括浑浊度、总悬移质泥沙含量、pH 值、总含氮量等。采用高光谱对水体所含化学要素的定量遥感测定已在北京官厅水库和太湖等水体监测中得到了尝

试，相信很快就会取得有可能应用于生产实际的成果，为进行大面积的水环境监测提供先进、同步、快速和价廉的手段，从而可取代传统的取水样化验的方法。

2.防洪

我国洪涝灾害几乎是不断的，夏季频发于黄河、长江、淮河等流域，造成的损失不计其数。这就要求人们采取必要的防洪措施，基于GIS的防洪决策支持系统则应运而生。它的主要功能有建立防洪区域社会经济数据库、动态采集和分析洪水演进等，与GPS、RS的结合，对于人们作出正确的决策有很大的作用。GIS在这些系统中的作用主要有：①空间数据管理，包括查询、检索、更新和维护；②利用空间分析能力为防汛指挥决策提供辅助支持；③为各类应用模型提供数据；④优化模型参数；⑤防汛信息及决策方案的可视化表达。

3.水土保持和水库泥沙淤积调查

近年来，随着现代遥感技术的发展及其在水土保持领域的应用，定量或定性与定量结合的侵蚀评价在区域监测中得以实现，而GIS技术又为较大范围的空间分析提供了快速、准确的技术手段，人们可以利用矢量和栅格两种类型的空间数据分析侵蚀因子的属性、数量值及其空间分布，进而评价侵蚀的类型、程度，以及不同类型、不同程度侵蚀的分布规律。这就在技术、方法乃至理论上深化了区域土壤侵蚀监测的研究。

遥感技术的优势之一是能够监测动态变化。几十年前的遥感影像可以真实、具体、形象地反映当时的下垫面情况。因此，在河道、河口等的动态监测中遥感是首选工具。河道与河口的泥沙淤积以及引起的相应河势变化对防洪、航运等都至关重要。遥感在悬移质泥沙分布和河势监测中的应用也有技术优势。

我国利用卫星遥感信息监测河道变化、预测河道发展趋势，并应用到水利规划、航道开发以及防灾减灾等方面，产生了十分可观的经济效益和显著的社会效益。尤其是近年来，开展了大量的河口、河道、湖泊和水库泥沙淤积遥感调查工作。

（二）"3S"技术在水资源管理中的应用前景

1.遥感技术应用前景

遥感在水利中的应用将会越来越深入。国外在水利遥感应用方面的以下几个趋势值得关注：①降雨的定量遥感。采用卫星遥感进行降雨量监测，包括利用气象卫星的水汽通道和微波两种途径，前者利用水汽含量和温差来估算，后者利用冻雨的反射率来估算降雨量是主要的途径。②土壤含水量定量遥感。国外开始采用多重遥感数据源，包括雷达遥感进行土壤含水量的定量遥感。③水质遥感监测。水质遥感监测一直是个难点。随着高光谱遥感的发展，水质遥感监测开始有所突破，并成为国外水利遥感研究的热点。④生态环境遥感。采用多尺度、多时相的遥感手段，对生态环境进行遥感监测也是当前遥感应用研究趋势之一。

2.GIS的应用前景

GIS在水资源管理中的应用主要有以下四个方面的发展趋势：①网络化。在网络技术和环境日趋成熟与完善的时代，水利部门要借助网络技术，充分利用网络资源，实现资源共享，这就要求"3S"系统支持B/S、C/S模式，支持国际互联网技术，实现网络化。②集成性。"3S"技术在实际应用中，往往还须跟其他的诸如MIS或OA等系统紧密结合，方可满足更广泛的需求。因此，"3S"技术与外部系统无缝集成是必然的发展趋势。③以数学模型和决策系统为支撑。水利行业要求"3S"系统平台提供专业的分析算法和专业模型,以便对各种水利数据进行深层次的分析,使系统具有辅助决策支持功能,为有关部门提供科学的计算结果和决策依据。④实时三维和虚拟现实技术。水资源规划与管理的很多问题是时间序列问题、动态监测及过程问题。因此,加上时间维的"4D3S"技术应用需求很广。三维尤其是实时的三维"3S"系统为水资源信息提供了更为直观的表现方式。在调水线路沿线贯穿飞行、城市及蓄滞区洪水演进、工程布置、城市防洪及堤防等工情信息的表达、地面与地下结合的地质构造描述、水流流动的三维表现、行洪区的描述、宏观地形地貌表现、通视性分析等方面使用得特别多或者是前景特别看好,而且它也是虚拟或仿真的基本依据。

四、"3S"技术在水资源管理系统中的应用

(一)GIS 技术在水资源管理系统中的应用

1. 空间数据的集成环境

在水资源实时监控系统中不仅包含大量非空间信息,还包含空间信息以及和空间信息相互关联的信息。包括地理背景信息(地形、地貌、行政区划、居民地、交通等),各类测站位置信息(雨量、水文、水质、墒情、地下水等),水资源分析单元(行政单元、流域单元等)、水系(河流、湖泊、水库、渠道等),水利工程分布、各类用水单元(灌区、工厂、居民地等)。这些实体均应采用空间数据模型(如点、线、多边形、网络等)来描述。GIS 提供管理空间数据的强大工具,GIS 技术可用于水资源实时监控系统中空间数据的存储、处理和组织。

2. 空间分析的工具

采用 GIS 空间叠加方法可以方便地构造水资源分析单元,将各个要素层在空间上联系起来。同时,GIS 的空间分析功能还可以进行流域内各类供用水对象的空间关系分析;建立在流域地形信息、遥感影像数据支持下的流域三维虚拟系统,配置各类基础背景信息、水资源实时监控信息,实现流域的可视化管理。

3. 构建集成系统的应用

GIS 具有很强的系统集成能力,是构成水资源实时监控系统集成的理想环境。GIS 具有强大的图形显示能力,只需要很少的开发量,就可以实现电子地图显示、放大、缩小、漫游。同时很多 GIS 软件采用组件化技术、数据库技术和网络技术,使 GIS 与水资源应用模型、水资源综合数据库以及现有的其他系统集成起来。因此,应用 GIS 来构建水资源实时管理系统可以增强系统的表现力,拓展系统的功能。

(二)RS 技术在水资源实时管理系统中的应用

1. 提供流域背景信息

运用遥感技术可以及时更新水资源实时监控系统的流域背景信息,如流域的植被状况、水系、大型水利工程、灌区、城市及农村居民点等。这些信息虽然可以从地形图和专题地图中获得,但运用遥感手段可以获取最新的变化信息,以提高系统应用的可靠性。

2. 提供水资源实时管理信息

遥感是应用装载在一定平台(如卫星)上的传感器来感知地表物体电磁波信息,包括

可见光、近红外、热红外、微波等，通过遥感手段可以直接或间接地获取水资源实时监测信息，获取地表水体信息，包括水面面积、水深、浑浊度等；计算土壤含水量；计算地表蒸散发量；计算大气水汽含量等。

3. 评估水资源实时管理效果

通过遥感手段可以发现、快速评估水资源管理和调度的效果，如调水后地表水体的变化、土壤墒情的变化、天然植被的恢复情况、农作物长势的变化等。

（三）GPS 技术在水资源管理系统中的应用

GPS 全球定位系统，在水资源实时监控系统中主要可以应用其定位和导航的作用。如各种测站、监测断面、取水口位置的测量。另外，最新采用移动监测技术也应用 GPS 技术，实时确定监测点的地理坐标，并把监测信息传输到控制中心，控制中心可以运用发回地理坐标确定监测点所在水系、河段及断面位置。这种方式可以大大提高贵重监测仪器（如水质监测仪器）的利用效率，同时也提高了系统灵活反应能力。

第三节 "3S"技术在城市水资源规划与管理中的应用实例

一、北京市水资源管理 GIS 总体介绍

北京市水资源管理 GIS 是北京市原计委的重点科研项目，从 2000 年 7 月正式开始上马，在各级水利部门、有关科研单位和高校的大力支持下，于 2002 年 4 月完成全部开发工作，并已投入正常运行。

系统分为水资源数据分析管理（降水量、地表水、地下水、水环境、水资源综合）、水资源业务管理（供水管理、取水许可管理、水费征收管理、水资源公报、水资源工程管理）、水资源宏观决策支持（需水分析、供水分析、合理配置分析、供需平衡分析、年度供水计划）、水资源综合数据库、水资源信息发布等 5 大部分 17 个子系统。

北京市水资源管理 GIS 是目前国内水资源管理上规模最大、实用性最强的计算机系统。它以实现 21 世纪初期首都的水资源可持续利用的宏观决策为主线，同时实现了利用计算机对北京市水资源状况的分析评价、水资源管理的主要业务的自动化和水资源综合数据库的建立，这不仅为北京市的数字水利工作建立了良好的基础和框架，也为国内外利用地理信息进行水资源的综合管理作出了探索和示范。

二、水资源分析与评价

水资源的分析评价主要利用 ArcInfo 公司的 MO 系统，实现了一系列 GIS 上的分析和评价的功能。

（一）降水量管理系统

该系统以自动采集信息和水文整编资料为基础，实现如下功能：①数据输入、查询和统计（本年度每月单站降水量及历史单站、流域和区县的月年降水量）；②降水量 GIS 显示（区县和流域、水库河流、雨量测站、雨量分布等）；③等值线动态图，如选定年度和多年

平均全市降水量等值线图、C_v 等值线图；④降水量分析与评价：年度比较、降水频率比较、最大 4 个月降水量比较、选定年的丰枯评价、计算分区多年丰枯曲线、两个流域之间的丰枯比较、计算分区极值比、连枯连丰分析、当年降水量估算等。

(二)地表水管理系统

该系统的功能为：①数据输入、查询和统计(年和月单站径流量及流域与区县的径流量)；②地表水 GIS 显示(区县和流域、水库河流、径流测站、径流深分布等)；③等值线 GIS 图(选定年度和多年平均全市径流量等值线图、C_v 等值线图)；④进行相关分析与评价，如当年径流量趋势分析、地表水总量估算、地表水可利用量估算、计算分区多年径流丰枯曲线和流域之间的丰枯比较、分区枯水期径流比、当年径流量估算等。

(三)地下水管理系统

该系统功能如下：①数据输入、查询和统计(年和月单站地下水位和蒸发测站及流域与区县的平均水位和蒸发量)；②地下水 GIS 显示(区县和流域、水库河流、水位和蒸发测站、地下水分布等)；③等值线 GIS 图(选定年度和多年平均全市地下水埋深等值线图、河川基流量等值线图)；④进行相关分析与评价，如分区补给量和排泄量的计算、平原地下水资源量计算、山区地下水资源量计算、地下水总资源量计算、地下水资源可利用量计算、分区地下水丰枯比较等。

(四)水环境管理系统

该系统以北京市水文总站采集的水质数据为基础，通过建立北京市水质综合数据库和水质分析指标体系标准，利用数据库、GIS 和数据分析技术，记录北京市各类水体、水环境监测数据，分析其变化规律，并进行水质变化趋势预测。系统主要功能如下：①查询和分析各水质监测站、河段水体任意时间段内的水质类别(如枯水期、丰水期)，确定水体达标情况；②分析污染源、排污口和污染事件对水体水质的影响；③分析各类测站、河段水质监测指标随时间序列变化情况；④水质情况 GIS 显示(区县和流域、水库河流、水质测站、水质分布情况等)和网上查询等。

(五)水资源年报综合管理系统

该系统根据《水资源评价导则》和北京市实际情况以及北京市水利局水资源处业务工作要求，以本系统其他子系统、水文整编资料和北京市社会经济数据为基础，实现如下功能：①总水资源数量和可利用量的计算；②供用水情况查询和分析；③节水与回用水查询和分析；④水质和水资源保护评价；⑤社会经济分析评价。

三、水资源业务管理

水资源业务管理部分包括供水管理、水资源公报管理、取水许可管理、水费征收管理和水资源工程管理等 5 个子系统。

(一)供水管理系统

该系统根据北京市水利局水资源处和下属各供水管理部门的业务工作要求，利用数据库、GIS 和互联网技术，采用 INTERGRAPH 公司 GEOMEDIA WEBMAP。系统实现了如下功能：①管水单位数据上传和上传数据的接收，最后显示在 GIS 图上；②水情实时显示，如水库水情；③供水需求平衡计算和月报、年报的生成；④图片和资料的管理。

（二）水资源公报管理系统

该系统根据北京市水资源公报编制要求及历年北京市水资源公报历史资料，实现北京市水资源公报发布信息的网上查询和统计，为网上电子政务和领导宏观决策提供直观有效的支持。系统功能如下：①北京市历年水资源公报全文检索；②北京市历年水资源公报分栏目检索；③北京市历年水资源公报基础信息分专题检索。

（三）取水许可证管理系统

该系统是根据国家“取水许可申请审批程序规定”、“取水许可监督管理办法”、“取水许可制度实施办法”等文件要求，结合北京市水利局业务管理情况，开发完成的网上办公软件。系统分为取水许可审批、取水许可年审和计划用水管理3个子系统。系统主要功能为：①取水许可证的审批子系统包括取水许可证预申请、取水许可证申请、取水工程验收3个阶段的相关表格的填报和相关文件的上传，3个阶段的审批和审批情况查询等功能；②年审子系统包括年审报表的填报、取水设施的校验、本年度用水情况分析、年审批准、年审情况查询和年审情况上报等功能；③计划用水子系统包括取水户用水总结和下年度用水计划的申报、本年度用水情况分析、下年度用水计划合理性分析和批准、本年度用水情况和下年度用水计划情况查询、本年度用水情况和下年度用水计划情况上报等功能。

（四）水费征收管理系统

该系统根据北京市水利局水费业务管理要求，实现市局水费数据上报，管理报表自动生成、查询和信息传递等功能，完全实现网上办公。系统功能主要有：①系统包括用水户、供水单位、主管单位3类用户层面。②用水户具有如下功能：查看本单位的用水计划和使用帮助；每月收到供水单位的用水量通报后，如果发现和自己的用水记录有出入，可以向供水单位反馈自己的用水记录；收到供水单位经协调后的最终用水量通知后，将付款情况通知供水单位。③供水单位具有如下功能：每月月初向用水户通报上月供水情况；收到用水户反馈的用水记录后，经协商后向用水户发收费通知；根据用水户到款情况，计算用水户的应收款；统计当月本单位供水和收费情况；每月向主管单位上缴水费并上报月水费征收情况；查看本单位的水费上缴计划，并可以根据情况作出调整，上报主管单位；年末汇总本单位的年度水费征收报表，并根据具体情况局部调整后上报主管单位。④主管单位具有如下功能：可以根据“计划用水系统”结果向用水户发布年度用水计划；年初制订各供水单位的水费上缴计划；根据供水单位每月上报的水费数据，汇总成月收费报表；审核供水单位上报的水费上缴修正计划，再把最后计划通知供水单位。

（五）水资源工程管理系统

该系统是一个水利工程信息查询和管理的网上办公系统。系统也采用GEOMEDIA开发的WEBGIS管理系统。系统主要功能为：①北京市水利工程专题图管理；②北京市水利工程基本信息查询；③北京市水利工程基本空间属性查询；④北京市主要水库三维动画演示；⑤北京市水利工程工程图纸查询。

四、水资源宏观决策支持系统

本系统利用总系统中水资源分析评价、动态管理和综合数据库系统计算分析的成果及本系统的分析计算模型，对全市的未来水资源供用情况和调配情况进行预测与分析，辅助生成年度和跨年度的用水计划与水资源调度计划,对水资源决策和规划工作具有重大的实际意义。系统共有需水分析、供水分析、水资源合理配置、水资源供需平衡分析和年度计划用水分配系统等 5 个子系统,这 5 个子系统相互调用,形成一个联合运行的有机整体。

五、其他辅助支撑系统

(1)水资源综合数据库。该数据库由属性数据库、空间数据库、数据处理和数据库管理 3 部分组成,包含水资源数据、其他水利相关数据以及社会经济数据。以该数据库为基础进行扩充,可形成水利综合数据库,供水利行业各系统联合使用。北京市水资源综合数据库是一个基于 SQL SERVER2000 的分布式关系型数据库,在专业结构上分成水文数据库、水利工程数据库、供水和防汛数据库、水环境数据库、电子政务数据库、社会经济数据库、水资源宏观决策数据库等 7 个分库。

(2)水资源综合信息发布系统。该系统是北京水利局水资源信息的对外发布、北京市水资源状况综合查询和水资源信息管理系统介绍的窗口,系统还可以就许多专题进行网上查询。

六、GIS 在管理系统中的应用

本系统主要地理信息程序是利用 ArcInfo 公司的 MO 系统开发的。在系统的主界面设计中,除了可以利用主菜单调用系统各分析计算功能,还可以利用 MO 编写调用接口,使 GIS 界面成为整个应用系统的主界面。具体方法介绍如下。

(一)GIS 调用关系

在 GIS 图上,选取【调用分析评价】工具,就可以点击图上的对象,如区县、河流、测站等,再针对这个对象进行分析评价的运算。如点击的是“密云县”,选择的菜单是【多年丰枯曲线】,出现的就是密云县的多年丰枯曲线界面。

(二)调用方法设计

在主 GIS 模块中进行如下设计:如果选择了调用其他模块的工具栏时,当点击图层时,系统在 Mapl_MouseDown 过程中进行判断,根据点击的是哪一种 GIS 对象(如区县、流域、测站、河流等),调用该对象的调用界面,并传递对象代码 GISCD(如测站代码)。

(三)利用 GIS 计算等值线和等值面

在 MO 上,可利用测站数值进行区域上的网格插值计算,从而计算出等值线和等值面,并可以精确地计算出区域上的平均值。先在计算区域(如北京市全市)上划分网格,一般计算采用 50×50 或 100×100,精确计算采用 200×200 或更高,但这时在普通计算机上计算速度较慢。采用综合距离权重与方位权重的加权算法进行网格插值。该算法在考虑测站距离的同时,引入测站方位的影响,力求最大限度地利用现有资料提取准确的测站信息。计算出各个网格的值后,把等值的网格连线,并消除奇异点和交叉点,就可以得到光滑的等值线。该等值线的精确度取决于网格划分的大小。把某一数值范围内的网格用特定的颜色表示,并同上消除奇异点和交叉点,就可以得到等值面了。如果要计算该区域的平均值,只要把所有的网格值进行算术平均即可。

按照以上思路，对降水量、地表水和地下水的等值线与等值面、C_v 等值线制作自动绘制的模块，并对有关区域平均值进行网格插值计算，可以和传统的算法共存，以便进行比较。

小　结

本章在“3S”技术概述的基础上，通过GIS在北京市水资源规划与管理的应用实例，介绍了“3S”技术在流域水文模拟和水资源评价、基于GIS的水资源利用状况分析、生态耗水分析、水资源评价及管理等方面的应用。

“3S”在水资源领域的应用并不只限于本章所介绍的几个方面，其他如在水资源综合开发、水源地生态环境的分析、水资源的可持续利用等方面也起到很大的作用。“3S”的应用促进了水资源领域的发展，同时，水资源领域对“3S”的需求也促进了“3S”的发展，水资源和“3S”是不断发展的概念，随着技术的进步和社会需求的变化，其作用和存在意义也不断发生变化。随着数字化地球的进程不断深入，“3S”技术在水资源规划与管理中的应用更广泛、前景更远大、意义更深远。

复习思考题

9-1　何谓“3S”技术？

9-2　“3S”技术的主要用途有哪些？

9-3　应用“3S”技术的必要条件是什么？

9-4　北京市水资源管理GIS管理系统的主要功能有哪些？

附录A　北京市水资源总体规划

（《市政技术》23卷，296～296）

北京城市总体规划（2004～2020）——水资源

2020年日供自来水820万 m^3

2020年全市城镇人均生活综合用水量标准为每人每日185～300 m^3，自来水供水能力达到约每日820万 m^3，城市自来水普及率达到100%。

中心城重点建设第十水厂、丰台水厂，新城建设亦庄、通州、大兴和良乡等水厂，建制镇建设集中供水设施，提高供水保证率。在公共供水系统难以覆盖的乡村，因地制宜建设集中供水设施，改善饮用水条件。

污水处理率达到90%以上

预计2020年全市污水总量约18亿 m^3，其中，中心城和新城污水量约16亿 m^3。尽快配套完善污水处理设施和回用系统，2020年全市污水管道普及率和污水处理率达到90%以上。

按照分流制排水体建设和改造中心城、新城和小城镇污水系统。中心城建成16个污水系统，新建郑王坟、北苑、定福庄等11座污水处理厂。新城建成31个污水系统，新建污水处理厂22座。2020年，全市污水处理能力达到每日500万 m^3。

附录B　南水北调(东线、中线)城市水资源规划简介

（南水北调城市水资源规划组,2002 年）

一、规划任务

(一)规划任务与主要内容

南水北调受水区城市水资源规划的主要任务是:查明各城市水资源开发、利用和保护的现状,找出水资源开发和管理中存在的问题,在节水为先、治污为本的前提下,预测 21 世纪初期各城市的社会发展及需水状况,提出解决水资源紧缺的对策和措施,立足于当地水资源合理开发及优化配置,提出南水北调的需调水量,保证社会、经济、环境的协调发展。

本规划包括以下主要内容:水资源开发、利用、管理现状调查分析,节水规划,治污规划,地下水控制开采规划,当地水资源开发利用规划,水资源供需分析,南水北调需调水量分析,城市水价调整规划,城市给水工程配套规划,管理措施及对策建议等。

(二)规划范围

本规划涉及南水北调东线、中线工程规划范围内北京、天津、河北、河南、山东、江苏 6 省、直辖市的受水区 36 座地级及地级以上城市、245 个县(或县级市、区)和县城、17 个工业园区,以及湖北省汉江中下游区的供水区内 5 座地级城市、11 个县和县城、1 个工业园区。

报告以受水区为重点分析对象。

(三)规划原则与目标

1. 规划原则

(1)遵循可持续发展原则。通过调整经济结构和产品结构,加大工业、农业和生活节水,进一步提高水的利用效率,科学适度开采地下水,实现保护环境和合理开发水资源的双重目标。

(2)坚持开源节流并举、节水为先的原则,贯彻“先节水后调水”的指导方针,强化节水意识,充分挖掘节水潜力,建设节水型城市。

(3)重视加强水污染治理,保护环境,实现污水资源化。必须加强水污染治理力度和加强生态环境保护,坚持“先治污后通水、先环保后用水”,使调水对生态环境改善起到促进作用。

(4)按社会主义市场经济规律办事的原则。在节水、治污和供水工程建设中,既要考虑工程建设投入与产出效益,也要考虑用水户的经济承受能力,做到规划方案切实可行。

2. 规划水平年

现状代表年以近3年(1997~1999年)为基础,即北京、天津以1998年为基准年,河北、河南、山东、江苏、湖北以1999年为现状基准年,2005年为近期规划水平年,2010年为中期规划水平年,2030年为远期规划水平年。

3. 规划目标

本规划的总体目标是:通过开源、节流、污水处理回用、水资源保护、改革水资源管理体制、调整水价、合理配置水资源等措施,保证城市用水的基本需要。

各水平年规划目标是:

2005年,在南水北调工程实施前,通过进一步挖掘当地水供水潜力,增加供水量,调整产业结构,限制高耗水工业发展,加强节水、治污设施建设。同时,在水资源调配中优先保证城市生活及工业用水的基本需要,城市供水不足时还需要适当超采地下水、挤占农业和生态用水。

2010年,基本建成节水型城市,在加强节水、治污的基础上,建成南水北调东线、中线第一期工程,并进一步加强污水处理回用和生态环境保护,完善城市供配水工程建设,实现城市用水供需基本平衡。

2030年,继续调整产业结构,加大节水和污水处理回用力度,基本形成节水型社会,满足经济社会持续发展的需水要求。

二、水资源供需一次分析

水资源供需一次分析是按现状节水水平和工程供水条件考虑未来规划水平年的水资源供需情况。

(一)需水量预测

1. 社会经济主要发展指标预测

各省、直辖市进行社会经济发展指标预测时,主要依据各省、直辖市《国民经济和社会发展第十个五年计划纲要》及《城市总体规划》,2030年的发展指标还参考了各地的远景规划。在对未来城市的性质、发展规模、城镇化率、产业结构与布局以及经济发展的条件等进行分析的基础上,预测各规划水平年城镇人口、工业产值(分一般工业及电力工业)。

随着城市化战略的逐步实施,城市人口将大幅度增加,2005年受水区城市人口将由现状的5 294万人增加到6 980万人,年均增长率为4.72%;至2010年人口增至8 440万人,增长率为3.87%;至2030年人口达到11 960万人,增长率为1.75%。国内生产总值1999年、2005年、2010年及2030年分别为11 500亿元、20 200亿元、32 200亿元及100 900亿元,增长率分别为9.84%、9.77%及5.88%。各水平年工业总产值分别为15 000亿元、28 100亿元、44 100亿元及153 100亿元,增长率分别为11.02%、9.43%及6.42%。

2. 需水量预测

1)生活需水量预测

城市生活用水包括居民家庭用水和公共用水等。各省市生活需水量预测均采用定额法并用趋势法校核。主要根据对现状城市用水情况的分析,考虑未来生活质量不断提高、用水水平相应提高、用水定额呈逐步增大的趋势，公共用水也呈增加的趋势。河北、山东城市生活用水定额较低，北京、天津定额较高。受水区平均生活用水定额：现状为人均206 L/d，2005 年为人均 241 L/d，2010 年为人均 264 L/d，2030 年为人均 300 L/d。受水区各水平年城市生活需水量分别为 39.81 亿 m^3、61.51 亿 m^3、81.32 亿 m^3 和 130.94 亿 m^3。

2）工业需水预测

工业需水分为一般工业和电力工业，一般都采用两种以上方法计算。其中天津市以弹性系数法作控制，趋势法验证；山东省各市采用趋势法、定额法、重复利用率提高法等预测，以趋势法控制；其他各省、直辖市以定额法为主，趋势法等其他方法验证。河北、河南及湖北 3 省按增量用水和存量用水进行工业需水预测，即在规划水平年新增工业产值采用节水定额，原有工业产值在规划水平年维持上一水平年用水定额。受水区现状及三个规划水平年的平均工业需水综合定额分别为 53 m^3/万元、39 m^3/万元、29 m^3/万元、13 m^3/万元。受水区各水平年工业需水量分别为现状年 80.16 亿 m^3、2005 年 108.99 亿 m^3、2010 年 128.6 亿 m^3、2030 年 204.42 亿 m^3。

3）环境需水量预测

环境需水量主要包括市区河湖换水、河道环境用水、地下水回灌水量等。受水区现状环境用水量仅为 8.61 亿 m^3，占城市总用水量的 6.9%。预测 2005 年受水区城市环境需水量为 18.9 亿 m^3，占总需水量的 9.9%；2010 年环境需水量增加到 31.33 亿 m^3，占总需水量的 13%；2030 年环境需水量再增至 39.96 亿 m^3，占总需水量的 10.6%。

4）其他需水量预测

各省、直辖市城市生活、工业、环境以外的需水为其他需水量，其中包括北京市农业需水量、天津市商品菜田需水量、河北省沧州市市区和部分市县少量特殊用水、湖北省水厂自身用水及其他不可预见水量等。

（二）可供水量预测

一次供需分析可供水量预测为现状及新增供水工程的供水量。地表水可供水量采用工程设计或复核时确定分配给城市的供水量，对挤占农业的用水原则上返还给农业。地下水超采区要压缩开采量，使超采区地下水得以逐步恢复，深层地下水一般年份应停止开采，只能作为特枯年应急备用水源。引黄供水量以各省分配的水量控制，在南水北调实施前，原则上维持现状。海水、污废水再生回用量按现状实际利用量考虑。

受水区各水平年预测的可供水量，95% 保证率时，2005 年、2010 年、2030 年分别为104.35 亿 m^3、98.36 亿 m^3 和 94.99 亿 m^3。

（三）一次供需分析

根据各省、直辖市水资源供需一次分析成果汇总，受水区 2005 年缺水量为 111 亿 m^3，2010 年缺水量为 169 亿 m^3，2030 年缺水量为 305 亿 m^3。

三、节水规划

规划区是我国用水节水水平相对较高的地区，但用水效率与国外节水先进水平相比仍然偏低，局部地区存在用水浪费现象，节水尚有一定潜力。

(一)节水现状

受水区内各类城市人均生活用水与全国同类城市相比,特大城市比全国少19.8%、大城市少29.4%、中小城市少17.1%。

全国1997年城市工业用水重复利用率为63%,万元产值取用水量为192 m^3(1980年不变价),受水区现状重复利用率达到79%,万元产值取用水量仅为53 m^3(现价)。受水区节水水平高于全国平均水平。

(二)节水目标与措施

节水目标:受水区城市工业(除火电)的用水重复利用率2005年、2010年和2030年分别达到70%、75%和80%;受水区城市工业的万元产值取水量从现状(1999年)的53 m^3 分别下降到2010年25 m^3 和2030年10 m^3;2005年、2010年、2030年城市生活用水的节水器具普及率分别达到50%、70%、85%;到2010年大部分城市将实施累进制供水水价。目前城市供水一级管网的跑、冒、滴、漏损失约占取水量的10%,通过加强管理,结合管网改造,2005年将损失率降至7%,2010年降至5%;二级、三级管网的漏失率主要通过加强管理等手段,至2005年和2010年漏失率分别降低1个百分点和2个百分点。

节水措施有:

(1)实行计划用水。

(2)制定合理的水价,应用经济手段推动节水的发展。

(3)根据区域水资源特点合理调整工业布局和工业结构。

(4)建立节水发展基金和技术改造专项资金。

(5)国家和地方应通过财政贴息与税收优惠等鼓励、支持工业企业进行节水技术改造。

(6)鼓励节水技术开发和节水设备、器具的研制,鼓励成立高技术节水研究中心。

(7)限制高耗水项目、淘汰高耗水工艺和高耗水设备。

(8)建立并实行高耗水工业项目的"三同时"、"四到位"制度,即建设项目的主体工程与节水措施同时设计、同时施工、同时投入使用;取水用水单位必须做到用水计划到位、节水目标到位、节水措施到位、管水制度到位,建立节水器具与节水设备的认证制度和市场准入制度。

(9)对废污水排放计收污水处理费,实行污染物总量控制。

(10)明确规定未充分利用污水的地区不得新建供水工程。对重点行业推行节水工艺和技术措施。

(三)节水潜力

受水区各城市居民生活用水基本取消了包费制,做到装表到户,一户一表,计量收费,部分城市已实行两部制水价。受水区内城市人均生活年用水量与全国相比少16.4 m^3,与黄淮海流域相比少13.7 m^3。生活节水应是逐步提高人民生活水平前提下的节水,其潜力主要在于用水的管理和节水器具的推广应用。生活节水的潜力比农业和工业要小。

工业节水的三个基本途径是:一是加强需水、节水管理,采取调整水价等措施,减少水的浪费和损失;二是淘汰和改造落后生产工艺,提高工业生产用水系统的用水效率;三是调整工业结构与生产布局,减少用水需求。工业节水的最大潜力在于调整产业结构,大力发展高新技术产业,建立节水型工业。工业用水定额具有下降空间。

节水潜力为通过采用综合节水措施(包括工程措施和非工程措施)所能产生的最大节水量。显然这种最大节水量与采用节水措施的投资力度,以及现状、未来经济发展的态势等有关。据分析,受水区2005年、2010年、2030年节水量将分别达到29亿m^3、45亿m^3、98亿m^3。

(四)节水投资与效益

节水投资的估算有多种方法,本次在进行投资分析时,主要根据近几年来各类节水措施及投资的分析,通过对典型的工业节水投资估算,综合得出区域的节水投资。据估算,2000~2010年、2000~2030年受水区的节水投资将需217亿元和893亿元。

1.经济效益

经济效益主要体现在供水工程投资的节省和运行费用的减少上。由于运行费用目前难以估算,故这里仅从投资角度进行比较。

2010年采取节水措施将比不采取节水措施减少供水53.2亿m^3,2030年在2010年的基础上将减少供水66.0亿m^3。受水区节水设施投资为4~15元/m^3。

2.环境保护效益

在工业和城市生活节水中有一部分是由于利用处理后的污水及中水替代优质水,减少取用自来水量。减少了污水的排放,不仅减少排污费(为0.3~0.6元/m^3),更重要的是保护了生态环境,带来环境保护效益。若按排污费0.5元/m^3和污水排放率70%计,2010年、2030年受水区可分别节约治污费用16亿元和34亿元。

3.社会效益

节水对于满足人民群众生活质量不断提高对水资源的需求、促进经济社会的发展、保护水环境有非常重要的意义。主要表现在:一是节水延缓了总用水量的增长,缓解了水资源的供求矛盾;二是不仅节约了大量水资源,同时又减少了污水的排放量,改善了生态环境;三是节水设备、节水工艺、节水技术的发展带动了一批相关产业的发展,将成为经济发展的一个新的增长点。

综上所述,节水虽然需要大量的投入,但会产生巨大的经济效益、社会效益和环境效益。要实现我国的近期及远期节水目标,必须在各级政府的领导下,增强全民节水意识,加大投资力度,全面加强供水、节水管理,合理调整产业结构和生产布局,加强节水技术的研究开发。

四、治污规划

(一)污水排放、处理及利用现状

受水区1999年城市污废水排放量为68.8亿m^3,约占同期城市用水量的62%。其中生活污水排放量为29.1亿m^3,占总排放量的42%;工业废水排放量39.7亿m^3,占58%。

目前污水处理设施有三种形式:一是城市集中污水处理厂,负责处理城市污水;二是工业企业内部污水处理设施,处理厂区内部工业废水,使其达标排放;三是中水处理设施,现仅北京市部分大型宾馆饭店、大专院校和机关建有中水设施。现状污水处理回用量很小,工厂企业内部废水处理后除少部分回用于冷却水和厂区绿化用水等,大部分排入河道。污水处理厂处理后的水大部分退入附近河道，被下游地区农田灌溉利用，少量被用于城市环境与绿化。目前因缺水，存在上游城市排放的污水未经处理而被下游地区用于农业灌溉的情况。

（二）污水治理目标

1. 污水排放量预测

规划水平年污水排放量预测是根据扣除损失后的城市生活和工业需水量与污水排放率进行计算的。受水区 2005 年污水排放量为 92.4 亿 m^3，2010 年为 122.2 亿 m^3，2030 年达 164.8 亿 m^3。

2. 污水治理目标

受水区 2005 年污水处理量 58.5 亿 m^3，污水处理率达 63.3%；2010 年污水处理量为 90.6 亿 m^3，污水处理率达 74.1%；2030 年污水处理量为 133.8 亿 m^3，污水处理率达 81.2%。

（三）污水处理厂建设规划与工程投资

受水区内现有污水处理厂 50 座，总计污水处理能力 464 万 t/d；2005 年污水处理厂增至 237 座，总处理能力达到 1 521 万 t/d；2010 年总处理能力达到 2 282 万 t/d；2030 年天津、河北、河南、山东 4 省、直辖市污水处理能力将比 2010 年再增加 1 225 万 t/d。据河北、河南、山东 3 省统计，2005 年新增污水处理能力 720 万 t/d，新增工程投资 112 亿元；2010 年新增污水处理能力 573 万 t/d，新增投资 150 亿元；2030 年新增污水处理能力和投资分别为 1 135 万 t/d 及 286 亿元。

（四）污水回用规划

根据各省、直辖市污水处理利用规划汇总，受水区 2005 年污水处理回用量 25.0 亿 m^3，2010 年为 38.2 亿 m^3，2030 年达到 59.8 亿 m^3。其中用于农业灌溉的约占 1/2，用于城市工业及市政杂用的占 1/4，用于改善生态环境的占 1/4。

五、地下水控制开采规划

（一）地下水开发利用现状

现状受水区城市生活、工业地下水开采量为 87 亿 m^3。包括地下水超采量 36 亿 m^3，占开采量的 42%。

（二）规划水平年控制开采规划

根据各省、直辖市地下水控制开采规划成果汇总，在南水北调供水前，受水区地下水开采量基本维持可开采量，但河北省、天津市仍需要继续超采。

2005 年受水区地下水计划开采量 70 亿 m^3。南水北调通水后，地下水总开采量将有所减少，地下水超采现象将逐步被禁止，2010 年及 2030 年计划开采量下降为 49 亿 m^3 左右。受水区 2005 年、2010 年、2030 年分别削减地下水开采量 17.49 亿 m^3、37.99 亿 m^3、37.53 亿 m^3。

六、水资源供需二次分析

水资源二次供需分析是在一次分析的基础上，充分考虑节水，减少一次分析时的需水量，并通过各种开源措施，增加当地水资源供水量、污水处理回用量、海水利用量等，由此而进行的供需分析。

（一）需水量调整

需水量调整主要依据节水规划，重点是调整工业需水量，一次分析时工业需水仅考虑增量节水，而二次分析时按照节水规划提出的目标，通过科技进步、生产工艺的改进等强化存量节水，进一步减少工业需水量。根据节水规划，通过减少管网损失率和提高节水器具的普及率，也将减少城市生活需水量。需水量调整前后，一次和二次供需分析城市工业及生活用水综合定额见表 B-1 及表 B-2。

表 B-1　工业用水综合定额比较　（单位：m^3/万元）

省、直辖市	2005 年		2010 年		2030 年	
	一次分析	二次分析	一次分析	二次分析	一次分析	二次分析
北京	30	23	21	16	10	5.6
天津	16.2	15.5	11.7	11	4.4	4.1
河北	54	37	37	30	17	10
河南	90	74	68	58	41	29
山东	36	29	30	22	14	8
江苏	43		28		11	
受水区综合	38.6	30.9	2 829.3	23.6	1 113.6	8.8

表 B-2　城市生活用水定额比较　（单位：m^3/(人·d)）

省、直辖市	2005 年		2010 年		2030 年	
	一次分析	二次分析	一次分析	二次分析	一次分析	二次分析
北京	306	266	326	289	377	362
天津	225	252	275	270	295	290
河北	177	166	194	181	239	218
河南	196	193	220	218	277	274
山东	220	201	247	225	272	246
江苏	227		261		305	
受水区综合	243	227	264	248	300	283

（二）可供水量调整

二次分析可供水量的调整，主要是增加了城市污水回用量。根据治污规划，受水区 2005 年、2010 年及 2030 年污水处理回用量分别达到 25.0 亿 m^3、38.2 亿 m^3 及 59.8 亿 m^3，包括污水处理回用、海水利用在内的其他供水量分别比一次分析时增加 15.47 亿 m^3、20.09 亿 m^3 及 32.53 亿 m^3，总供水量分别增加 18.4 亿 m^3、26.16 亿 m^3 及 39.54 亿 m^3。

按95%保证率计算,2005年总供水量为122.78亿m^3,2010年为124.53亿m^3,2030年为134.52亿m^3。

(三)二次供需分析

经二次供需平衡分析后,受水区95%保证率时,2005年、2010年、2030年缺水量分别为66.85亿m^3、112.12亿m^3和191.16亿m^3。

与一次分析相比,2005年在加大节水力度,需水量减少26亿m^3和增加污水处理回用量等18亿m^3的情况下,缺水量减少45亿m^3;2010年需水量减少31亿m^3,供水量增加26亿m^3,缺水量相应减少57亿m^3;2030年需水量减少74亿m^3,供水量增加40亿m^3,缺水量减少114亿m^3。

2005年由于南水北调尚未通水,受水区缺水60亿m^3左右。解决城市缺水,除了采取提高水价、限量供水、超量加价等办法节约用水,只能依靠继续挤占农业用水、超采地下水和牺牲生态环境用水。2010年以后缺水量达到110亿m^3左右,2030年缺水量增加到190亿m^3左右,届时水资源短缺问题可以由南水北调来解决。

七、需调水量

(一)拟定需调水量的原则

拟定南水北调需调水量方案的原则主要是:

(1)在充分考虑节水和污水处理回用等挖潜措施的前提下,以二次平衡分析的成果为依据。

(2)兼顾近期和远期,既要满足近期的缺水需要,又要适当考虑远期发展的需要。

(3)综合考虑各地的缺水及造成的严重影响情况、经济承受能力、配套工程完善程度等各方面因素确定调水量方案。

(4)外调水量要与当地水资源进行联合调度,保证城市生活和工业用水对供水保证率及水质的较高要求。

(二)需调水量

根据各地的具体情况,各省、直辖市提出了南水北调的需调水量。北京市根据供需分析各水平年的缺水量和远期以南水北调为主要水源的水厂建设规划,确定多年平均需调入境水量为12亿m^3。遇枯水年需加大调水量。

天津市在采取开源和节水措施后,2010年和2030年分别缺水12亿m^3和18亿m^3左右,相应需调净水量分别为12亿m^3和18亿m^3。

河北省提出2010年和2030年的需调水量均为45亿m^3,在调水初期,除满足城市用水,尚有少量余水用于缓解地下水超采,改善地下水环境。随着城市用水量的增加,南水北调水量将逐步全部用于城市。

河南省提出除需调水量45.26亿m^3外,同时提出丹江口水库一期工程设计时分配给河南引丹灌区水量6亿m^3也应予保留。

山东省提出需调水量推荐方案:2005年6.71亿m^3,2010年为14.66亿m^3,2030年34.63亿m^3。

江苏省提出不同水平年城市需南水北调增加调水量分别为:2005年4.7亿m^3,2010

年7.9亿m^3,2030年11.3亿m^3。

湖北省提出各水平年需引汉江水量分别为:2005年35.6亿m^3、2010年42.2亿m^3、2030年60.1亿m^3。

八、水价调整规划

(一)水价现状

北京市2005年水利工程供水水价0.5元/m^3,自来水售水价2.13元/m^3,污水处理费0.68元/m^3,自来水综合售水价为2.81元/m^3(含污水处理费),自备井地下水水资源费0.8元/m^3。

天津市2000年水利工程供水水价0.55元/m^3,污水处理费0.2元/m^3,自来水综合售水价为2.2元/m^3(含污水处理费),地下水水资源费0.5元/m^3。

河北省现状自来水价格,居民生活用水已提高到1.00~1.50元/m^3,工商企业为1.7~2.55元/m^3,城市自来水平均水价为1.43~2.00元/m^3(含水资源费、排水费、污水处理费及地方附加费),自备井水资源费为0.3~1.5元/m^3。

河南省现行水利工程向城市供水平均价格0.12元/m^3,1999年自来水综合水价1.45元/m^3,其中居民生活平均水价0.94元/m^3,工业平均水价1.17元/m^3,商业平均水价1.70元/m^3。另外,污水处理费平均计收标准为0.27元/m^3。

山东省现状供水工程供水水价0.1~0.6元/m^3,引黄济青供水水价0.89元/m^3。自来水平均水价:地级以上城市居民生活水价0.7~1.4元/m^3,平均1.0元/m^3;工业水价1.0~1.9元/m^3,平均1.3元/m^3;经营服务业1.2~3.0元/m^3,平均2.0元/m^3;行政事业单位0.7~1.4元/m^3,平均1.2元/m^3;县级市居民生活水价0.7~1.9元/m^3,工业0.6~1.7元/m^3,县城工业水价1.2~2.0元/m^3。各城市水资源费差异较大,青岛市地表水为0.05元/m^3,地下水为0.15元/m^3;淄博市水资源费为1.0元/m^3。污水处理费计收标准:生活用水0.15~0.3元/m^3,工业用水0.2元/m^3,服务业0.9元/m^3,企事业单位0.8元/m^3。

江苏省南水北调沿线城市自来水平均到户水价现状为1.64元/m^3,其构成是:基本水价为1.03元(含水利工程水费0.04元),污水处理费0.47元(含管网运行费用),水资源费0.01元,水厂建设费0.10元,公用事业附加0.03元;到户水价:民用1.36元/m^3,工业1.71元/m^3,商业2.0元/m^3,其他2.26元/m^3,特种(桑拿、宾馆等)2.5元/m^3。

湖北省各城市现状平均水价为0.48~1.17元/m^3,现状水资源费0.01~0.05元/m^3,排污费0.28元/m^3。现状平均供水成本为0.68~0.84元/m^3。

(二)水价调整规划

水价改革要体现补偿成本、合理收益、公平负担的原则,突出节约用水与水资源保护和合理利用,有利于水资源的优化配置,与南水北调工程供水价格相协调。水价改革还要考虑用水户的承受能力,统筹规划,分步实施。

城市水价调整的内容包括调整水资源费、工程供水成本、污水处理费、自来水水价等。各省、直辖市普遍对水资源费的征收标准作了大幅上调,特别对地下水资源费的征收标准提高幅度更大,以有利于控制地下水的开采量。

现行污水处理费的计收标准普遍低于污水处理成本，较大幅度提高污水处理费计收标准，逐步做到近期减少亏损，中期达到保本运行，远期达到满足成本加微利良性运行的要求。

(三)用户承受能力分析

据有关分析，居民生活用水支出占家庭收入的1%时，对居民没有影响；2%时，有一定影响，居民开始关心水价；2.5%时，引起重视，注意节水；5%时，影响较大，认真节水；10%时，影响很大，会认真考虑水的重复利用。根据水价调整规划中居民用水水价和工业用水水价计算，居民水费支出占可支配收入的比例和工业水费支出占工业产值的比例均在3%以内，这样的调价幅度用水户是可以承受的。

九、城市给水工程配套规划

(一)给水工程现状

北京市现已建成四库（密云、官厅、怀柔、白河堡）、两渠（京密引水渠、永定河引水渠）、10座水厂和机井群组成的供水系统。10座水厂总供水能力为317万 m^3/d。

天津市城市供水面积604.9 km^2。现有水厂14座，总供水能力305万 m^3/d，供水管网5 300 km。现有水厂中，有的水厂已有百余年历史，产水设施陈旧、老化，水量损耗严重；一部分供水管网已运行50年以上，锈蚀破损严重，增加了管网漏水损失。

河北省城市给水工程包括集中供水水厂和单位自备水源工程。有水厂32座，总供水能力为237.2万 m^3/d。自备水源供水能力为152.66万 m^3/d。此外，在南水北调工程实施前，各市根据需求状况，规划建设部分供水工程，新增供水能力38.5万 m^3/d。这样，在南水北调工程实施前总供水能力达到428.36万 m^3/d。

河南省到1999年底受水区各市县已建水厂76座，设计供水能力373万 m^3/d，铺设管网总长5 007 km。大部分市县都建有新城区和老城区，其中老城区供水管网由于建设年代久远，老化失修严重，漏失率大。

(二)给水工程规划

给水工程规划主要依据各市供水水源工程规划，对2010年南水北调工程完成后，当地地表水、地下水源和南水北调工程来水联合调度，确定新建、扩建水厂位置与规模，以及配套管网建设规划。与南水北调工程配套的城市给水工程规划包括连接总干渠与各水厂的输水渠管工程，新建、扩建的水厂工程，城区新增配水管网工程。各省市城市给水工程配套建设情况见表B-3。

十、管理措施及对策建议

(一)建立统一高效的水资源管理体制

南水北调是涉及各省市地区、多个部门的复杂水资源配置工程，需要建立一个适应发展社会主义市场经济要求的集中统一、精干高效、依法行政、具有权威的水资源管理体制，以有利于水资源优化调度与配置，有利于节约用水，有利于改善水环境，有利于供水工程系统良性运行。

表 B-3　城市给水工程配套建设情况

省、直辖市	水平年	新建输水渠管		新建扩建水厂		新增配水管网		总投资（亿元）
		长度（km）	投资（亿元）	规模（万 t/d）	投资（亿元）	长度（km）	投资（亿元）	
北京	2010	1 143	3 838	115	73	1 626	32	14 398
天津	2010	100	85	315	75	550	114	274
河北	2010			348	33.1	2 133	25.6	58.7
河南	2010	2 315	4.63	577	49.4	4 720.7	45.96	99.99
山东	2010	1 067.9	20.9	430	21.5	1 408.3	27.57	70.0
江苏				1 785	252	8 974.6	245.13	646.67

（二）完善水管理政策法规体系

为实现本次水资源规划目标，要逐步建立并完善水资源管理的政策与法规体系。按加强水资源统一规划管理的要求和有关规定，理顺目前由于水资源管理权限分割所造成的政策法规之间不协调和相互抵触部分，修订、完善政策法规，使之成为完整体系。

建立适应统一管理、科学管理的水政策法规体系的总方向，为实现水资源供需平衡、实现南水北调来水与本地水源顺利衔接提供法律保证。确立适应市场经济发展同水资源优化配置相衔接的政策体系，为水资源管理实现政企分开、政事分开打好基础。创造适应市场运行的水资源保护、开发和利用的新机制。

需要确定的主要政策包括：全面征收水资源费；建立节约用水的奖惩制度；严格控制开采地下水，遏制超采势头；确立保护水资源的政策；执行水源保护区的保护措施等。

（三）逐步建立合理的水价体系

水价格体系的确定要考虑水价理论、水价测算、水价制定和水费计收四个环节，水价应包括资源水价、工程水价和环境水价三个部分。要本着“补偿成本、合理利润、促进节水、公平负担”的原则，测算和调整水价、水资源费，并以其作为有力的经济杠杆，促进全面节水以及有利于外来水、本地水、地下水联合调度运用，实现水资源的优化配置和持续利用。

十一、主要结论

（1）南水北调受水区北京、天津、河北、河南、山东、江苏 6 省、直辖市现状年城市实际用水量 145 亿 m^3，其中生活与工业用水 117 亿 m^3。现状地下水超采量 36 亿 m^3，加上不合理挤占的农业用水量，现状缺水量 45 亿 ~ 50 亿 m^3。

（2）南水北调受水区现状节水水平高于全国平均水平，人均生活用水量比全国同类城市少 12.8% ~ 29.4%，工业用水重复利用率比全国平均水平高 16 个百分点。根据“三先三后”的原则，进一步加强节水，到 2010 年在城市与工业节水方面投入 124 亿元，可节水 21 亿 m^3，单方节水投资约 5.8 元；2030 年再投入约 500 亿元，可再节水 36 亿 m^3，单方节水投资约 14 元。2010 年和 2030 年节水量约分别占该水平年缺水量的 13% 和 24%。

(3)在治污方面,预计到2010年受水区污水处理量为90.6亿m^3,污水处理率达75%;2030年污水处理量为133.8亿m^3,污水处理率达81%。根据各省、直辖市污水处理利用规划成果,受水区污水处理回用量,2010年为38亿m^3,2030年达到60亿m^3。其中用于农业灌溉的约占1/2,用于城市工业及市政杂用的占1/4,用于改善生态环境的占1/4。

(4)在进一步开发利用当地水资源,充分考虑节水、污水处理回用和尽力控制地下水超采、遏制生态环境恶化的条件下,预测南水北调工程受水区省、直辖市到2010年总缺水量112亿m^3,2030年总缺水量为191亿m^3。据各省市政府对南水北调工程需求水量的初步承诺意见,北京、天津、河北、河南和山东5省、直辖市对南水北调东线、中线工程的总需调水量,2010年和2030年分别为129亿m^3和155亿m^3。

(5)在城市水资源规划报告中,湖北省2010年需引汉江水量42亿m^3,2030年达到60亿m^3。由于湖北省位于南水北调中线工程水源地,其需水量不是南水北调直接供水对象,但将会影响南水北调工程可调水量的规模。

参考文献

[1] 钱正英,张光斗．中国可持续发展水资源战略研究综合报告及各专题报告[R]．北京:中国水利水电出版社,2001.

[2] 袁红武．城市水资源管理发展趋势及研究范畴探讨[J]．广西水利水电,2003(4):54-55.

[3] 林家彬．日本水资源管理体系考察及借鉴[J]．水资源保护,2002(4):160-163.

[4] 翁焕新．城市水资源控制与管理[M]．杭州:浙江大学出版社,1998.

[5] 刘昌明,陈志凯．中国水资源现状评价和供需发展趋势分析[M]．北京:中国水利水电出版社,2001.

[6] 吴季松．水务知识读本[M]．北京:中国水利水电出版社,2003.

[7] 何冰,王延荣,等．城市生态水利规划[M]．郑州:黄河水利出版社,2006.

[8] 陈书玉,栾胜基,等．环境影响评价[M]．北京:高等教育出版社,2001.

[9] 谢新民,张海庆．水资源评价及可持续利用规划理论与实践[M]．郑州:黄河水利出版社,2003.

[10] 高建磊,吴泽宁,等．水资源保护规划理论方法与实践[M]．郑州:黄河水利出版社,2002.

[11] 钱易,刘昌明,等．中国城市水资源可持续开发利用[M]．北京:中国水利水电出版社,2002.

[12] 水利部南京水文水资源研究所,中国水利水电科学研究院水资源研究所．21世纪中国水供求[M]．北京:中国水利水电出版社,1999.

[13] 左其亭,陈曦．面向可持续发展的水资源规划与管理[M]．北京:中国水利水电出版社,2003.

[14] 矫勇,陈明忠,等．英国法国水资源管理制度的考察[J]．中国水利,2001(3):43-46.

[15] 曹康泰．中华人民共和国水法导读[M]．北京:中国法制出版社,2003.

[16] 朱党生,王超,等．水资源保护规划理论及技术[M]．北京:中国水利水电出版社,2001.

[17] 胡振鹏,傅春,等．水资源产权配置与管理[M]．北京:科学出版社,2003.

[18] 成建国．水资源规划与水政水务管理——实务全书[M]．北京:中国环境工程出版社,2001.

[19] 左其亭．城市水资源承载能力——理论·方法·应用[M]．北京:化学工业出版社,2005.

[20] 韩群．城市水资源规划[M]．北京:中国建筑工业出版社,1992.

[21] 刘善建．水的开发与利用[M]．北京:中国水利水电出版社,2000.

[22] 水利部规划计划司．水利可持续发展战略研究[M]．北京:中国水利水电出版社．2004.

[23] 全国节约用水办公室．全国节水规划纲要(2001~2010)．北京:中国水利水电出版社,2002.

[24] 何俊仕,粟晓玲．水资源规划及管理[M]．北京:中国农业出版社,2006.

[25] 林洪孝．水资源管理理论与实践[M]．北京:中国水利水电出版社,2003.

[26] 李纪人,黄诗峰,等．“3S”技术水利应用指南[M]．北京:中国水利水电出版社,2003.